本著作是国家社科基金重大招标项目"中国共产党的集体道德记忆研究"（编号 19ZDA034）和湖南省社科基金项目"财富伦理研究"（编号 16YBA290）的研究成果

共享伦理研究

GONGXIANG LUNLI YANJIU

向玉乔 / 著

人民出版社

责任编辑:方国根　郭彦辰

图书在版编目(CIP)数据

共享伦理研究/向玉乔 著. —北京:人民出版社,2020.8
ISBN 978-7-01-022074-1

Ⅰ.①共… Ⅱ.①向… Ⅲ.①伦理学-研究-中国 Ⅳ.①B82-092

中国版本图书馆 CIP 数据核字(2020)第 072080 号

共享伦理研究
GONGXIANG LUNLI YANJIU

向玉乔　著

人民出版社 出版发行
(100706　北京市东城区隆福寺街 99 号)

环球东方(北京)印务有限公司印刷　新华书店经销

2020 年 8 月第 1 版　2020 年 8 月北京第 1 次印刷
开本:710 毫米×1000 毫米 1/16　印张:18.5
字数:240 千字

ISBN 978-7-01-022074-1　定价:57.00 元

邮购地址 100706　北京市东城区隆福寺街 99 号
人民东方图书销售中心　电话 (010)65250042　65289539

目　录

导论　共享乃万德之源

利己易，利他难。共享合乎中道，亦合乎伦理，成于利己与利他之间。一味利己，敌意猖獗，矛盾四起，万物凋零。一味利他，彼盛我衰，非常生之道。唯有共享，万德兴焉，万物生焉。大德昭昭，立乎高远，成就长远。共享乃万德之源，是谓大德。若无共享之大德，何来尊重、包容、公正、仁爱等天下美德？朗朗乾坤，天道强健，坤势温柔，人心向荣，共享之德虽若隐若现，其力常在，其功不衰，非灵魂之眼难观其详也。

一个社会之成败，实则以其共享性之多寡论之。共享性多者，是为好社会。共享性少者，是为坏社会。唯如此，有智慧的治国理政者均以增强社会之共享性作为最高价值目标。

能否共享是一切社会必须关注的核心伦理问题。本书聚焦人类社会的共享问题，为弘扬共享美德和共享伦理而作，倡导共享发展理念，呼吁建立社会发展成果能够得到公正分配的共享社会，以倡导共享主义伦理观作为根本目的。对此，我们作如下解析。

第一，共享主义伦理观是伦理学家的共同追求。

伦理学的问题域无比宽广，但总是明确的。首先，它聚焦于人与物的关系问题，其要旨是严格区分人与物，强调人性（人格）高于物性

（物格）的事实，并在此基础上进一步论证人的高贵性或尊贵性。在人与物的关系框架中，道德是人与物相区别的根本因素，人不仅具有物缺乏的道德本性，而且具有物无法获得的道德生活和伦理尊严。其次，它必须研究个人与自我的关系问题。作为人类个体存在的个人如何认识、对待自身是一个极其重要的伦理问题。最重要的是，个人必须能够理性地支配自己的欲望才能成为有道德修养的人。再次，它必须研究个人在家庭、社会、国家、世界和宇宙中的地位及其与其他家庭成员、社会成员、国家成员、世界成员、宇宙成员的关系。家庭、社会、国家、世界和宇宙都是伦理共同体，因此，个人置身于其中就是将自己推入各种各样的伦理关系，并且必须过有伦理精神的生活。伦理学本质上是研究伦理关系的学问。它以个人作为存在世界的中心，深入系统地研究个人在存在世界格局中的复杂关系状况，并解析出各种关系的伦理价值。

伦理学从来不会把人类个体界定为绝对孤立的个体。在伦理学的理论框架里，人与物相联系，人与人相联系，整个存在世界是由一个个伦理实体构成的伦理共同体。这个伦理共同体无比庞大，无边无际，弥漫着浓郁的伦理精神气息或氛围。人类从古至今一直生活在这样的气息或氛围之中，不仅结成非常紧密的伦理关系，而且形成源远流长的伦理文化传统。伦理学是最贴近人类生活现实也最富有人文精神的学科。它承认人类生活的历史性和现实性，同时将人类引入伦理思想、伦理精神的高远境界，从而赋予人类生存深厚的伦理意蕴。人类是在人与物、人与人的相互关联中变成道德动物的。

不同的伦理学家会宣称他们在倡导和研究不同的伦理观，而他们事实上都是在倡导和研究同一种伦理观。这就是本书所说的共享主义伦理观。共享主义伦理观是以提倡共享伦理作为核心内容的。它是对利己主义伦理观和利他主义伦理观进行超越、整合和创新的产物。利己主义伦理观不可能受到人类的普遍欢迎，因为自私利己历来都是人类意欲进行伦理否定的行为。利他主义伦理观也不可能受到人类的普遍欢迎，因为它具有过于强烈的理想性，与人类道德生活的历史和现实都有着难以弥合的距离。

历史上并没有哲学家直接使用"共享发展"这一概念，但他们中的许多人对"共享""发展"等概念的探讨已经比较多，并且形成了十分丰富的思想和理论。历史地看，很多哲学家的思想和理论包含与共享发展理念、共享伦理相关的内容。我们以四种主要思想和理论为例。

其一，从国家治理的角度论及共享发展理念和共享伦理。

这类思想和理论将共享发展问题当成国家治理问题中的一个子问题对待，强调国家治理者在治国理政的过程中不能不考虑如何使国家发展成果在国民中间得到共享的问题。《论语》《孟子》等儒家经典著作大都属于这一类研究成果。孔子反复强调国家治理者必须"修己以安百姓"，要求他们以仁爱之心对待老百姓，特别是应该让老百姓能够丰衣足食。孟子甚至在孔子的仁爱思想基础上建构了系统化的仁政理论。所谓"仁政"，就是以仁义之德治理国家的模式，它要求国家治理者（国君）避免居高临下的官僚主义作风，想民之所想，乐民之所乐，忧民之所忧。让老百姓丰衣足食、安居乐业是"仁政"的题中之义。

其二，从分配正义的角度论及共享发展理念和共享伦理。

这类思想和理论将共享发展问题作为一个分配正义问题来看待，其要旨是强调国家发展成果在国民中间得到共享的事实折射的是分配正义。

在当代西方特别是英语国家，许多一流哲学家采取上述路径来研究共享发展问题，并提出了系统化的分配正义理论。例如，一些当代西方学者倡导以"公平"解释分配正义内涵的分配正义理论。美国哲学家约翰·罗尔斯是这种理论的最杰出代表人物。这种分配正义理论的主要观点是："公平"是人类普遍追求的分配正义理想；要选择和确立普遍有效的分配正义原则，必须消除参与这种"选择"和"确立"的主体的主观不公正性；具体的现实的人都是不公正的，因此，他们不能充当选择和确立分配正义原则的主体；选择和确立普遍有效的分配正义原则的任务只能由对自己和他人的情况一无所知的人来完成；分配正义原则一旦由"大公无私"的人选择和确立，它们就不应该因为现实语境的变化而改变；选择和确立的分配正义原则是永恒不变的真理。又如，一些当代西方学者倡导以"平等"解释分配正义内涵的分配正义理论。美国哲学家罗纳德·德沃金是这种理论的代表人物之一。这种分配正义理论的主要观点是："平等"是人类普遍追求的分配正义理想；平等的精义在于把不同的人当成平等的人来对待，但这种意义上的平等不是指福利的平等分享，而是指社会资源的平等分配；追求社会资源的平等分配是一种个人美德，也是政府应有的一种德性；平等是一种"平等的关切"；"平等的关切"所体现的分配正义主要是指物质性的社会资源能够在平等的社会成员中间得到平等分配；只要所有社会成员在参与社会资源分配的时候都被当成平等的人，分配正义就能够得到充分体现。

研究分配正义问题的当代西方哲学家的观念世界潜藏着一个共享发展理念。在他们的视野中，一个国家或社会的发展成果都是在广泛的社会合作基础上产生的；衡量一个国家或社会好坏的标准并不取决于强势群体，而是弱势群体；真正意义上的理想国家或社会是那种能够最大限度地实现分配正义的国家或社会。他们追求的分配正义是一种彰显共享发展理念的公平正义观念，它要求物质财富、政治权利、发展机会等社会资源或社会发展成果在国民中间得到公正合理的分配。他们试图建构的分配正义社会实质上是以强调共享发展作为终极价值目标的理想社会。

当代西方哲学家的分配正义理论对我们在当今中国倡导和践行共享发展理念是有启发意义的，但它毕竟是在西方国家，特别是美国的特殊社会背景下产生的理论；因此，它们不应该成为我们在当今中国倡导和践行共享发展理念的绝对理论依据。事实上，他们的分配正义理论本身也具有许多理论局限性，其中最突出的一点是它们普遍缺乏历史唯物主义视角。他们中的绝大多数人不仅试图将分配正义论证为一个没有历史性的概念，而且试图用固定不变的形式原则来规定它的内涵，这一方面使得他们在确立和论证分配正义原则的时候难以自圆其说，另一方面也使得他们的分配正义理论在整体上严重缺乏说服力。

其三，从慈善伦理的角度论及共享发展理念和共享伦理。

这类思想和理论将共享发展问题视为一个慈善伦理问题，其核心思想是要求个人、企业等市场经济主体张扬仁爱美德，对那些在社会生活中处于不利或弱势地位的人群予以帮助。慈善事业必须基于自愿的原则来展开。对于那些有道德修养的个人和企业来说，做慈善通常是基于高度的道德自觉。正因为如此，国内外均有学者呼吁借助于慈善事业来促进共享发展。

国内外学者往往将做慈善主要视为企业的社会责任。卡内基在《财富的教义》一书中强调，企业不能不追求利润，但企业追求利润的最终目的是增进社区福利。基思·戴维斯和罗伯特·布洛姆斯认为，企业具有不可推卸的社会责任，但企业社会责任主要是通过它们为改善社会福利所尽的义务来体现的。詹姆斯·E.博斯特更是明确指出，企业社会责任主要是通过慈善事业来体现的，企业应该积极参与慈善事业，帮助社会上的贫困群体。

其四，从财富伦理的角度论及共享发展理念和共享伦理。

这类思想和理论主张通过倡导财富伦理的方式论及人类应该如何看待财富、如何使用财富等问题。研究财富伦理的国内学者主要有唐凯麟、向玉乔等人。笔者近些年在《伦理学研究》《中国教育报（理论版）》等报刊杂志上发表了一系列研究财富伦理的文章，认为物质财富的分配应该体现公正性；物质财富分配的理想状态是"公正"，其总体要求是分配社会财富的天平能够在社会成员之间达到合理的平衡；财富分配的过程实际上是一个社会对物质财富或经济利益进行人际调整和再调整的过程，其实质是需要占有富余或较多财富的人与财富不足或较少的人分享其财富，这不仅考验人们的财富观，更重要的是考验人们的财富道德观；正确的财富道德观不仅能够促使人们对财富的性质和价值作出正确判断，而且能够引导人们形成正确的财富分配价值观念。

上述分析说明，国内外已经存在大量与共享发展理念、共享伦理有关的思想和理论成果。这些研究成果为我们在当今时代研究共享发展理念和共享伦理提供了珍贵的思想和理论资源。中西哲学家和政治家从不同角度论及共享发展问题，使我们在当今时代建构和倡导共享发展理念具备了历史基础和依据。要深入系统地研究当今中国坚持共享发展理念和共享伦理的事实，我们应该充分发扬向历史学习、向传统学习的美德，以史为鉴，以史为镜，以使我们的研究工作彰显历史唯物主义视角和特色。

第二，共享主义伦理观因为党中央倡导共享发展理念而受到空前重视。

"共享"是党中央倡导的五大发展理念之一。我国进入全面建成小康社会决胜阶段，党中央强调要牢固树立并切实贯彻创新、协调、绿色、开放和共享五大发展理念。在这五大发展理念中，共享发展理念是其他四个发展理念旨在实现的终极价值目标，对其他四个发展理念发挥着价值统领作用。正因为如此，党中央对五大发展理念作出了不同的表述：（1）创新是引领发展的第一动力；（2）协调是持续健康发展的内在要求；（3）绿色是永续发展的必要条件和人民对美好生活追求的重要体现；（4）开放是国家繁荣发展的必由之路；（5）共享是中国特色社会主义的本质要求。在党中央倡导的五大发展理念中，前四大理念都是以实现共享发展作为终极目的的，它们彰显的都是手段善，只有共享发展理念彰显目的善。具体地说，当今中国坚持创新发展是为了共享发展，坚持协调发展是为了共享发展，坚持绿色发展是为了共享发展，坚持开放发展也是为了共享发展，共享发展是其他四个发展理念必须共同拱卫的终极价值目标。

党中央提出共享发展理念之后，国内外学术界围绕它展开了卓有成效的理论研究，其中不乏关于"共享"和"发展"的伦理思想和伦理学理论，但在如何定义"共享发展"这一问题上，学者们至今没有达成共识。要定义共享发展理念，必须首先确定"共享"和"发展"这两个概念。在我们看来，"共享"意指"共同享有"，它有两个维度，即国内维度和国际维度。前一个维度的共享是指当代中国人共同享有中国境内的自然界，共同享有"中国"这个国家或社会以及共同享有中国社会发展的成果；后一个维度的共享是指人类共同享有属于整个世界的自然界，共同享有涵盖所有国家和民族的世界或国际社会以及共同享有世界发展的成果。"发展"是指合理的增长或进步。"共享"和"发展"都是具有深厚伦理意蕴的概念。"共享发展"是当代中华民族对"共享"和"发展"这两个概念及其现实化表现进行深入认知所形成的一个理念。它集"共享"和"发展"这两个理念的丰富内涵于一体，强调只有基于共享的理念和为了共享的目的而进行的发展才具有道德合理性。共享发展理念的合理内核是共享的伦理原则。

需要强调的是，党中央大力倡导共享发展理念具有历史唯物论基础。历史唯物论不仅揭示了经济基础与上层建筑、生产力与生产关系之间的辩证互动关系对人类社会发展的决定作用，而且要求人们对人类社会进步抱持坚定的信念。它强调经济基础和生产力状况的深层变化必然带来上层建筑和生产关系的相应变化，坚信人类社会总体上是朝着越来越好的方向发展，为我们洞察和分析人类社会发展的根本原因和客观规律提供了科学理论武器。我们可以借助于历史唯物论这一科学理论武器来深入认识、理解和把握当今中国坚持共享发展理念的理论依据。

其一，当今中国坚持共享发展理念是我国经济基础和生产力状况在改革开放时代发生深刻变化的必然结果。

《中国共产党第十八届中央委员会第五次全体会议公报》明确指出，要实现"十三五"时期发展目标，破解发展难题，厚植发展优势，我国必须牢固树立并切实贯彻创新、协调、绿色、开放、共享的发展理念。在五大发展理念中，"共享"是最高理念，因为它凸显的是中国特色社会主义的本质要求。具体地说，"共享"是当今中国坚持创新发展、协调发展、绿色发展和开放发展的终极价值目标，并且对它们发挥着价值统领的作用。

坚持共享发展理念反映了我国经济基础和生产力状况在改革开放时代发生的深刻变化及其客观要求。改革开放40多年，我国不仅实现了从计划经济体制向市场经济体制的成功转型，而且在推进市场经济发展方面取得了举世瞩目的成就。市场经济体制极大地调动了个人、企业、政府等市场经济主体参与经济活动的积极性和创新性，极大地激发了我国社会发展的生机和活力，因而被证明是当今中国应该选择的经济体制。它不仅使我国在进入改革开放时代之后积累了空前丰富的物质财富，而且深刻地改变了我国社会各界的思维方式、思想观念和精神面貌。尤其明显的是，在拥有日益丰富的物质财富的同时，我国社会各界开始反思如何提高物质财富，乃至所有社会发展成果的共享性问题，并且开始逐步树立"共享"的道德价值观念。可以说，要求共享改革开放带来的丰硕成果既是我国当前人人关心、人人关注、人人重视的一个重大现实问题，也是我国社会各界目前正在树立的一个重要道德价值观念。

其二，当今中国坚持共享发展理念与历史唯物论对人类社会进步抱持坚定信念的立场是高度吻合的。

根据历史唯物论，人类社会总体上是朝着越来越民主、越来越自由、越来越公正的方向发展，民主、自由、公正等社会价值在人类社会得到逐步增进的态势建立在物质财富、政治权利、发展机会等社会发展成果或社会资源在国民中间的共享性逐步增强的事实基础之上。作为一个发展中的社会主义国家，我国一直致力于提高或增进物质财富、政治权利、发展机会等社会发展成果或社会资源的共享性。虽然我国在实现社会发展成果或社会资源的共享性方面目前还存在较大的可拓展空间，但是总体来看，我国是在朝着越来越民主、越来越自由、越来越公正的方向发展。这是我们在审视、看待和分析当今中国社会现状时应该保持的坚定信念。

我国当前的现实国情呈现出两面性：在经济持续高速增长的同时，贫富差距问题也日益凸显；在政治越来越昌明的同时，腐败问题也频频浮现；在文化高度现代化的同时，广大社会民众的幸福感却有所下滑。导致这种两面性国情的根源不是经济、政治和文化发展太快，而是发展所带来的丰硕成果难以在国民中间实现共享。这种现实国情显然不利于我国实现全面建成小康社会的目标；因此，在我国步入全面建成小康社会决胜阶段之时，党中央将"共享"作为一个重要发展理念提了出来。在党中央关于全面建成小康社会的战略部署中，我国必须坚持共享发展的理念，走共享发展之路。

其三，当今中国坚持共享发展理念是以习近平同志为核心的党中央对人类社会发展规律和趋势进行深刻认识、理解和把握的正确选择。

纵观人类社会发展史，走共享发展之路是大势所趋。人类经历过以极其低下的社会生产力和极其薄弱的经济基础作为支撑的原始共产主义社会，而后经历了经济和政治上存在严重不平等的奴隶社会和封建社会，目前处于社会主义社会和资本主义社会激烈争鸣的现实之中。原始共产主义社会基于社会资源的原始共享性而存在，因而它具有一些值得人类追忆和肯定的价值，但由于它所能实现的社会资源共享性毕竟是低水平的，它的存在价值也是非常有限的。在奴隶社会和封建社会，物质财富、政治权利、发展机会等等社会资源的分配都被深深地打上了等级观念和等级制度的烙印，奴隶主和封建贵族在社会资源分配方面处于绝对的优势或有利地位，奴隶和农民则处于绝对的劣势或不利地位。因此，整个人类社会因为严重缺乏社会资源的共享性而普遍陷入了极其不公正的状态。进入资本主义社会之后，社会资源的共享性仍然存在严重不足，但它的实际状况确实远远优于奴隶社会和封建社会。之所以如此，并非是因为居于统治地位的资产阶级变得更加仁慈，而是因为以自由主义为内在精神的资本主义市场经济体制客观上要求资本主义社会在一定程度上实现社会资源的共享。从这种意义上来讲，虽然资本主义社会并不是人类发展史上的理想社会，但是它确实是优于奴隶社会和封建社会的社会形态。

当今世界是社会主义社会必须与资本主义社会展开比较、竞争和争鸣的现实格局。如果正如经典马克思主义者所预测的那样，社会主义最终必定战胜资本主义，那么，社会主义社会显然必须通过展现自身的比较优势才能最终在它与资本主义社会的竞争中胜出。社会主义社会的比较优势是什么？一言以蔽之，它必须比资本主义社会具有更多、更鲜明的共享性。换言之，它应该从根本上改变资本主义社会仅仅有少数人在社会发展成果中具有强烈获得感的现状，保证日益丰富的社会发展成果能够为绝大多数社会民众共享。社会主义社会应该是一个真正意义上的共享社会。如果在社会发展成果分配方面所达到的共享性还不如资本主义社会，则社会主义社会的优越性就无从谈起。

"共享"是当今中国应该坚持的发展理念。作为一个社会主义国家，我国社会各界不仅应该树立"贫穷不是社会主义"的价值观念，而且应该不断强化"共同富裕"的价值观念。"共享"就是"共同富裕"的精义所在，就是中国特色社会主义的本质要求。社会主义中国的共享性从何而来？它只能在共享伦理发达的社会氛围中产生。共享伦理又是什么？它是一个以强调社会发展成果或社会资源的共享性作为核心道德价值观念的伦理价值体系。共享伦理以"共享"作为最高伦理原则。它将社会发展成果或社会资源仅仅被少数人享有的事态视为道德上的恶，而将社会发展成果或社会资源能够被人们共同享有的事态视为道德上的善。在共享伦理的视阈中，缺乏共享性的"发展"是荒谬的、不道德的；只有共享发展才是合理的、合乎道德的。共享发展是一个具有深厚伦理意蕴的发展理念，也是一个具有深厚伦理意蕴的发展模式。它的深厚伦理意蕴源自它自身的道德价值。当一个国家的社会发展成果或社会资源能够让人们普遍具有强烈的"获得感"时，它的发展就具有共享发展的性质，就是基于共享伦理基础上的发展。社会主义中国应该通过大力倡导和弘扬共享伦理的途径来提高其经济社会发展的共享性。

第三，共享主义伦理观是以倡导共享伦理作为核心价值取向的伦理观。

共享主义伦理观的核心思想是共享伦理。共享伦理是一个以"共享"作为核心道德价值观念的伦理价值体系，它将"共享"作为发展的伦理动因，也将"共享"作为引领发展的终极伦理价值目标。在共享伦理的框架内，"共享"是一种伦理思想，也是一种伦理精神；是一种伦理意志，也是一种伦理情感；是一种伦理原则，也是一种伦理行为。它集平等、无私、包容、民主、仁爱、公正等美德于一身，是一种至大之德。作为这样一种大德，它有助于化解不同人类德性之间的张力，也有助于化解人与人之间、民族与民族之间的道德分歧。

因其强大，共享伦理是足以支撑共享发展理念的道德力量。"发展"被世界各民族视为第一要务，足见其重要性；然而，如果发展不能带来成果被人们共享的结果，则所取得的发展只能是没有道德价值的增长。具体地说，它只能造就类似奴隶社会、封建社会和资本主义社会之类的不公正社会。在这样的社会中，绝大多数人充当着促进社会发展和创造人类社会历史的主体，但他们并不能充分享有社会发展成果；相反，虽然奴隶主、封建贵族、资本家等是在社会人口中占据少数的统治者，但是他们凭借手中的统治权不合理地享受着社会发展的绝大多数成果。共享伦理从道德上拒斥严重缺乏共享性的奴隶社会、封建社会和资本主义社会，要求人类社会在追求发展的过程中最大限度地维护发展成果的共享性。

共享发展理念的现实化表现是人们实实在在的"获得感"。当人们深切地感受到他们享有了社会发展带来的丰硕成果，他们的心灵世界会形成一种非常满足的充实感。这就是我们每一个人在共享发展过程中所能拥有的"获得感"。

要深刻认识、理解和把握人们在共享发展过程中的"获得感"，我们有必要区分"形式共享"和"实质共享"。前者是仅仅作为理念、理想和原则存在的"共享"。它只是一个抽象的概念、一个圆满的理想或一个具有普遍性的原则规定。这种意义上的"共享"是完美无缺的，但它也仅仅是一种与现实无关的形式。"实质共享"是共享的理念得到实现的结果。它是现实的、具体的，但也是有缺陷的，因为它难以与"形式共享"达到完全重合的程度。当今中国走共享发展之路的奋斗目标是要努力推动"实质共享"与"形式共享"达到最大限度的重合，这是一项无比艰难的工作。我们所能做到的仅仅是让它们两者无限接近，却无法让它们达到真正意义的绝对重合，我们所能拥有的"实质共享"总是与"形式共享"存在一定的差距或距离。

第四，共享主义伦理观已经具有很多种表现形式。

国内外学术界在研究共享问题的过程中倡导的公共服务伦理、教育伦理、医学伦理、财富伦理、慈善伦理、环境伦理等伦理形态本质上属于共享伦理的范围。也就是说，共享伦理已经拥有公共服务伦理、教育伦理、医学伦理、财富伦理、慈善伦理、扶贫伦理、社会保障伦理、环境伦理、制度伦理等多种形态。

公共服务伦理是一个通过解决社会民众最关心最直接最现实的利益问题来彰显政府道德关怀的伦理价值体系，其主要伦理要求是政府必须增强公共服务意识、提高公共服务能力、创新公共服务方式和承担公共服务责任，以增强公共服务在当今中国的普惠性。在一个坚持共享发展的国家里，向广大社会民众提供优质的公共服务是政府不可推卸的道德责任，享有优质的公共服务则是广大社会民众的基本权利。建构和倡导公共服务伦理既有助于推进我国建设服务型政府的进程，也有助于广大社会民众对我国社会发展成果的获得感。

财富伦理是支配财富创造、财富交换、财富分配和财富消费的伦理思想、伦理规范、伦理精神和伦理行为整合而成的一个伦理价值体系。建构和倡导财富伦理旨在引导人们用合乎伦理的方式创造财富、交换财富、分配财富和消费财富。建构和倡导财富伦理有利于推动我国社会各界形成正确的财富观和财富伦理观，尤其是正确财富伦理观的形成能够对人们看待物质财富的思维方式、评判物质财富的价值观念和对待物质财富的行为方式产生积极的引导作用。我们认为，具有正确财富伦理观的人更容易与其他人共享他们的物质财富。

教育是一项公共事业，也是一种特别重要的社会资源。研究教育伦理不仅有助于提高我国社会各界对教育的道德价值认识、道德价值定位、道德价值判断和道德价值选择，而且有助于提高我国的教育质量和教育共享性。教育的共享性主要是通过教育公平来体现的。在一个坚持共享发展的国家，教育不仅被视为人人皆有的权利，而且被视为一种基于平等基础上的权利。教育公平拒斥教育资源被少数人垄断的现象，主张教育资源应该被所有人平等地享有。倡导教育伦理有助于提高当今中国社会在教育资源方面的共享性。

医疗是人民群众不可缺少的公共社会资源。医学伦理是一个以研究医患关系、医疗的道德价值、医疗保险等为主要内容而形成的伦理价值体系。在当今中国加强医学伦理的研究和倡导有助于提高我国的医疗水平和质量，有助于解决我国当前存在的药费贵、治病难等现实问题。医学伦理强调医疗资源分配的公正性。在一个坚持共享发展的国家里，医疗不仅作为一种公共性社会资源而存在，而且作为一种应该被人们普遍享受的公共性社会资源而存在。医疗的道德价值主要是通过医疗资源的共享性来体现的。

慈善伦理是一个以弘扬慈善的道德价值为核心价值取向的伦理价值体系，它主要包括个人慈善和企业慈善两种形式。个人慈善以个人为慈善主体发挥作用；企业慈善以企业为慈善主体发挥作用。个人慈善和企业慈善有时候是借助于专门的慈善组织间接发挥作用的。在一个坚持共享发展的国家里，慈善必定是相当发达的。慈善伦理的本质在于财富共享。在慈善伦理的框架内，一个人或企业创造财富的能力可能很强，但这绝不意味着他或它具有独立创造财富的能力；所有财富都是在社会合作基础上被创造的，因而拥有较多财富的个人和企业用财富回馈社会是必要的，更是应该的；财富的共享性越强，它的道德价值越多。

在一个坚持共享的国家里，贫困是应该消除的社会丑陋现象。如果一个国家的贫困人口非常庞大，那么它一定是一个社会发展成果缺乏共享性的国家，也一定是一个极其不公正的国家。因此，扶贫伦理将贫困视为道德上的恶，要求人们尽力消灭它。当今中国还存在为数不少的贫困人口，帮助农村人口脱贫是我国全面建成小康社会最艰巨的任务；因此，在当今中国倡导扶贫伦理具有现实意义。扶贫伦理是一个关于如何从伦理的角度解决贫困问题的伦理价值体系。倡导扶贫伦理，从扶贫伦理的角度研究我国的扶贫问题，具有理论意义和现实价值。

倡导社会保障伦理是现代社会的普遍性标志。社会保障伦理是对社会保障问题进行伦理反思而形成的一个伦理价值体系。倡导社会保障伦理有助于推动我国社会各界强化社会保障意识，有助于推进我国社会保障制度的完善，有助于推进我国社会保障事业的整体发展。一个坚持共享发展的国家必须具有完善的社会保障体系，因为它是广大社会民众能够充分享受社会发展成果的一个重要标志。

自然环境是一种公共环境，自然资源则是一种公共物品。如何保护自然环境和自然资源既是一个生态科学问题，也是一个伦理学问题。环境伦理就是以倡导生态环境保护为核心道德价值观念的一个伦理价值体系。倡导环境伦理不仅能够为我国推进环境保护工作提供强有力的伦理学理论支持，而且有利于增强我国环境资源的共享性。当今中国必须走生态文明发展道路，为广大社会民众提供洁净、健康的自然环境，以确保人们能够生活在一个"美丽中国"之中。

社会制度是一种强制性社会规范，也是一种公共性社会规范，因此，它是一种可以为广大社会民众共享的公共性社会资源。公正是社会制度的首要德性。社会制度的主要功能是保障物质财富、政治权利、发展机会等社会资源在国民中间的分配最大限度地体现公正性。如果能够设计和安排公正合理的社会制度，广大社会民众就能够过上在制度面前人人平等的生活。制度伦理是共享伦理必不可少的一个重要内容。借助于社会制度的合理设计和安排，我们不仅可以维护人与人之间的平等性，而且可以极大地促进社会资源在广大社会民众中间的共享性。合理设计和安排的社会制度即公正社会制度，它能够使社会资源分配的正义天平有利于社会弱势群体，而一旦达到这种效果，则社会发展成果的共享性就能够得到显著提高。

第五，倡导共享主义伦理观具有重大理论意义和现实价值。

　　从理论意义方面来说，研究共享发展理念和共享伦理是我国学术界推进中国特色社会主义理论研究的一个重要内容。共享发展问题是一个有待于我国学术界深入研究的新领域。虽然中西历史上有许多哲学家和政治家提出了不少与共享发展理念有关的思想和理论，但是以共享发展问题作为专题展开研究的理论成果还没有。共享发展问题是一个重大政治问题，也是一个重大伦理问题。它不仅要求人们从政治意识形态的角度来深入认识、理解和把握发展问题，而且要求人们从伦理的高度展开深刻的理论运思和解析。党中央提出的五大发展理念是以习近平同志为核心的党中央在推进中国特色社会主义理论建设方面取得的一个重要理论成果。共享发展理念的出台更是具有不容忽视的重大理论意义。它说明党中央对人类社会发展规律的认识和理解达到了新的理论高度，是中国特色社会主义理论日臻完善的一个重要标志。对共享发展理念和共享伦理展开深入系统的研究是我国学术界不可推卸的重大责任和光荣使命。

　　从现实意义方面来看，研究共享伦理反映我国对内和对外传播当代中国价值观念的重大需求。作为一个正在迅速崛起的大国，中国应该致力于用正确的理念和价值观念引领本国和世界的发展。共享发展理念是党中央审时度势、高瞻远瞩提出的一个正确理念和价值观念。倡导共享发展既反映当代中华民族对发展的价值诉求，也反映世界各国对发展的价值诉求；因此，它是一个适合于在整个世界传播的发展理念。虽然当今世界仍然存在大量难以在短期内化解的国际矛盾，但是走共享发展之路已经是大势所趋。对当今中国坚持的共享发展理念和共享伦理展开深入系统的研究不仅有助于我国对内和对外传播共享发展理念，而且有助于推动我国社会民众和世界人民树立以追求共享作为核心伦理价值取向的道德价值观念。

　　人类社会的发展总体上是朝着越来越自由、越来越平等、越来越民主、越来越公正、越来越好的方向发展。在推进人类社会发展的过程中，正确理念和价值观念的引导作用至关重要。要让当今中国倡导和坚持的共享发展理念、共享伦理成为具有国际影响力的价值理念和观念，这既需要我国国家治理者的宣传，也需要我国学术界的传播。当今中国正致力于实现中华民族的伟大复兴，目前正处于全面建成小康社会决胜阶段，因此，推进社会发展的压力和困难不容低估。在此时代背景下，倡导和坚持具有普遍意义的共享发展理念和共享伦理就显得特别重要。

人类生活于其中的存在世界不能没有共享伦理的引领。在浩瀚的存在世界，人类既不是统治者，也不是可以任意分裂的存在者，我们的所思所想和所作所为都应该受到正确伦理思想的引导。能够发挥这种作用的伦理思想只能是共享伦理思想。存在世界的发展浩浩荡荡，顺之者昌，逆之者亡。所谓"顺之者昌"，即顺应存在世界的共享性，并且在享有共享性的过程中繁荣昌盛。所谓"逆之者亡"，即背离存在世界的共享性，并且在失去共享性的过程中走向衰亡。大道之行也，惟共享共荣！

第六，共享主义伦理观至少应该涵盖十个主要观点。

其一，共享伦理是人类孜孜以求的理想伦理形态。伦理学家提出的伦理学理论在形式上存在差异，但它们在内容上殊途同归，都以追求共享伦理作为终极目标。

其二，人类历来以共享性生活作为理想生活模式，并且一直在努力实现这种生活理想。纵观人类发展史，人类社会总体上是在朝着共享性越来越强的方向发展。当今的人类社会之所以优于以往的社会形态，从根本上来说是因为当代人类能够享受到前所未有的共享性。

其三，"共享"是指社会资源或社会发展成果的共享。社会资源可以大体上分为两种类型，即物质性社会资源和精神性社会资源。人类社会生活本质上表现为占有社会资源的复杂过程。人类对社会资源的占

有只能以共享的方式展开，否则，人类社会就会陷入难以化解的伦理
冲突。

其四，人类具有追求共享伦理的悠久传统，当前仍然在追求共享
伦理的道路上奋进。这似乎是被绝大多数伦理学家忽略的一个事实。

其五，共享伦理的表现形式多种多样。国内外伦理学界倡导的公
共服务伦理、教育伦理、医学伦理、财富伦理、慈善伦理、扶贫伦理、
社会保障伦理、环境伦理、制度伦理等伦理形态本质上都属于共享伦理
的范围。

其六，当今中国倡导的共享发展理念是一种具有深厚共享伦理意
蕴的理念。共享伦理是支撑共享发展理念的道德力量。"发展"被世界
各民族视为第一要务，足见其重要性；然而，如果发展不能带来发展成
果被人们共享的结果，则所取得的发展只能是没有道德价值的增长。具
体地说，它只能造就类似奴隶社会、封建社会和资本主义社会之类的不
公正社会。在这样的社会中，绝大多数人充当着促进社会发展和创造人
类社会历史的主体，但他们并不能充分享有社会发展成果；相反，虽然
奴隶主、封建贵族、资本家等是在社会人口中占据少数的统治者，但是
他们凭借手中的统治权不合理地享受着社会发展的绝大多数成果。共享
伦理从道德上拒斥严重缺乏共享性的奴隶社会、封建社会和资本主义社
会，要求人类社会在追求发展的过程中最大限度地维护发展成果的共
享性。

其七，共享伦理是以"共享"作为核心价值取向的伦理思想、伦
理精神、伦理原则和伦理行为统一而成的一个伦理价值体系。它将"共
享"视为一种美德，反对社会资源或社会发展成果在一个国家或社会被
少数人支配或占有的状况，要求最大程度实现社会发展成果的共享。所
谓共享，就是为大家共同享有，就是让所有社会成员具有强烈的获得
感，就是让所有社会成员能够从国家或社会发展的成果中受益。

其八，共享具有伦理限度。人类追求合乎共享伦理的生活方式，但不会无条件地共享。共享既涉及合伦理性问题，也必须遵循一定的伦理原则。共享应该被限制在合伦理的范围之内，并且不能导致恶的产生，否则，它的伦理价值就会遭到人类的否定。

其九，走共享发展之路是当今中国作出的正确道德选择。坚持共享发展反映中国特色社会主义的本质要求。作为一个社会主义国家，当今中国更应该致力于实现社会发展成果的共享。这既是中国特色社会主义的本质要求，也是社会主义制度优越于其他社会制度的根本之处。我们认为，在共享伦理的引导下走共享发展之路是当今中国推进国家治理的最高伦理价值目标。它是对当今中国发展作出伦理定性的伦理价值目标。当今中国不应该仅仅为了发展而发展，而是应该为了实现共享发展而发展。对于当今中国来说，只有基于共享伦理基础上的发展才具有道德价值或伦理意义。

其十，共享伦理是一个无限广阔的伦理空间。它与人类的生活范围有关。由于人类的生活范围一直在不断拓展，共享伦理的适用范围也一直在扩展。人类生活的物理空间和精神空间都是无限广阔的，因此，共享伦理也是一个无限广阔的伦理空间。这不是指共享没有伦理限度，而是指共享伦理具有无限广阔的适用范围。

总而言之，本书旨在倡导和弘扬共享主义伦理观。虽然共享主义伦理观直到当代才开始受到国内外学术界的关注，但是它本身是人类自原始社会以来就一直在探索的一个问题。从历史唯物主义的角度看，人类在原始社会的生存具有典型的共享发展特征，但它所达到的发展共享程度是原始的、低级的；在奴隶社会和封建社会，由于一切都被深深地打上了森严等级观念、制度的烙印，统治阶级与被统治阶级之间的阶级对立无法弥合，共享发展的空间非常狭窄；进入资本主义社会之后，由于自由、平等、民主、公正等价值观念开始比较广泛地深入人心，并且借助于社会制度的设计和安排得到了较大程度的现实化，共享发展的领域也得到前所未有的拓展。当今中国正在共享发展理念的引导下致力于建构共享社会，人们的获得感空前强烈。历史地看，人类社会总体上是在朝着共享性不断增强的方向发展，这种历史背景要求当代人类在推进共享发展、弘扬共享伦理和建构共享主义伦理观方面能够有更大、更多的作为。

第一章 能否共享：文明社会的核心伦理问题

原始社会以后的人类社会通常被称为文明社会。这主要是指人为的东西在人类社会越来越多，人类身上的野蛮性和愚昧性不断减少。文明社会总是作为伦理实体而存在。这一方面意味着奴隶社会、封建社会、资本主义社会、社会主义社会等文明社会形态或多或少地具有某种程度的伦理精神，另一方面也意味着文明社会总是充满着各种各样的伦理问题。人类在文明社会不得不面对各种各样的伦理问题，其中居于核心的是共享伦理问题。

一、共享伦理：在富人与穷人之间

富人和穷人之间的对峙是文明社会的基本问题。在原始社会，人类并没有富人和穷人的区分。低下的社会生产力和薄弱的经济基础迫使原始社会的人类只能过着共同劳动、共同消费的原始共产主义生活方式，极其有限的生活资源不足以将人类划分为富人和穷人两个阵营。原始社会不存在贫富差距问题，谁都不比其他人更富一些，谁也不比其他人更穷一些，因而没有富人和穷人的区分。这是原始社会留给当代人类的美好记忆之一。文明社会产生的一个重要标志是私有财产的出现。自奴隶社会开始，人类不仅因为私有财产的多寡而被区分为富人和穷人，而且因为富人和穷人之间的物质利益之争而出现了此起彼伏、错综复杂的阶级矛盾。

并非所有文明的东西都是好东西。私有财产的出现以及富人和穷人的区分或许为人类文明的发展提供了新的动力机制，但它们也为人类社会的长期动荡埋下了祸根。进入文明社会之后，人类不仅没有彻底摆脱自身的野蛮性，而且常常以"文明"为外衣来掩饰其野蛮性。在奴隶社会，"文明"的奴隶主往往将奴隶当成活的牲口来对待，其野蛮程度是原始社会的人类无法比拟的。到了封建社会，能够真正活得像人的只有封建地主，广大农民只能过着牛马不如的生活。在资本主义社会，虽然无产阶级能够在较大程度上享受人身自由、思想自由、言论自由等权利，但是他们遭受阶级压迫和阶级剥削的状况并没有得到根本改变。纵然是到了社会主义社会，富人和穷人之间的区分依然存在，并且常常是引发社会矛盾的根源所在。

私有财产的出现以及富人和穷人的区分是人类社会发展的标志性事件。它是一座分水岭，将人类社会划分为"平等社会"和"不平等社会"。原始社会是原始的、落后的，但它是平等的。文明社会是文明的、先进的，但它是不平等的。法国哲学家卢梭就曾经对原始社会持赞美的态度，而对文明社会持批评的态度。在他看来，人类文明的进步不仅使人类越来越远离原始状态，而且使人类从原始的平等状态转向了日益严重的不平等状态。他认为人类在原始社会是人人平等的："人与人原本是平等的，就像其他各类动物，在种种自然因素使它们身上发生我们目前尚能观察到的变异之前，同类的动物生来都是平等一样。"① 他把私有

---

① ［法］让－雅克·卢梭：《论人类不平等的起源和基础》，高煜译，广西师范大学出版社 2002 年版，第 63 页。

制视为人与人之间相互损害的根源，认为富人会为了占有越来越多的私有财产而残暴地压迫和剥削穷人，而穷人也会为了维护自身的生存权利而不得不与富人对抗。他说："那些在自然状态下几乎不存在的不平等，随着人的能力的开发和思想的进步而扩大、加深，随着私有制和法律的建立而稳定下来，变得合法。"① 卢梭试图强调，文明社会的到来对人类来说并不是福音，而是人类陷入不平等深渊的开始，因为文明社会不仅导致了私有财产的出现以及富人穷人的区分，而且使人与人之间相互损害的局面呈日益加剧的态势。

关于穷人与富人在文明社会的不平等问题，马克思的看法更加深刻。他曾经立足于资本主义社会的现实指出："在过去的各个历史时代，我们几乎到处都可以看到社会完全划分为各个不同的等级，看到社会地位分成多种多样的层次。在古罗马，有贵族、骑士、平民、奴隶，在中世纪，有封建主、臣仆、行会师傅、帮工、农奴，而且几乎在每一个阶级内部又有一些特殊的阶层。"② 进入资本主义社会之后，资产阶级成为富人阶层，无产阶级成为穷人阶层，前者"用公开的、无耻的、直接的、露骨的剥削代替了由宗教幻想和政治幻想掩盖着的剥削。"③ 在文明社会，穷人和富人的区分以及他们之间的阶级对立是由私有财产的多寡决定的。

私有财产是导致富人和穷人产生的根源，也是区分富人和穷人的根本标准。进入文明社会之后，人类就一直以私有财产的多寡将自身区分为富人和穷人。这两种人作为两个不同阶级而存在，并且始终保持着阶级对立的状态。在奴隶社会，他们是奴隶主与奴隶的对立；在封建社

---

① ［法］让－雅克·卢梭：《论人类不平等的起源和基础》，高煜译，广西师范大学出版社 2002 年版，第 139 页。
② 《马克思恩格斯文集》第 2 卷，人民出版社 2009 年版，第 31—32 页。
③ 《马克思恩格斯文集》第 2 卷，人民出版社 2009 年版，第 34 页。

会，他们是地主与农民的对立；在资本主义社会，他们是资产阶级与无产阶级的对立。在社会主义社会，虽然很少讲阶级对立，但是富人阶层与穷人阶层的区分依然存在，富人和穷人之间的矛盾也没有彻底消失。

富人和穷人之间的矛盾之所以难以消除，是因为他们属于两个不同阶级，并且具有不同的阶级利益诉求。一方面，为了维护富裕的私有财产，富人会想方设法防范穷人的掠夺；另一方面，为了过上更好的物质生活，穷人会对富人拥有巨大物质财富的事实表示不满。可以说，在富人与穷人并存的社会里，富人感觉到的最大威胁来自穷人，而穷人感觉到的最大威胁则来自富人。富人害怕被穷人夺走财产，穷人则害怕被富人压迫和剥削。用卢梭的话来说，拥有财富的富人和遭受贫困的人一样，都没有安全感。①

富人和穷人之间的矛盾是人类社会最难化解的社会矛盾。这种矛盾一旦达到一定的严重程度，就会上升为尖锐的阶级冲突，甚至会催生穷人力图推翻富人的革命。纵观人类社会发展史，只要富人和穷人的区分没有终止，他们之间的矛盾和冲突就难以避免。正因为如此，如何缓解富人和穷人之间的矛盾和冲突历来是人类推进国家治理的关键所在。如果一个国家的治理者能够很好地解决富人和穷人之间的关系问题，这个国家就能够长治久安；相反，如果一个国家的治理者不能很好地解决富人和穷人的关系问题，这个国家就必定动荡不安。

要解决富人和穷人的关系问题并不容易。解决该问题的有效办法不是要求穷人安于贫困的现状而不去怨恨富人。孔子早就指出："贫而不怨难，富而不骄易。"② 穷人的怨恨对象是什么？它通常是与他们的生活水平形成鲜明对比的富人。穷人怨恨富人，这就是人们所说的"仇

---

① 　参见［法］让－雅克·卢梭：《论人类不平等的起源和基础》，高煜译，广西师范大学出版社 2002 年版，第 120 页。

② 　《论语·宪问篇》，中华书局 2006 年版，第 50 页。

富"现象。这种现象在所有社会都存在，是富人和穷人陷入矛盾和冲突的重要心理基础。

要减少穷人对富人的"怨恨"或"仇恨"，唯一行之有效的方式是缩小他们之间的贫富差距。富人和穷人的区分在所难免，但贫富差距不能太大。如果一个社会的贫富差距太大，这不仅说明它的富人和穷人之间存在一条不合理的阶级鸿沟，而且说明它存在极其严重的不平等。解决贫富差距问题主要涉及富人的主观意向性状况。历史地看，每一个时代都不乏富人愿意兼济天下的事例，但这并不意味着所有富人都愿意与穷人共享其财富。绝大多数富人对穷人的救助是有限的或有条件的，富人为富不仁的事情也不少见。正因为如此，为了解决贫富差距问题，现代国家通常不得不诉诸税收、社会保障等社会制度的合理设计和安排。社会制度是一种强制性社会调控手段。它在解决贫富差距问题方面的主要作用在于：通过强有力的制度性规定，将富人和穷人之间的贫富差距降低到最低限度。

富人和穷人之间的贫富差距问题是一个重大伦理问题。它不仅反映富人与穷人之间存在贫富差距的事实，而且涉及两个人群对待彼此的道德态度。从富人来说，能否友善地对待穷人、帮助穷人是衡量他们是否具有道德修养的一个重要标准；而对于穷人来说，能否真诚地尊重合法致富的富人也是衡量他们是否具有道德修养的一个重要标准。依靠残酷压迫和剥削而致富的富人固然应该被钉在道德的耻辱柱上，但合法致富的富人应该被给予道德尊重。因为主客观原因而生活于贫困中的人固然应该得到包括富人在内的所有人的同情和帮助，但如果一个人是因为懒惰、奢侈等原因而贫困，他就不应该受到道德上的尊重。富人与穷人的关系问题不是简单的事实性对立关系，而是具有复杂伦理意涵的伦理关系。

要解决富人与穷人的贫富差距问题，关键取决于富人的道德态度。

在富人和穷人中间，前者是社会强势群体，他们对社会生活的影响力和主导权明显大于后者。相比之下，穷人是社会弱势群体，他们对社会生活的影响力和主导权都很有限。在富人和穷人并存的社会，要求富人仁爱或仁慈地对待穷人的呼声一般会高于要求穷人善待富人的声音。

富人仁爱地对待穷人的有效办法是与他们共享自己的财富。虽然富人是人类社会的强势群体，但是他们必须依赖穷人而存在。在一个社会，穷人往往是那些在劳动一线艰辛劳作的体力劳动者。由于所受教育程度不高，他们适应社会生活的主观条件比较差，因而容易在社会竞争中陷入不利地位。对于这样的人来说，维持生计是人生的首要问题，他们帮助他人的空间往往很有限。相比较而言，富人不仅在社会竞争中处于有利地位，而且生活条件优越，因此，他们帮助他人的空间更加宽广。

富人与穷人之间并没有一条不可逾越的鸿沟。他们的关系既有相互对立、相互冲突的一面，也有相互依赖、相互促进的一面。在人类社会，任何一种人都不可能脱离其他人而独善其身。富人只能产生于社会合作基础上。没有广泛的社会合作，富人手中的巨大财富无从产生。富人总是一定社会的富人，总是基于社会合作而产生的富人。在富人的巨大财富里，必定包含着许多穷人的血汗和支持。具有伦理智慧的富人往往能够明白，他们应该对穷人怀有一颗感恩的心。富人感恩社会的首要方式就是应该感谢和帮助那些需要帮助的穷人。

富人是人类社会最应该走共享之路的人。"共享"不仅是他们获取道德荣光的方式，而且是他们提升其财富价值的最有效途径。物质财富的价值主要在于它的有用性。一个人对物质财富的需求量总是有限的。将巨大的物质财富掌握在手中而不加以使用是一种浪费、一种恶，而用手中的物质财富反馈社会、感恩社会则是一种大善。富人不应该通过无限占有物质财富而富有，而是应该用手中的物质财富造福社会而富有。

一个占据巨大物质财富而不用之帮助需要帮助的人通常被人们称为"守财奴"或"吝啬鬼"，因为他们内心狭隘、不知感恩。那些乐于助人的富人则往往更容易获得人们的道德称赞和尊重。

二、共享伦理：在国家与国民之间

国家是一种政治实体、经济实体、军事实体，更是一种伦理实体。文明社会是有国家的社会状态。从这种意义上来说，人类进入文明社会就是进入有国家的社会状态，就是在有国家的社会状态中生存和发展的状态，就是必须受国家制约的状态。文明的人类与国家息息相关。要认识、理解和界定"文明的人类"，不能脱离"国家"这一实体性语境。

国家的诞生是以国家公共权力的产生为根本标志的，而国家公共权力一旦产生，政府就获得了出场的必要性。无论以何种形式出现，政府本质上是国家公共权力的载体。由于承载着国家公共权力，政府往往被很多人视为国家的象征。在很多人的眼里，国家即政府，政府即国家。事实上，国家和政府是有区别的。"国家"这一概念在外延上比"政府"要宽泛得多，在内涵上也比"政府"要丰富得多。"政府"只不过是国家职能的行使机构。

政府的一个主要职责是统筹和分配国家所掌握的社会资源。政府是为国家而存在的，也是为国民而存在的，它对社会资源的统筹和分配也是以满足国民的物质和精神生活需要为目标指向的。国家犹如一块由各种社会资源构成的蛋糕，但它必须通过政府之手才能分配给国民。正因为如此，能否公正地统筹和分配社会资源既反映政府的存在状况，也反映国家与国民的关系状况。

政府代表国家对社会资源的统筹和分配无外乎有两种方式：一是有利于社会强势群体的方式；二是有利于社会弱势群体的方式。这两种方式有着本质区别。前者是有利于少数人的方式，而后者是有利于所有人的方式；或者说，前者是非共享的方式，而后者是共享的方式。

每一个国家都存在强势群体，但强势群体在一个国家中通常占据少数。在奴隶社会和封建社会，奴隶主和地主是奴隶制和封建制国家的强势群体，但他们都是国民中的少数人。在资本主义社会，资产阶级则作为资本主义国家的统治阶级和强势群体而存在，但他们也仅仅在资本主义国家的国民中占据少数。社会主义国家也存在强势群体。例如，手中掌握国家公共权力的领导干部、拥有雄厚资本的企业家、受过良好教育的知识分子等等就是这样的人。社会强势群体的强势主要在于，他们在国家中处于优势地位，能够对国家的运行施加更多的影响。

由于能够对国家的运行施加更多的影响，社会强势群体在社会资源的分配领域通常处于有利的地位。他们在国家中有更多的机会表达自己对社会资源分配的价值诉求，甚至能够对政府的社会资源分配决策施加深刻影响。纵观人类社会发展史，国家的运行大都控制在社会强势群体的手中。在国家的运行被社会强势群体掌控的格局中，社会资源分配的天平通常是朝着有利于强势群体的方向倾斜的。受社会强势群体控制的国家很难是共享型国家。缺乏社会资源的共享性是它的本质特征。

政府也可以以有利于社会弱势群体的方式统筹和分配社会资源，但要做到这一点具有相当大的难度。奴隶制国家、封建制国家和资本主义国家根本不可能大力维护奴隶、农民、无产阶级等社会弱势群体的利益。纵然是在社会主义国家，社会弱势群体常常是社会发展的最少受益者。他们与社会强势群体共处一个国家，但他们并不具有与社会强势群体竞争的力量，因此，在参与社会资源分配的过程中，他们常常处于劣势和不利地位。

存在两种政府，一种是为强势群体谋福利的政府，另一种是为弱势群体谋福利的政府。前者是少数人的政府，后者是多数人的政府，它们分别代表两种截然不同的国家治理价值取向。当一个政府致力于满足少数强势群体的利益诉求，它必定是一个不公正的政府。这样的政府不可能一视同仁地对待所有国民。当一个政府致力于满足社会弱势群体的利益诉求，它就能够一视同仁地对待所有国民，并且能够在一个国家里建构比较好的公正秩序。

作为国家公共权力的行使者，政府在人类社会中具有不容忽视的存在价值，但政府必须对自身的职能有明确的界定。从其起源来看，政府从一开始就应该是服务型的国家机构。它是国家为了实现其维护国民利益的最高目的而出现的，因此，它的存在充其量只有工具价值。也就是说，政府是国家实现其维护国民利益的手段而已。

在现实中，政府常常犯的一个错误是僭越自身的身份和功能，将自己变成国家的主宰，甚至将自身变成控制、统治和奴役国民的机器。政府一旦变成这样的机器，它就发生了异化。异化的政府是强大的政府，而它的国民则是弱小的。它会把国家公共权力变成专制权力，并且导致专制国家的产生。

异化的政府必定由贪权、专权的国家公职人员把持。专权的国家公职人员之所以敢于贪权、专权，是因为他们有专制政府作为靠山。他们动不动就打着政府的名义算计和盘剥国民的利益，而不是千方百计维护和增进国民的利益。异化的政府必定导致国家公共权力的异化。人类确立国家公共权力的初衷本来是为了借助于它有效维护国民的利益和协调国民之间的复杂利益关系。国家公共权力一旦发生异化，它就不可避免地会偏离它自身的本质，并且蜕变成一种受国家公职人员的私人利益诉求腐蚀的东西。

要防止政府异化，必须严格限制政府的职能。政府不是全能的，因而不能奢望它成为"全能政府"。另外，政府的主要职能是服务，因此，它就不应该将自己变成在国家中可以凌驾一切的力量。如果一个政府不能将自身的职能限制在服务上面，它就很可能蜕变成控制、统治和奴役国民的机器。政府与国民之间的对立和矛盾往往导源于此。

政府与国民的关系就是国家与国民的关系。国家是每一个国民的最重要精神依托。"国民"则是人类的最重要身份。一个人可以失去家庭，也可以失去工作单位，但不能失去自己的国籍。失去国籍的人就是没有国家的人，就是无法得到国家保护的人，因此，对于人类来说，拥有和失去国籍是一件极其严肃、极其重要的事情。在地球上，没有人会不重视自己的国籍。

政府有权向国民提出合理的义务要求，但它也应该对国民承担相应的义务。例如，它有权要求国民依法纳税，但它同时也应该承担保护纳税人合法权益的义务。政府有权要求国民承担工作的义务，但它同时也应该承担为国民提供就业机会的义务。政府有权要求国民不断提高自身的素质，但它同时应该承担为国民提供良好教育的义务。政府不是仅仅发号施令的机器。

政府应该致力于让它的国民生活在民主、公正、和谐、共享的国家里。一个国家不应该是某个人或某些人的国家，而是所有国民的国家。作为国家公共权力的行使者，政府不应该利用自己所掌握的权力而为所欲为。它必须严格约束那些在政府工作的国家公职人员，要求他们遵纪守法、依法行政、以德行政，并防止他们以权谋私、假公济私。

政府不应该成为社会财富聚集的仓库，而是应该藏富于民。政府富有，而国民贫困，这不合伦理；政府清廉，而国民富有，这才是合乎伦理之道。民富则国强，民穷则国弱。正是基于这样一种考虑，以习近平同志为核心的党中央特别重视增强广大社会民众的"获得感"。所谓"获得感"，就是广大人民群众对社会发展成果的享受感。具体地说，党中央希望我国推进改革开放所取得的社会发展成果能够为我国社会各界普遍共享，而不是仅仅让少数人享有它们。

当今中国政府正致力于将自身打造成为"共享型政府"。这种政府构想是基于党中央倡导的共享发展理念得到确立的。共享发展理念反映中国特色社会主义的本质要求，体现中国特色社会主义的最大优势。我们认为，社会主义国家与资本主义国家的最显著区别在于，它具有更强的共享性。社会主义国家本质上是共享性鲜明的国家。它不允许贫富差距越拉越大的现象长期存在。

我们可以把国家比喻为一个蛋糕。政府的职责是尽量将蛋糕做大，并且将蛋糕公正地分配给所有国民，而不是充当蛋糕的占有者。政府更不是民脂民膏的搜刮者，而是应该充当国民的造福者。只有能够给国民带来福祉的政府才是好政府，也只有能够造福国民的政府才能得到民众的支持。不顾国民死活的政府一定是坏政府，它是不可能得到国民拥护和支持的。政府与国民的关系能否达到和谐，关键是政府，而不是国民。

三、共享伦理：在当代人与后代人之间

人类文明具有代际传承性。我们每一代人都参与人类文明建设，都为人类文明进步贡献力量，并且都在人类文明传承方面发挥着承上启下的作用。我们人类不仅有创造文明的能力，而且知道文明的可持续性价值，因此，我们重视文明的传承和接续。

人类文明的代际传承性不仅使人类生存具有连续性、延展性，而且使人类生存具有贯通性、共享性。上一代人总是作为下一代人的生命根基而存在，后一代人则总是作为上一代人的生命延续而存在。更重要的是，不同代的人可能存在代沟，但不可能截然对立。人类文明发展的优秀成果在一代又一代人中间积淀、流传、发展，从而形成贯通和共享文明的生存模式。这是人类与其他自然存在物相区别的一个重要地方。

　　文明是人类专有的东西，并且在本质上是共享的。文明不属于某一个人，而是属于整个人类。文明也不属于某一代人，而是属于一代又一代的人。共享性是人类文明的重要特性。从这种意义上来说，人类文明是共享文明。

　　遗憾的是，很多人不懂人类文明的共享性。我们中的很多人错误地将文明理解为当下的一种事态。他们试图从我们当前的所思所想和所作所为中寻觅人类文明的踪迹。这种做法容易将我们引入人类文明的表象世界，而无法使我们洞察人类文明的内在本质。人类文明既有表象的一面，也有本质的一面。它的表象就是我们在当下和眼前用感官所能看到、听到、闻到、摸到的文明表现形式，它们作为直接的感觉对象进入我们的印象和经验之中。然而，我们的感官并不是完全可靠的，它有时会把我们引入假象世界。例如，我们很多人只能看到现代建筑的简洁性、实用性，却不知道现代建筑折射了现代人追求简单、实用的价值观念，同时仍然保持了建筑为人类提供精神依托的人文精神。

　　我们每一代人都是在人类已有文明的基础上创造新文明的。当代人类拥有的政治文明、经济文明和文化文明是现代的，但也都是历史的。我们今天倡导的平等、公正、和谐等观念都可以追溯到雅斯贝尔斯所说的"轴心时代"。古希腊时期和中国先秦时期的哲学家早就提出了这些观念。当代人类并没有放弃这些观念，只是从新时代的视角来界定和诠释它们。

　　共享文明主要是共享人类文明的优秀成果。人类文明既有正面的价值，也有负面的价值。具有正面价值的人类文明是那些经历了历史检验的优秀文明成果，它们代表的是人类文明的积极方面和正面价值。具有负面价值的人类文明是那些经不起历史检验的文明糟粕，它们代表的是人类文明的消极方面。纵然人类文明的积极成果和消极成果都可能随着时间的潮流流传下来，它们也会被人类本身作为两种性质不同的文明成果予以区分。对人类文明中的那些积极成果，我们会充分吸收、借鉴，而对人类文明中的那些消极成果，我们则会采取批判、回避的态度。

我们每一代人都不得不思考和回答两个问题：一是我们从先辈那里继承了什么？二是我们能够给我们的后代留下什么？对这两个问题的思考和解答都需要有"共享"的道德视角、道德思维和道德智慧。

无论我们属于哪一代人，我们的身上都流淌着先辈的文明血液。我们之所以长成这样或那样，我们之所以以这样或那样的思维方式思考问题，我们之所以具有这样或那样的行为特征，都不是在我们自己的时代炼成的，而是在很大程度上得力于我们的先辈。我们的先辈流传给我们的既有物质性的文明成果，也有精神性的文明成果。物质性的文明成果包括各种各样的古建筑、文物、典籍等；精神性的文明成果则包括各种各样的知识、思想、理论、道德价值观念等。我们这一代人之所以富有，在很大程度上是因为我们的先辈给我们留下了很多东西。

能否记住、珍惜、尊重和保护先辈留给我们的东西反映后辈的历史责任感和道德责任感。保持应有的历史记忆是人类具有历史责任感的表现，也是人类具有道德记忆的表现。我们人类是一种具有历史记忆和道德记忆的动物，因为我们的生存总有一个历史的维度和记忆的维度。记住、珍惜、尊重和保护先辈留给我们的东西，既是尊重先辈和历史，也是尊重我们自己。历史和记忆是我们生存的根基，也是我们生存的重要内容，因此，我们没有理由将它们遗忘、背弃。

先辈给我们留下的东西通常被冠之以"传统文化"的名称。"文明"和"文化"这两个概念在很多时候是通用的。文明就是文化，文化就是人为的一切。在中国，中华文化传统就是指中华文明传统，就是中华民族在历史上创造的一切文明成果。中华文化传统既有精华，也有糟粕。当代中华民族应该从先辈那里继承的东西是中华优秀文化传统。中华优秀文化传统是中华文化之本，是中华民族精神代代相传的精髓。要建构中国特色社会主义文化，当代中华民族应该不忘本来，从中华优秀文化传统中吸取积极成分，然后才能立足现在和开创未来，将中华文化或中华文明不断发扬光大。

我们又能给后代留下什么呢？在这一点上，我们和自己的先辈一样，只能给后代留下两样东西，即物质文明成果和精神文明成果。同样，由于物质文明成果在传承过程中容易损毁，我们也和自己的先辈一样，能够留给后代的主要是精神文明成果。

作为当代人，我们在文明或文化传承方面担负着承上启下、承前启后的历史重任。如果我们对自己传承文明或文化的工作重点不清楚，我们的所思所想和所作所为必定是盲目的，甚至可能是错误的。只有深刻认识我们传承精神文明成果的主要责任，我们才能在先辈和后代之间起到真正的桥梁或纽带作用。

真正有智慧的一代人应该主要致力于将他们创造的思想、智慧和理论流传给后代。思想、智慧和理论都是无比珍贵的精神文明成果。把深刻的思想流传给后代，有助于推动他们保持人之为人应有的思维、洞察力、判断力等；把为人处世的人生智慧流传给后代，有助于推动他们强化人之为人应有的思维能力、认识能力、判断能力和实践能力；把有价值的理论流传给后代，有助于推动他们掌握人之为人应有的知识体系、理论体系。思想、智慧和理论是我们能够流传给后代的永恒财富。

喜欢将物质财富留给后代并非明智之举。但在中国社会，这几乎作为一种传统而存在。我们拼命地挣钱、买房、置地，但我们主要不是为自己，而是为后代。拥有孩子之后，中国父母养儿育女的任务都是终生的。中国父母很伟大，但也很劳累。他们比西方国家的父母要多劳心、多劳力。

有智慧的上一代人还会致力于将青山绿水留给后代。自然界是人类在地球上生生不息、实现可持续发展的根本条件。虽然人类文明表现出与自然界的原始性、野蛮性相对立的基本特性，但是这并不意味着人类可以完全摆脱或脱离自然界的自然性、规律性、必然性。人类是自然进化的产物，因而与其他自然存在物一样，我们永远也改变不了"自然之子"的身份。自然界赋予我们每一个人享受阳光、空气等可再生资源的平等权利，并且允许我们用各种各样的森林资源、矿产资源等改善生存条件，但它并不允许我们中的某一代人将所有的自然资源消费殆尽。

可再生自然资源是一种公共资源，因为它们是由自然界以免费的方式提供给所有人的。阳光、空气等可再生资源不断更新，因此，我们每一代人都可以沐浴新鲜阳光、呼吸新鲜空气。不过，由于它们都是由太阳、植物等自然存在物创造出来的，我们人类往往对它们的存在价值缺乏深刻认识和高度重视。人类有一个通病，即普遍对身边那些真正关爱、爱护和保护我们的亲人、朋友采取习以为常、不以为然的态度。因此，当我们"自然而然"地沐浴阳光和呼吸空气的时候，我们往往会对一切的一切习以为常、不以为然、视而不见。这是人类在过去特别是在进入工业化时代以后对自然环境进行疯狂算计、盘剥和掠夺的一个重要原因。人类算计、盘剥和掠夺自然的做法导致了日益严重的环境污染、植被锐减、全球变暖等环境问题，不仅使当代人类陷入了可怕的生态危机，而且将危机的巨大危害性延续到了子孙后代。

如何实现可持续发展的问题是当代人类面对的一个重大现实问题。该问题表面上看仅仅是一个自然环境问题，实质上是人类与自然的关系问题以及代际正义问题。可持续发展问题是在人类的生存和发展给自然环境造成难以承载的压力情况下才出现的问题。生态危机就是人类丧失可持续发展性或可持续发展能力的危机状况。它不仅仅说明当代人类生活在危险重重的自然环境里，更重要的是消解了后代与当代人类共享自然环境的权利。上一代人疯狂地算计、盘剥和掠夺自然界，导致自然资源枯竭、环境污染日趋严重等问题，从而使后代人不能平等地享有自然界赋予人类的生存条件，人类因此而陷入难以为继的危险状态。这就是生态危机的真义所在。

人类应该具有先辈和后代共享思想、智慧、理论、自然资源的强烈意识和正确观念。我们从先辈那里继承了必要的思想、智慧、理论和自然资源，也应该将有价值的思想、智慧、理论和自然资源留给后代。如果我们能够做到这一点，我们这一代人就是具有共享思想、共享精神、共享智慧的人。这种共享思想让我们的思维能够贯通历史、现实和可能性，因而是深刻而伟大的。这种共享精神让我们的道德关怀能够实现从过去到现在再到未来的延展，因而是广博而崇高的。这种共享智慧让我们能够洞察自然规律以及人类生存的普遍法则，因而是深邃而有益的。

四、共享伦理：在强国与弱国之间

共享问题不仅是一个国家的内部问题，而且是一个国际问题。作为一个国家的内部问题，它主要表现为同代人之间和不同代人之间能否共享物质财富、精神财富等内容。作为一个国际问题，它主要涉及不同国家能否共享物质财富、精神财富等内容。当我们把共享问题作为一个国际问题来审视的时候，我们需要将它置于国际关系的框架内来加以考虑。

自国家诞生的第一天起，国际关系问题就一直存在。国际关系问题不仅涉及国与国之间的交往和交流，而且涉及国与国之间的利益关系，因此，它是一个非常复杂的问题。在经济全球化时代，国与国之间的交往和交流变得更加紧密，国际利益关系也变得更加错综复杂，当今世界的国际关系格局也因此而出现了很多新状况。

审视国际关系的一个重要途径是研究战争问题。战争是反映国际关系的一面镜子。在原始社会，人类为了争夺猎物会发动部落战争，但那种战争无论多么残暴、野蛮，其规模总是有限的。相反，到了文明社会之后，人类所发动的任何一场战争都是原始社会的部落战争不能相提并论的。战争的规模、残暴度、野蛮度是和人类争夺物质利益的程度成正比的。

"我之所是即时代之所是。"① 这不仅意味着我们每一个人都是自己所处时代的镜子，而且意味着我们所处的时代能够深刻影响我们的生存状况。我们置身于一定的时代，深受它的影响，在与它的紧密关系中生存和发展，因此，无论是哪个时代的人，我们都需要深刻认知自己所处时代的现实状况。

一个时代一般是指一百年的时间，因此，当今时代大体上可以追溯到第一次世界大战前后。那个时候发生了哪些世界大事？当时的世界正处于第一次世界大战期间，美国正在动员全体国民参加第一次世界大战，俄国十月社会主义革命在第一次世界大战期间取得胜利，中国也正式宣布参加第一次世界大战，等等。显而易见，当今时代是指第一次世界大战至今的这一段时间。

人类为什么要发动第一次世界大战？从历史唯物主义的角度来看，它是西方资本主义国家从自由资本主义发展阶段向垄断资本主义或帝国主义发展阶段转变必然要出现的结果。19 世纪末 20 世纪初，西方资本主义国家先后从自由资本主义阶段转向垄断资本主义阶段。在此过程中，它们一方面完成了对亚洲、非洲、拉丁美洲的瓜分，另一方面又不得不面对经济发展不平衡、重建国际秩序等复杂问题。由于最终无法通过和平手段达到各自的利益诉求，西方帝国主义国家最终分裂成两大阵

---

① ［德］卡尔·雅斯贝斯：《时代的精神状况》，王德峰译，上海译文出版社 2008 年版，"导言"第 23 页。

营，即以德意志帝国、奥匈帝国、奥斯曼帝国、保加利亚王国构成的同盟国阵营和以大英帝国、法兰西第三共和国、俄罗斯帝国、意大利王国、美利坚合众国构成的协约国阵营。第一次世界大战主要是这两大帝国主义阵营为了重新瓜分世界和争夺世界霸权而发动的世界级战争。

　　第一次世界大战是人类发展史上的重大悲剧。在大战期间，大约有 6500 万人参战，1000 万人丧生，2000 万人受伤，所造成的经济损失更是难以统计。然而，那一次战争并没有让人类从惨痛的教训中醒悟，因为第二次世界大战仅仅在 20 年之后又爆发了。第二次世界大战之后，世界仍然不安宁，局部战争此起彼伏，给人类自身不断造成巨大伤害和损失。我们不禁要问：为什么人类要用大大小小的战争来解决彼此之间的利益之争？难道人类就没有命运共同体意识和国际道德责任感吗？

　　我们可以借助于弗洛伊德的精神分析学理论来解释人类不断发动战争的行为。1932 年，爱因斯坦给弗洛伊德写信，要求他解答人类社会为什么会爆发战争的问题。弗洛伊德在回信中表达了两个基本观点：一方面，战争不可避免，因为用暴力甚至战争手段解决人际利益矛盾既是人类普遍奉行的一个原则，也是人类的毁灭本能（毁坏和杀戮的本能或死的本能）的外部表现形式。他说："使用暴力来解决人与人之间利益的冲突是一个普遍原则。这在整个动物界是千真万确的。人没有权力把自己从整个动物界排除出来。"① 另一方面，要想避免战争，只有用人类的爱欲本能（生的本能）来战胜人类的毁灭本能，或者使人类的毁灭本能发生转移。在弗洛伊德看来，爱欲本能是人类身上具有的一种与其毁灭本能截然不同的本能力量。它以维护生命、建构共同体、促进和谐等为目的，因此，如果它能够得到张扬或强化，则人类的毁灭本能就难

---

① 车文博主编：《弗洛伊德文集·卷十二》（《文明及其缺憾》），九州出版社 2014 年版，第 159 页。

有机会出场。

在如何解释战争的问题上，历史唯物主义和弗洛伊德精神分析学理论的区别在于，前者认为社会背景，特别是经济基础的深刻变化是导致战争的根源，而后者将战争的根源归结为人类身上的毁灭本能。这两种理论各有合理之处。它们要么从宏观的社会层面来解释战争爆发的原因，要么从微观的心理层面来解释战争的原因，各有道理，也各有各的说服力。它们的共同之处在于强调战争的不可避免性。显然，无论从历史唯物主义还是从弗洛伊德精神分析学理论的角度来看，人类总是会因为利益之争而发动战争，战争本质上是人类的利益争夺战。

国与国之间为了争夺某种利益而不惜发动战争，这是人类解决国际关系问题的一种极端形式。在现实中，任何一个国家都不可能总是诉诸战争来解决国际关系问题。何以如此？一般来说，并非所有国际关系问题都必须用战争手段来解决，只要还有和平解决问题的可能性，任何一个国家都不会轻易发动战争。纵然是到了非用战争手段解决国际关系问题的程度，相关国家也会对战争的代价进行慎重的计算，然后才会决定是否开启战端。

此起彼伏的战争状态不仅说明国与国之间难以长久和平相处，而且说明国际社会缺乏必要的共享性。历史地看，国与国之间发动战争的常见原因主要有两个：一是有些国家认为国际利益分配不公，而和平解决问题的可能性又不存在，因此，它们选择诉诸战争的手段；二是有些国家秉持民族利己主义价值观，甚至霸权主义价值观，企图较多占有甚至独占某种或某些国际利益，而它们又具有发动战争的实力，因此，它们会用战争的方式来解决国际关系问题。两次世界大战既是主要资本主义国家在瓜分势力范围或国际利益方面形成的尖锐矛盾集中爆发的结果，也是它们凭借强大的综合国力试图侵占或掠夺第三世界国家利益的贪欲导致的结果。

在和平时代，国际社会可能体现一定的共享性。所谓和平，主要是指国与国之间相安无事、互不侵犯的事态。这种事态主要由两个原因导致：一是国与国之间相互交往、交流、交融的程度高，彼此具有难解难分的相互依赖性和较强的信任感，和平共处、友好合作是解决国际关系问题的主导性方法。二是国与国之间形成了战略平衡，发动战争只会带来两败俱伤的结果。可以肯定的是，和平带来的往往是共赢、共享的结果。

或者诉诸战争手段，或者诉诸和平手段，国际关系问题的解决无外乎这两种主要方式。前者会破坏世界和平，并消解国际社会的共享性；后者有利于维护世界和平，并维护国际社会的共享性。国家有强弱之分，也有贫富之分。恃强凌弱，还是以强扶弱？为富不仁，还是以富扶贫？其结果是截然不同的。我们认为，国与国之间的关系问题本质上是不同国家能否共享世界的问题。当一个强国企图独霸世界的时候，战争就不可避免。如果一个强国能够与弱国和平相处，这必定是人类之福、世界之福。

五、共享伦理：作为文明的核心要义

总而言之，人类从野蛮走向文明，并沿着文明之路不断前行。文明社会就是被文明之灯澄明的社会，但文明澄明的东西不仅有善，而且有恶。在文明之灯的照耀下，善恶相比较而存在，并且持久地相互斗争。一部人类文明史本质上就是一部善恶史。善恶之间的斗争持久不断，表现为一个此消彼长的复杂过程。文明在这一过程中延展自身，并汇聚越来越丰富的内涵。

人类是文明的创造者，也是文明的实践者和促进者，因此，文明问题实质上就是人类的问题。如果说文明具有意义和价值，它的意义和价值都是人类赋予的。人类需要文明，文明才变得有意义、有价值。这不仅意味着人类是文明的主体，而且意味着人类是文明的主导者。地球上原本没有文明，只有野蛮。文明是人类集体创造的一个产品。

人有富人与穷人、强势群体与弱势群体、当代人与后代人之分，国也有富国与穷国、强国与弱国之分。这两种区分都是文明的必然产物。文明的人类必然是有个体差异和群体差异的存在者。这样的差异性将人类划分为不同的阶级，使之属于不同的国家、具有不同的利益诉求，并且将人类推入纷繁复杂的利益矛盾之中。狭义的利益是指物质财富或经济利益。广义的利益是指人类赖以生存的所有自然资源和社会资源。在文明的生活方式中，任何个人或群体都不能，也无法独占"利益"，人类社会因此而具有共享性特征。不同社会的共享性程度并不相同，但这并不意味着一个社会可以在完全没有共享性的情况下存在。

文明将人类从共享性很强的原始社会抽离出来，使我们的自私性得到激发和张扬，但这并不能彻底消解人类社会的共享性特征。作为人类，我们只能在社会中谋求生存。我们结成复杂的社会关系，并且依靠社会关系而生存。在很多时候，我们试图脱离社会关系而生存，但最终都会发现这种努力是劳而无功的。为了生存，我们只能有意或无意地融入共享性社会生活方式之中。我们与他人相伴而生存，并共享着自然资源和社会资源。这就是我们作为人类的生存或生活方式。

能否共享是人类进入文明社会之后必须解决的核心伦理问题。人类只能以共享的方式生存，否则，我们就会陷入无政府状态，甚至自相残杀的可怕局面。作为人类，我们需要自我保全，也需要自我发展，因此，我们的本性中总是保留着一定的自私性。所幸的是，我们在很多时候能够将自己的自私本性控制在合理的范围内。我们是理性存在者。理性的在场不仅让我们变得明智，而且赋予我们共享伦理智慧。共享伦理智慧使我们不仅能够看到自己的存在和利益诉求，而且能够看到他人的存在和利益诉求。文明不以彻底消灭共享性作为价值目标，而是以实现共享作为最高价值目标。人类在文明社会的生存方式是以共享伦理作为强力支撑的生存方式。文明是因为具有共享性而内含共享伦理意蕴。

第二章　人类探求共享伦理的悠久传统

　　人类的伦理诉求与其自身的历史一样悠久。伦理是自然界和社会的自在之理，并且是人类可以认知和掌握的道理，这是它能够保持勃勃生机的根源所在。与自然界、人类社会共存亡，因此，伦理能够天长地久。由于能够被人类认知和掌握，伦理能够成为活的善。人类在不断求索伦理的过程中建构了丰富多彩的伦理思想和伦理学理论。"共享伦理"是一个新概念。说它"新"，仅仅是因为我们今天才正式提出它、使用它，并不意味着人类从来就没有共享伦理思想。在我们看来，共享伦理是人类自古以来就一直孜孜追求的伦理形态。要理解这一点，我们需要深入系统地追溯人类源远流长的伦理文化传统。

一、儒家"忠恕之道"的共享内涵及其影响

　　中国是一个具有悠久伦理文化传统的国家。在创造人类伦理文明方面，中华民族从来都是领先的。在德国哲学家雅斯贝尔斯所说的"轴心时代"，中华民族创造的伦理文明就已经非常光辉灿烂，它熔铸中华古文明的核心内容，表征中华古文明的精神灵魂。

　　中华传统伦理文化的一个要脉是儒家伦理思想。儒家伦理思想

源远流长、博大精深、内容复杂，其核心内容是孔子所说的"忠恕之道""仁道"或"仁爱原则"。所谓"忠道"，是指"己欲立而立人，己欲达而达人"①。其意指，自己想成功，也让别人成功；自己想通达，也让别人通达。以"忠"来解释"仁道"，其实质是要求人们能够与他人分享好的东西，这表现为"积极的共享"。"恕道"，是指"己所不欲，勿施于人"②。其意为，不应该将自己不喜欢的东西强加于人。以"恕"来解释"仁道"，其要旨是要求人们不与他人分享自己不喜欢的东西，这表现为"消极的共享"。总体来看，以孔子为最杰出代表的儒家伦理学具有强调"共享"的伦理思想传统，它要求人们共享彼此所拥有的东西，但并不要求人们无限度或无原则地共享。它主张人们在共享所有物方面应该有所为也有所不为。

"忠恕之道"是孔子伦理思想的精髓，也是儒家伦理思想的精髓。以孔子、孟子等人为代表的儒家伦理学具有人本主义伦理学的鲜明特征，因为它总是从现实的人的视角来看待一切伦理问题，并且总是试图借助于人本身的力量来解决问题。在儒家伦理学中，人总是置身于一定的家庭和国家中，彼此相互联系、相互依赖、相互影响、相互制约，因此，人与人之间的关系不仅表现为利益关系，而且表现为伦理关系。正是基于这种思想，儒家总是要求人们重视人际伦理关系的建构和维护，并且呼吁人们将伦理手段作为处理人际关系的根本手段。"忠恕之道"的精要在于强调"共享"的合伦理性。它将人际伦理关系界定为基于所有物共享而建立的一种社会关系。在儒家伦理学里，人与人之间的交往不可避免，其核心问题是人们如何以合乎伦理的方式对待彼此的问题。

孔子强调"博施于民而能济众"③，并重视揭示人类社会缺乏共享性

---

① 《论语·雍也》，中华书局 2006 年版，第 50 页。
② 《论语·颜渊》，中华书局 2006 年版，第 104 页。
③ 《论语·雍也》，中华书局 2006 年版，第 50 页。

的危害性。他说："有国有家者，不患寡而患不均，不患贫而患不安。"①
其意为，生活于国家中的人最担忧的不是在物质财富分配方面得到的份
额少，而是贫富不均的问题；他们最担忧的不是贫穷，而是贫富不均所
导致的社会动荡。显然在孔子看来，如果一个国家不能通过维护分配正
义的方式在一定程度上实现物质财富的共享，它就不可避免地会陷入尖
锐社会矛盾和动荡不安。孔子具有以分配正义凸显社会共享性的共享伦
理思想。

　　孔子之后的儒家哲学家继承了他强调共享伦理思想的传统。战国
时期的孟子将共享社会发展成果视为每个人都应该培养的一种美德，因
此，他提出了与民同乐和"穷则独善其身，达则兼济天下"②等伦理思
想。汉代的《礼记》描画了一幅大同社会理想图："大道之行也，天下
为公。选贤与能，讲信修睦，故人不独亲其亲，不独子其子，使老有所
终，壮有所用，幼有所长，矜、寡、孤、独、废疾者，皆有所养。男有
分，女有归。货，恶其弃于地也，不必藏于己；力，恶其不出于身也，
不必为己。是故，谋闭而不兴，盗窃乱贼而不作，故外户而不闭，是谓
大同。"③所谓大同社会，就是人人都能享受社会发展成果的小康社会。
明末清初的王船山倡导以"公天下"为核心思想的社会理想，他以"仁
以厚其类则不私其权，义以正其纪则不妄于授"④为其社会理想理论的
论纲，主张实行土地民有制、财产民享制和职位开放制，其思想中蕴含
着追求和强调共享发展的伦理价值取向。

　　儒家共享伦理思想对中国政治家的影响十分明显。例如，孙中山
在近代提倡民有、民治和民享思想，这使得中华民族历来追求的共享发

① 《论语·季氏》，中华书局 2006 年版，第 150 页。

② 万丽华、蓝旭译注：《孟子·尽心上》，中华书局 2006 年版，第 291—292 页。

③ 王文锦译解：《礼记译解·礼运》，中华书局 2016 年版，第 258 页。

④ 王夫之：《船山全书》第二册，岳麓书社 1996 年版，第 401 页。

展理想变得更加具体、明确；新中国开国领袖毛泽东自始至终站在广大人民群众的立场上来考虑和定位发展问题，强调人民利益的至高无上性，要求共产党人的一切言行都应该体现为人民服务——即维护最广大人民群众的最大利益的宗旨，这使得他的治国理政思想具有鲜明的人民性和共享性特征；我国改革开放的总设计师邓小平在强调以经济建设为中心的同时要求我国社会各界致力于实现"共同富裕"的理想目标。以习近平同志为核心的党中央更是旗帜鲜明地倡导共享发展理念。"共享发展理念"意指："共享是中国特色社会主义的本质要求。必须坚持发展为了人民、发展依靠人民、发展成果由人民共享，作出更有效的制度安排，使全体人民在共建共享发展中有更多获得感，增强发展动力，增进人民团结，朝着共同富裕方向稳步前进。"① 更进一步说，共享发展理念是党中央在我国进入全面建成小康社会决胜阶段的大时代背景下更新发展理念所取得的一个重要理论成果，它与党中央倡导的创新、协调、绿色、开放四个发展理念相辅相成，共同构成中国特色社会主义发展理念体系，标志着党中央对发展问题和发展理念的内涵达到了新的认识高度、广度和深度。在这些中国政治家身上，我们不难发现他们受儒家共享伦理思想影响的痕迹。

儒家伦理学本质上是一个强调共享伦理的伦理思想体系。它要求人们做"仁者"——即成为具有仁爱之心的人，做"君子"——即能够成人之美、不成人之恶的人。在儒家伦理学中，为人之道贵在仁慈、仁爱、不狭隘、不自私。仁慈之人能够仁人爱物，仁爱之人能够爱己及人；不狭隘之人能够看到他人的存在，不自私之人能够想他人之所想、急他人之所急。

---

① 《中共中央关于制定国民经济和社会发展第十三个五年规划的建议》，人民出版社2015年版，第9页。

儒家伦理学还是一个强调群体价值的伦理价值体系。它把家庭、社会和国家视为命运共同体，呼吁人们在这些共同体中休戚与共，同呼吸共患难，相互促进，同生共荣。它对家国关系的认知更是深刻。在儒家伦理学的理论视阈中，家是国中的家，国是由千家万户构成的国，但国更高，也更重要，可谓"没有国哪有家"。它旗帜鲜明地反对人们不择手段地牟取私利，也旗帜鲜明地号召人们以天下为公。儒家强调群体价值的伦理思想内含丰富而深刻的共享伦理意蕴。

二、道家区分天道和人道的共享意蕴及其影响

中华传统伦理文化的另一个要脉是道家伦理思想。道家伦理思想与儒家伦理思想几乎同时登上历史舞台，此后在我国社会不断传承和发展，构成中华伦理文化传统最重要的两个本土源流，是塑造中华民族道德人格的两种主要力量。

中华民族的道德人格既有积极有为的一面，也有消极无为的一面。前者是受儒家伦理思想传统影响的结果，后者是受道家伦理思想传统影响的结果。一般来说，儒家伦理思想儒家要求人们向"山"学习，鼓励人们自强不息、积极进取、大胆作为、勇于担当，做"齐家治国平天下"的人，而道家伦理思想要求人们向"水"学习，鼓励人们甘居低位、退守归隐、含蓄收敛、消极顺势。孔子曾经说过："知者乐山，仁者乐水。"[1] 我们认为，孔子表面上是在区分"智者"和"仁者"，实际上是在区分儒家伦理思想和道家伦理思想。由于同时受到儒家和道家伦理思想的深刻影响，中国人的道德人格表现出显而易见的双重性：做事的时候，以儒家的形象出现，务实、进取、奉献、担当，甚至不惜为民

---

[1]　《论语·雍也》，中华书局 2006 年版，第 48 页。

族、为国家杀身成仁，而在接受评价的时候，以道家的形象出现，不骄傲、不出头、不争功、不张扬，甚至表现出超然、洒脱的态度。道德人格上的双重性使中国人在道德生活中能够进退自如。进的时候，可以达到奋不顾身的程度；退的时候，则表现出谦虚谨慎的态度，甚至将自己变成用"精神胜利法"安慰自己的阿Q。

儒家伦理思想和道家伦理思想确实存在诸多不同，但它们之间也存在不少相同之处。两者最明显的相同之处在于，它们都强调"共享"的伦理价值。我们已经在前面指出，儒家的"忠恕之道"实质上是两个表达共享伦理思想的伦理原则。道家也特别重视共享伦理原则。所不同的是，儒家将以"忠恕之道"表达的共享伦理原则仅仅视为"人道"，而道家是从"天道"的角度来解释共享伦理原则。

儒家伦理思想具有鲜明的人本主义特征，或者说，它属于人本主义伦理思想的范围；而道家伦理思想本质上属于自然主义伦理思想的范围。作为道家的创始人，老子旗帜鲜明地主张从自然的角度来解释一切事物甚至人类思想观念的存在。在老子看来，人类源于自然，必须以自然为师，否则，我们的生存、生活就会因为违背自然规律而不合理；然而，自诞生之后，人类总是以违背自然的方式生存，因而背弃了自然规律，偏离了自然。他认为"道大，天大，地大，人亦大"，但同时强调"人法地，地法天，天法道，道法自然"。① 也就是说，人是伟大的，但人的伟大不可能超过自然界的伟大，因为人的伟大只能在自然界的伟大中来加以解释。儒家讲天道或天理，但它更多地强调人道。道家也讲人道，但它更多地重视天道，并且将天道解释为自然法则或自然规律。

道家认为人道不同于天道，甚至与天道背道而驰。老子曾经指出：

---

① 饶尚宽译注：《老子·第二十五章》，中华书局 2006 年版，第 63 页。

"天之道，损有余而补不足；人之道则不然，损不足以奉有余。"① 其意为，自然界遵循的法则是，减少多余的，弥补不足的，而人类遵循的法则则不同，它要求减少不足的，供奉多余的。老子强调的是，天道遵循共享法则，而人道则背离共享法则。

我们不得不承认，老子的话不是没有道理的。在自然界，水总往低处流，尘土总往低处堆积，而在人类社会，人总是往高处走，社会资源总是更多地往强势群体汇聚。富人与穷人之间的鸿沟之所以在人类社会总是难以弥合，是因为富人在社会上居于优势或有利地位，他们容易集聚更多的财富，而穷人在社会上居于弱势或不利地位，他们在集聚财富方面总是困难重重。

在现代社会，富人与穷人的根本区别不是他们所掌控的财富在数量上存在差异，而是他们所掌控的资本数量悬殊。拥有雄厚资本的富人在市场经济体制中往往处于优势或有利地位，因为他们手中的资本能够给他们带来更多赢利的机会，也会让他们聚集财富的努力变得更加容易。相比之下，由于掌控的资本数量很有限，穷人在市场经济体制中往往处于劣势或不利地位。他们获取财富的欲望可能与富人一样强烈，但资本薄弱的事实使他们在市场经济体制中赢利的机会微乎其微。这就是老子所说的"损不足以奉有余"的"人道"。

道家反对人道，主张遵从天道。在道家伦理思想中，天道即自然之道，其要旨是遵循自然的共享法则。这一法则有两个基本内容：（1）土地、水、阳光等基本自然资源必须作为共享性资源而存在，任何自然存在者都不能独占或霸占它们；（2）减少多余的，弥补不足的。

人类在自然界中具有自身的独特性，这是不争的事实，但这不应该成为我们狂妄自大的理由。作为"自然界"这一大家庭的一员，人类

---

① 饶尚宽译注：《老子·第七十七章》，中华书局 2006 年版，第 184 页。

的独特性在于：我们具有其他生物缺乏的理性思维能力和认识能力。由于具有理性思维能力，我们能够具有意识、思想、观念等精神性财富，从而使我们的生活世界多了一个精神维度，而不是与其他生物一样，仅仅拥有受本能支配的肉体生命。由于具有理性认识能力，我们不仅有能力认知我们身体之外的世界，而且有能力探知自身生命的奥秘。非人类的自然存在者存在着，它们中的生物甚至能够本能地感觉世界的存在，但它们并不能借助于意识、思想、观念等精神活动能力思考和认知自己的存在；因此，它们的存在本质上是昏暗的，甚至是黑暗的。相比之下，我们人类不仅像其他自然存在者那样"事实上"存在着，而且知道自己是存在的，并能够在自己的认识能力引导下过上人之为人特有的生活。从这种意义上来说，我们的存在状态确实具有不同于其他自然存在者之处。

上述自然事实为人类形成"唯我独尊"的自然观提供了理由。作为生物圈中的一个成员，我们人类常常被这样一种偏见所左右：我们将自己视为高级存在者，而将其他生物视为低级存在者，并且常常无知地高估自身的存在价值。这种唯我独尊的自然观就是许多当代人所说的人类中心主义自然观。所谓"人类中心主义"，既是人类审视自然界的一种视角和方法，也是人类对自然界的存在价值和意义进行认识、判断、定位和选择而形成的一种价值观。作为一种视角和方法，它主要指人类普遍倾向于从自己的视角看待自然界中的一切存在者。作为一种价值观，它主要指人类在评价自然界的存在价值时倾向于片面强调自身的价值。人类中心主义的缺陷是显而易见的：它将人类从自然界中抽离了出来，并且将人类变成了似乎可以凌驾于自然界之上的存在者。

事实上，人类永远都不可能凌驾于自然界之上，更不可能成为自然界的"统治者"或"控制者"。我们的独特性或特殊性永远只能在自然界的内在规定性中加以解释。什么是自然界的内在规定性？它就是自然界所遵循的自然法则。自然法则的最重要功能是肯定和保护自然界的"公共性"，其要义是将自然界所能拥有的土地、水、阳光等自然性公共物品以免费的方式交付给所有对它们有需求的自然存在者，并且将平等地享有它们作为自然权利固定下来。自然界是一位公平的母亲。它让包括人类在内的所有自然存在者自由地进化，平等地享有最基本的自然条件，使所有自然存在者自然而然地结成一个自然命运共同体。在这样一个命运共同体中，自然存在者保持着必要的差异性，但它们之间的相互依存性更加重要。自然存在者之间保持差异性和依赖性的结果是导致生态平衡规律的形成。它将自然界变成一个一荣俱荣、一损俱损的命运共同体，绝不允许任何一种自然存在者以我行我素的方式破坏自然平衡规律。在这一点上，人类是没有特权的。我们必须以自然界规定的方式生存。如果我们试图违背自然界存在的规律，我们的结局只有一种——接受自然界的惩罚。

在分配所有物方面，我们也应该学习自然界"损有余而补不足"的天道。应该说，现代人类一直在试图学习这一天道。在现代，资本主义国家和社会主义国家都致力于解决贫富差距问题。如果按照老子所批评的"人道"运行，贫富差距越拉越大的问题就无法解决。现代人类并不认为该问题具有存在的合理性。在当今世界，人们普遍把贫富差距问题当成必须解决的问题，并且将能否很好地解决该问题作为衡量一个国家好坏的重要标准。为了解决贫富差距问题，绝大多数现代国家不仅普遍试图通过税收制度来压缩富人与穷人的收入差距，而且推行了越来越完备的社会保障制度。虽然贫富差距问题在现代社会仍然表现出顽固态势，但是当代人类重视解决该问题的态度是鲜明的。当代人类试图解决贫富差距问题的努力说明，人类社会目前总体上是在朝着共享的方向发展。也就是说，现代人类总体上是在逆着"损不足以奉有余"的"人道"而行。

当代人类向自然界学习天道的做法不一定全部源于道家伦理思想，但我们可以肯定，它至少反映或契合了道家伦理思想的内在要求。老子几千年前要求区分人道和天道的思想无疑彰显了极高的伦理智慧。他深知国家治理本质上是治理人的问题，但他同时认识到，治理人不能仅仅从"人"来看问题。他说："治人事天，莫若啬。"① 其意指，要治理好人，就必须向自然界学习，即以学习天道为本。天道是什么？损有余而补不足也。

三、佛家推崇共享的教义及其影响

中华伦理文化的第三个重要脉流是佛教伦理思想。佛教是在西汉末年从印度传入中国的。虽然它是外来文化形态，但是它对中国社会的影响非常深远。中华民族不是一个有稳固宗教信仰的民族，但佛教对很多中国人有较深的影响。在中国，几乎所有人都对佛教有所了解，几乎所有人都知道佛教宣传的释迦牟尼、如来佛、观音菩萨等。南怀瑾曾经如此评价佛教在中国的影响："到了中国以后的佛教，自魏、晋、南北朝，历隋、唐以后，一直成为中国学术思想的一大主流，而且领导学术，贡献哲学思想，维系世道人心，辅助政教之不足，其功不可泯灭……"②

佛教之所以在中国社会能够产生广泛而深远的影响，这与它的特质有关。首先，虽然佛教具有教规，但是它总体上是一种崇尚个人自由的宗教，对教徒的教规约束具有较大的包容性，这使得它容易受到中国人的欢迎。中华民族拥有崇尚群体主义价值观的文化传统，但它将这种

---

① 饶尚宽译注：《老子·第五十九章》，中华书局 2006 年版，第 143 页。
② 南怀瑾：《中国佛教发展史略》，复旦大学出版社 2016 年版，第 87 页。

价值观的弘扬主要寄希望于个人努力，因此，中国人的骨子里隐藏着强烈的个人自由主义精神。其次，佛教较少重视宗教学理探求，而是较多强调身体力行的重要性，这与中华民族以行为重的伦理思想传统高度吻合，因而也使得它容易受到中国人的青睐。最后，佛教具有很强的实用主义特征，这对中国人也有一定的吸引力。很多中国人是出于某种实用的目的才信奉佛教的。例如，想生孩子的人往往会信奉观音菩萨，想发财的人会信奉财神，想升学的人会信奉文曲星。

佛教最吸引中国人的地方当然是它的教义。教义是宗教的灵魂。基督教如此，伊斯兰教如此，佛教也如此。一种宗教对人们的影响主要依靠它的教义。不同的宗教会倡导不同的教义，但在总体价值取向上是一致的，即要求人们向善、求善和行善，因此，宗教教义往往具有显而易见的伦理意蕴。

作为佛教的一个基本教义，"善有善报，恶有恶报"在中国社会具有广泛影响。这一教义无疑既具有宗教意蕴，也具有伦理意蕴。佛教善恶观不仅强调善恶相比较而存在的事实，而且强调善恶因果报应。这种因果报应说的要旨是将道德惩罚的权力交付给神灵。佛教是一种泛神论或自然神论宗教，它所说的神灵并不是指某个具体的神，而是抽象的。它可以笼统地指命运之神，也可以指中国人心目中的"天"。中国人喜欢说："举头三尺有神明。"更喜欢说："人在做，天在看。"这些术语出自佛教，其要义就是强调善恶因果报应。在佛教强调善恶因果报应的教义中，善恶出于神灵，善恶判断、裁决的权力也完全掌握在神灵的手里，因此，人的所思所想和所作所为实际上完全在神灵的掌控之中。

强调善恶因果报应的教义是佛教鼓励人们向善、求善和行善的重要理由。有些中国人在道德生活中之所以有所为或有所不为，是因为害怕佛教中的善恶因果报应。这是指，他们除了敬畏自己的良知之外，还害怕遭到善恶因果报应。这种情况在中国农村尤其多见。善恶因果报应是佛教为中国人的道德生活设立的一道道德防线，因为它进入了很多中国人的宗教性道德信念之中，并且对他们的行为发挥着不容忽视的规范作用。它是推动许多中国人趋善避恶的一种重要道德力量。

佛教倡导的善是多元的。首先，它追求利乐众生的善。所谓"利乐众生"，即利他；或者说，切实为众生谋利益。佛教不否定人的自私自利之心，但强调利他的崇高性。它要求佛教徒以利他为乐，不图回报。大乘佛教甚至号召信徒弘扬菩萨的自我牺牲精神，乐于代众生受苦，以达到普度众生、使众生得到安乐的目的。

佛教所倡导的另一种善是"布施"。所谓"布施"，即人们通常所说的"乐善好施"。它是佛教所说的"六度"① 中的第一度，被认为是人类最容易修习的善行，其基本含义是要求人们做向善、求善和行善的善男善女，施人以食物、力气、智慧等等，以求功德圆满。佛教将"布施"视为有功有德、有佛拥佛之举。在佛教中，每一个人都不是孤立的个体，其生命不仅与他人紧密相关，而且与他人的生命相互依赖、相辅相成，因此，如果要成就自身的生命价值，就必须关爱所有人的生命。也就是说，佛教是通过人类的群体性生命价值来诠释个人的生命价值，它的教义中融贯着强烈的人类命运共同体意识或众生意识。佛教所说的"布施"内含着以成就众生的方式来成就自身生命价值之意。

大乘佛教所说的布施，涵盖财物、无畏（安全感）和法（真理、知识、技术）三个内容。它要求人们随时随地以利人助人为乐，不贪婪吝啬，并且强调这是人们修布施度的关键。在大乘佛教里，布施应该落实、从细处着眼，人们可以首先从布施蔬菜之类的小物品开始，在体会到布施的乐趣之后再进行拓展、扩大，最终逐渐养成布施的习惯。布施就是付出，要锻炼布施，实际上就是要"从付出做起"。付出就是奉献

---

① 佛教的"六度"是指布施、持戒、忍辱、精进、禅定、智慧。

己力，给予别人协助、爱和温暖，为别人服务。

大乘佛教所倡导的布施要求人们修习以看破所施、能施、布施以及果报皆空不可得的智慧，以"无所住心"的方式推行布施，以财物、知识技术、智慧、安全感等给予需要的众生，以智慧破除自己的悭吝心，破除执着众生和布施功德的分别心以及破除希图回报、积集福报、计较功德、祈求美名、化解怨仇的自利心。在大乘佛教中，布施的主体应该深刻认识所施之物、施予的对象、能施之我皆空不可得的事实，以达到"三轮体空"的境界。它强调，只有以与空不可得相应的无住心布施，才能真正做到无所吝惜、无所分别、慷慨热诚、不求福报。事实上，这才是最大乃至无量的福报。人们可以通过布施与其自身的空的本性相应，得到如释重负般的心安，并达到明心见性的效果。也就是说，布施主体表面上看无所得，实际上最有利于自身。

佛教中的诸多教义具有共享性特征。这在大乘佛教中表现得更加明显。大乘佛教主张"人我空""法我空"，认为一切主体和客体没有实体性，强调一切都是有缘而起的事物，并且将一切置于重重无尽的条件、关系之网中来看待，因此，它要求人们"觉悟"这一真相，破除本能的自私和对实体性的执着。它认为，只有破除本能的自私和对实体性的执着，人才能真正离苦得乐、实现生命的无限价值。其基本路径是这样的：一是要树立觉悟的志向，即愿意拥有菩提心，即发誓要通过帮助一切众生达到共同觉悟而成佛，有上求佛道、下化众生的意愿；二是要行菩提心，就是把愿意拥有菩提心的心愿付诸实施，通过布施、持戒、忍辱、精进、禅定、般若六度和布施、爱语、利行、同事四摄等行为，实现与一切众生共同觉悟成佛的志向。大乘佛教的核心伦理精神是强调无私地付出和奉献，其中包含深刻的共享伦理意蕴。

佛教是一种崇尚共享伦理的宗教。它内含的共享伦理思想对中国人影响很大。在中国社会，很多人利他、共享的动机与佛教教义有关。

他们或者因为害怕善恶因果报应而与人共享自己的财富、能力、智慧等；或者因为愿意利乐众生而发扬共享伦理精神；或者出于布施的愿望而弘扬共享美德。虽然佛教对共享伦理思想所作的解释不一定合理，但是它强调共享的伦理价值取向是值得肯定的。共享是佛的本性，也是佛教教义的要义所在。佛教把所有个人视为群体或社会中的人，强调人的群体性或社会性，并且以此作为依据倡导利乐众生、乐善好施的伦理价值，从而形成了一个具有鲜明共享性特征的伦理价值体系，并且推动着很多中国人愿意共享、走向共享、乐于共享。

四、西方追求共享的伦理思想传统

西方追求共享的伦理思想传统也十分悠久。早在古希腊时期，很多哲学家就已经在思索和研究共享问题。苏格拉底具有追求"幸福国家"的理想，并且将它描述为一种能够给所有人带来幸福的国家形态。他说："我们的首要任务乃是铸造一个幸福国家的模型来，但不是支离破碎地铸造一个为了少数人幸福的国家，而是铸造一个整体的幸福国家。"① 在他看来，一个能够给所有人带来幸福的国家一定是"智慧的、勇敢的、节制的和正义的"②，但这种国家只能由有智慧的哲学家来治理，因为只有他们有能力给个人给公众以幸福。

柏拉图则在他的著作《理想国》中将他的老师苏格拉底追求的"幸福国家"称为"理想国"。他认为一切财产应该归集体和城邦所共有，甚至主张人们应该同吃同住，共同拥有所有物品，以实现国家的统

---

① ［古希腊］柏拉图：《理想国》，郭斌和、张竹明译，商务印书馆 2012 年版，第135 页。

② ［古希腊］柏拉图：《理想国》，郭斌和、张竹明译，商务印书馆 2012 年版，第146 页。

一、和谐。柏拉图的"理想国"就是以强调社会资源共享为核心价值取向的理想国家。虽然柏拉图所追求的共享国家理想在奴隶制国家里根本不可能实现，但是他追求共享的伦理理念是值得肯定的。

近代英国空想社会主义者托马斯·莫尔在《乌托邦》一书中提出了建立公有制社会主义社会的设想。他无情地批评靠剥削他人劳动成果为生的英国贵族，抨击给英国牧民带来巨大痛苦的圈地运动，主张废除私有财产制度，倡导建立反映人性需要和维护公共利益的社会主义国家。莫尔的"乌托邦"确实具有空想性，但他所说的社会主义社会不仅具有鲜明的共享性特征，而且对后世的社会主义理论和实践探索提供了有益的启示。

德国近代哲学家康德将他心目中的理想国家称为"目的王国"。他说："每一个理性存在者对自己和所有其他人，从不应该只当作手段，而应该在任何情况下，也当作其自身即是目的。……这是一个可被称作'目的王国'的王国（当然只是一个理想的王国）。"① 康德意在强调，一个理想国家是那种能够赋予它的所有国民人格尊严的国家，而要达到这一目标，唯一行之有效的途径是将所有国民都当成"目的"来对待，而不是将他们仅仅当成可以利用的工具来看待。康德的目的王国论伦理思想暗示我们，生活于国家中的每一个人都是平等的，他们享有国家发展成果的权利也应该是平等的。

需要特别指出的是，马克思主义经典作家对共享问题的研究最深刻，也最富有启发性。在马克思恩格斯看来，没有国家的原始社会从根本上来说是一种共享社会。由于社会生产力极其低下，原始社会的人类只能采取共同劳动、共同消费的生存方式，这使得原始社会具有原始共

---

① ［德］伊曼努尔·康德：《道德形而上学基础》，孙少伟译，九州出版社 2007 年版，第 95 页。

产主义特征。经典马克思主义者眼中的奴隶社会、封建社会和资本主义社会都不是共享型社会，因为它们都被深深地打上了阶级不平等的烙印，阶级压迫和阶级剥削是这些社会共有的常态和特征；因此，他们号召人类推翻一切以阶级压迫和阶级剥削为常态和特征的社会制度，主张建立按劳分配的社会主义社会，甚至呼吁人类致力于实现按需分配的共产主义社会理想。经典马克思主义者基于对人类社会发展规律的深刻把握，坚信人类社会会变得越来越自由、越来越平等、越来越公正、越来越美好，坚信共产主义社会终究会变成现实。所谓共产主义社会，实质上就是真正意义上的共享型社会。在未来的共产主义社会，国家将彻底消亡，阶级将不复存在，阶级压迫和阶级剥削将消失，每一个人都能够实现自由全面的发展。虽然经典马克思主义者追求的共产主义社会不可能在短期内得到实现，但是他们为人类社会的长远发展指明了正确方向。他们的思想智慧告诉我们，人类社会的发展是以实现共享作为终极价值目标的；虽然这一目标的实现需要长久时间，但是人类一直在努力实现它的道路上。

五、当代学者对共享伦理的理论求索

在当代，许多研究伦理学的中西学者以建构和倡导某些伦理范式的方式论及共享问题和共享伦理。有些学者通过建构和倡导分配正义的方式切入论题，将共享问题作为社会资源分配的公正性问题加以探究；有些学者通过建构和倡导财富伦理的方式切入论题，将共享问题作为财富伦理问题加以探究；有些学者通过建构和倡导慈善伦理的方式切入论题，将共享问题作为慈善伦理问题加以研究；有些学者通过建构和倡导制度伦理的方式切入论题，将共享问题作为社会制度设计和安排问题加以探究。分配正义、财富伦理、慈善伦理、制度伦理等都是当代中西伦理学中的热门话题。这些事实说明共享问题在当代中西伦理学研究中普遍受到高度重视。

倡导共享发展理念和呼吁坚持共享发展是党中央从人类追求共享的思想传统中借鉴积极元素的结果。"共享发展"是一个具有深厚伦理意蕴的理念。它将"发展"建立在"共享"这一伦理原则基础之上，强调共享是发展的内在伦理要求，并以共享来限定发展的道德合理性边界。由于具有深厚伦理意蕴，共享发展理念主要属于哲学特别是伦理学的研究范围。要在当今中国倡导和坚持共享发展理念，我们需要从人类追求共享的伦理思想传统和历史记忆中吸取思想和实践智慧。这不仅意味着当今中国在中国共产党领导下坚持的共享发展理念不是无源之水无本之木，而且意味着我们应该基于前人追求共享的伦理思想和实践智慧来充实它的时代内涵和提升当今中国坚持共享发展的实践能力。

人类追求共享发展的理想中蕴含着共享伦理的价值诉求。虽然人类迄今为止还远远没有完全实现共享的理想，但是我们追求共享发展的愿望从来就没有止息过。我们生活于缺乏共享的社会历史和现实中，但我们从来没有停止对共享的向往和期待。我们将"共享发展"作为一种崇高的善予以追求，从而表现出对共享伦理的期盼。或许我们在历史上对共享伦理的追求缺乏主体自觉性，但这并不意味着我们没有这样的追求。人类对很多美好事物的追求是在自身缺乏自觉性的情况下展开的，但这并不影响我们追求的崇高性和美好性。正是因为我们一直在有意或无意地追求着共享伦理，今天的我们才能旗帜鲜明地提出建构共享伦理的构想。人类对共享伦理坚持不懈的追求是我们在当今时代自信地倡导共享伦理的历史依据。由于我们能够立足于人类追求共享伦理的历史基础上，我们今天对共享伦理的呼唤和倡导才具有历史合理性。历史的流变和积淀赋予我们在今天大力倡导共享伦理的自信。

第三章　共同体意识与共享伦理

人类社会生活具有鲜明的共同体性。我们从古至今一直生活在各种各样的共同体中，因而形成了多种多样的共同体意识。总是生存在共同体中的事实不仅说明我们的生存方式从根本上来说是群集性的，而且说明我们本质上是一种关系性存在者。我们在群集性的生存方式中建构并不断强化着自己的共同体意识，并在此基础上形成源远流长的共享伦理思想传统。共享伦理是以"共享"作为核心理念而形成的一个伦理价值体系。它得以确立的客观基础是存在世界是由各种共同体构成的客观事实，其得以存在的主观基础则是人类根深蒂固的共同体意识。要深刻认识、理解和把握共享伦理的核心要义，我们应该深入系统地研究人类的群集性、关系性生存方式及其在此基础上形成的共同体意识。

一、存在者共同体与存在者共同体意识

"存在者共同体"是古希腊哲学家巴门尼德最先提出的一个概念。巴门尼德明确指出，存在者是一个共同体；哲学研究的使命是探究存在者的存在问题，因为唯一的真理是"存在者存在，它不可能不存

在"①。作为一位实在论哲学家，巴门尼德仅仅坚信存在者存在的实在性，认为"存在者之外，绝没有、也绝不会有任何别的东西"②。巴门尼德的存在论具有显而易见的局限性。例如，他认为"存在者是不动的，被巨大的锁链捆着，无始亦无终"③。他不仅否认存在者的变化性，而且认为存在者的不变是它们受必然性制约、限制的结果。不过，他提出的"存在者共同体"概念对我们认识存在世界的存在状况是有启发意义的。

人类置身于其中的宇宙是一个至大无外的空间。它是包括人类在内的所有存在者的栖身之所。存在者是存在的，但它们的存在是通过占有宇宙空间的方式得到体现的。所有存在者聚集在宇宙之中，彼此发生直接或间接的关系，相互联系、相互影响、相互作用，从而结成一个存在者共同体。

存在者共同体的存在既有人类可以通过经验把握的一面，也有需要人类运用理性认识能力才能认知的一面。存在者的存在能够被经验把握的那个维度，是我们看得见、摸得着或闻得到的内容。它不能被经验把握的那个维度是看不见、摸不着或闻不到的内容，它是存在者之间的关联性、依赖性、互动性以及支配存在者存在的规律性、必然性，只能通过人类的"心灵"才能探察它的存在。用巴门尼德的话说，它是"遥远的东西"。他还说："要用你的心灵牢牢地注视那遥远的东西，一如近在目前。"④

存在者的存在就是我们通常所说的存在问题。它既是人类作为存

---

① 北京大学哲学系外国哲学史教研室编译：《西方哲学原著选读》，商务印书馆1981年版，第31页。

② 北京大学哲学系外国哲学史教研室编译：《西方哲学原著选读》，商务印书馆1981年版，第32页。

③ 北京大学哲学系外国哲学史教研室编译：《西方哲学原著选读》，商务印书馆1981年版，第33页。

④ 北京大学哲学系外国哲学史教研室编译：《西方哲学原著选读》，商务印书馆1981年版，第31页。

在者的问题，也是与非人类存在者相关的问题。人类与非人类存在者在存在状态上有根本区别。非人类存在者是自在的存在者，其存在仅仅具有自在性；或者说，它们仅仅是自然而然地存在着，不能对自身的存在性进行自觉的意识把握。相比之下，人类的存在是自在自为的。我们不仅自然而然地存在，而且知道自己如此这般地存在。我们是有意识的存在者。我们知道自己是怎么来的，知道自己正在做什么，也知道自己要走向何方。

存在问题是因为人类的出现才被解蔽的。在人类诞生之前，整个存在世界是混沌的，因为没有哪一种存在者具有认知存在问题的能力。在混沌状态下，无论是一只老虎捕食了一只羚羊，还是一头牛吃掉了一些野草，一切都是自然而然的事情，不会受到任何存在者的价值评价，更不会受到任何道德谴责和法律惩罚。在没有人类的存在世界，存在者的存在无所谓对错、真假、善恶、美丑。对错、真假、善恶、美丑都是人类建构的观念。它们是以人类的心灵为寓所的。没有这一寓所，它们就不存在。

当然，如果没有其他存在者——非人类存在者，人类的存在是不可能的。人类与非人类存在者是两种具有根本区别的存在者，但两者之间还存在相辅相成的关系。一方面，如果没有人类，非人类存在者的存在永远处于非澄明或遮蔽状态；另一方面，人类又必须将各种非人类存在者作为自身存在的条件来依赖。正是从这种意义上来说，存在世界是由包括人类在内的所有存在者构成的共同体——存在者共同体。

存在者共同体是宇宙中所能形成的最大共同体。它的"大"是无边无际的、包罗万象的、至大无外的。在这个共同体中，存在者的数量是无限的，至少是人类迄今为止无法确定的。具体地说，以宇宙的名义来命名的存在世界到底有多少大大小小的存在者，这对于人类来说至今还是一个未解之谜。我们能够确定的是，人类并不是存在世界的唯一占有者，我们只不过是由众多存在者构成的共同体的一个成员而已；或者说，人类是在与众多非人类存在者共享着一个无比庞大的共同体。

认知其自身与其他存在者共享一个共同体的事实是人类认识、理解和把握存在问题的第一步，也是人类建构其存在意识的第一步。从本质上来说，存在问题就是人类与非人类存在者之间的关系问题。人类必须与非人类存在者共处于一个共同体之中，共享共同体的一切，因此，存在问题不是人类特有的问题，而是人类如何在存在者共同体中与其他存在者相处或打交道的问题。我们或者自认为居于存在世界的核心或中心，并且形成人类中心主义视角；或者将自己视为存在世界中的普通一员，并且形成共同体主义视角。或此或彼，差别悬殊，所折射出的人类与非人类存在者的关系状况也迥然不同。另外，人类是具有存在意识的存在者。人类的存在意识首先是基于人类对其自身与非人类存在者的关系的深刻认识和把握建构的，其基本要求是人类必须超越人类中心主义观念的狭隘性，洞察人类与其他存在者的相辅相成性。

存在者共同体是由若干子共同体构成的最大共同体；或者说，它是一个无比庞大的系统，由无以数计的子系统构成，每一个子系统又由更小的系统构成。在存在者共同体中，每一个存在者都从属于若干个大小不一的共同体或系统，彼此的存在错综复杂地交织在一起。存在者共同体与从属于它的子系统是一与多、共相与殊相、统一性与特殊性、整体性与局部性的关系，两个维度相辅相成、相得益彰，从而构成存在世界的庞大结构体系和复杂内容体系。

在我们看来，共享伦理应该首先基于存在者共同体的客观性和人类的存在者共同体意识来加以认知。作为茫茫存在世界中的一员，我们人类不仅时刻都在与五花八门的非人类存在者直接或间接地打交道，而且事实上与它们结成了命运与共的关系。我们作为人类的存在意识应该具有超越性。我们不应该将自身的意识仅仅聚焦于自身的存在，更不能不看到自身与其他存在者的紧密关系。如果我们将自身与其他存在者分隔开来，我们不仅会将人类与后者的存在关联性割断，而且容易滋生对存在者进行等级划分的错误观念。从存在论的角度来看，人类与非人类存在者都是存在者共同体中的平等成员；由于所有存在者都是平等的，我们人类才能与其他存在者共享一个存在世界。如果人类试图成为存在者共同体的统治者，我们将破坏共同体的平等性和共享性。我们应该充当存在者共同体的维护者，而不是破坏者，因为我们对存在者共同体的平等性和共享性的破坏最终会危及我们自身。

二、自然界共同体与自然共同体意识

自然界共同体是从属于存在者共同体的一个小系统。在存在者共同体中，它到底是处于何种水平的小系统？迄今为止，还没有人能够准确定位。我们可以确定的是，自然界共同体是人类最熟悉的共同体。我们生活于其中，并且以之作为生存必不可少的基本条件；因此，我们对它的认知最多、最深刻。

自然界共同体就是人们通常所说的"自然界"。自然界是由人类和各种非人类自然存在物构成的共同体。在这个共同体中，人类代表最高级的生命形态，其他动物次之，植物更次之，最后是各种各样的无机物质。它可能是存在世界中唯一存在生命的共同体。生命的产生需要空气、水、阳光、土地、植物、矿物质等各种自然资源，而自然界恰好具有这些资源，因此，它有幸在存在者共同体中获得了"生命共同体"的称号。

自然界共同体是一个生态系统。在这个生态系统中，各种形式的无机物质处于生态链的最底层，但它们是一切生命形态得以存在的根基；植物以无机物质为养料，同时吸收水分、阳光和空气，从而形成植物生命系统；动物以植物和自身为主要营养来源，同时也依靠水分、阳光和空气而生存，从而形成动物生命系统；人类借助各种无机物质、植物、动物维持其生存，从而形成人类生命系统。无机物质作为植物和动物的生命支持系统而存在，它们又一起作为人类的生命支持系统而存在，从而将整个自然界变成一个由无机物和有机物构成的生态系统。它按照自身的内在规定性演变，形成生态平衡规律，维持着自身作为一个共同体应有的本质特性。

自然性是自然界的本质特性。自然界是自然的。它既不是神创造的，也不是人类创造的。它是经过自然而然的进化过程形成和不断发展的。自然界的进化仅仅遵循自然法则，而不是遵守任何神的命令或社会法则。人类的诞生对自然界的状况形成巨大冲击。我们不仅给自然界带来了它原本没有的人为性，而且对它的自然性产生了越来越严重的损害。人类在自然界的生存表现为一种类似于殖民扩张的过程。具体地说，人类在自然界诞生之后，其生存状态就一直表现为一个征服、控制自然的过程。我们试图占领自然界的每一个角落，企图控制一切有用的自然物。我们依据自己的目的铲除植物或消灭动物。作为一种自然存在物，我们的行为也具有自然合理性。如果我们不以征服或控制自然界为途径，我们将无法谋生。问题是，我们试图征服或控制自然界的欲望常常演变成一种不受限制的贪欲，而一旦如此，我们对自然界的算计、盘剥和掠夺就会演变成一场破坏自然的残酷战争。

在谋求生存的过程中，人类总是表现出试图脱离自然的倾向。我们想方设法证明自己与非人类自然存在物有着根本区别，并且不屑于与它们为伍。在很多时候，我们甚至以脱离自然性为荣；或者说，我们以远离非人类自然存在物为荣。我们用生物种族主义眼光看待非人类自然存在物，鄙视它们的存在状况，强调自身的高贵和伟大。我们不仅形成了根深蒂固的人类中心主义视角，而且处处以人类的利益凌驾于自然界的存在价值之上，从而最终形成了人类与自然界的长期对立和矛盾。

人类与自然界的对立和矛盾实质上是人类与非人类自然存在物之间的对立和矛盾。由于不能正确地看待和对待非人类自然存在物，我们不仅与后者为敌，而且与整个自然界为敌。我们无所顾忌地乱砍滥伐森林、捕杀动物、开发矿产资源、污染水资源，使自然界的生物多样性急剧减少、物种灭绝速度不断加快、生态系统变得紊乱，从而引发了众所周知的生态危机。

人类与自然界尖锐对峙既是自然界的悲剧，也是人类的悲剧。非人类自然存在物具有自身的存在价值。这种价值不是人类创造的，更不是由人类决定的。它是包括人类在内的所有自然存在物共同具有的自然价值。人类之所以与非人类自然存在物陷入尖锐对峙的局面，从根本上来说是因为我们没有给予它们足够的尊重。我们贬低它们的存在价值。在很多时候，我们仅仅将它们作为有用的工具来看待和加以利用。事实上，非人类自然存在物在服务人类存在目的的同时，还具有自身的目的价值。它们的存在不以人类的意志为转移。它们仅仅以自在的方式存在，但它们的存在并不是以服务人类为全部目的。在没有人类的情况下，它们也能以自己的方式存在。

生活于自然界中，人类应该不断强化自然共同体意识。强化自然共同体意识，就是要求人类不断加强这样的观念：树立正确自然观，将自然界作为一个自然生态系统或生态大家庭来看待，并且将自身作为自然界中的一个普通成员来看待，而不是自封为自然界的统治者；能够从自然界的整体角度来看待和考虑人类与自然环境的关系问题，而不是仅仅从人类的利益诉求来审视和建构两者的关系，以树立生态整体主义价值观；深刻认识自身在自然界中的普通成员身份和责任，致力于维护自然共同体的整体性和完整性，并勇于承担生态环境保护的道德责任。

共享伦理是人类自然共同体意识的价值内核。它要求人类具有生态道德意识，形成珍爱、尊重和保护非人类自然存在物的生态道德境界，自觉地承担维护和保护自然共同体的生态道德责任。自然界是包括人类在内的所有自然存在物的自然界。任何一种自然存在物都没有权利独占它。人类也不例外。虽然人类在自然存在物中间具有独特性、特殊性，但是这些都不能成为我们以自然界的统治者自居的理由。我们具有其他自然存在物无法相提并论的生存能力，因此，我们能够制造出足以毁灭整个自然界的先进技术产品；然而，我们不能将这样的技术产品投入使用。何以如此？因为我们对自然界的摧毁实际上就是对自身的摧毁。自然界是生养我们的父母，为我们提供各种必需的生存条件。它让各种非人类自然存在物与我们共处于自然界共同体中，同时用自然规律引导我们学会与它们和谐相处、共存共荣。学习与非人类自然存在物共享自然界是人类应有的美德，也是共享伦理的内在要求。

三、国际社会共同体与国际共同体意识

进入文明时代之后，人类社会被划分为越来越多的国家，但它始终保持着一定的统一性。国界不仅标识国与国之间的界线，而且对国与国之间的交往进行了限制。跨越国界被视为侵犯国家主权的行为，这是国与国之间处理相互关系的基本准则。然而，在世界被划分为众多国家的情况下，国家之间的交往和交流从来没有因为国界的存在而停止。国际交往和交流自国家诞生之日起就一直存在。古代中国的丝绸之路既是古代中国与亚欧各国交往和交流的史证，也是亚洲国家与欧洲国家交往和交流的史证。这说明人类社会的统一性在国家出现之后依然存在。

具有统一性的人类社会就是国际社会共同体。它是由世界各国组成的一个松散共同体。在国际社会共同体中，每一个国家都具有独立的主权范围，各自坚守自己的主权，不容许其他国家或民族侵犯主权，但

由于国际交往和交流在任何时代都是必要的，国际关系又总是包含国与国之间相互交往、相互交流和相互合作的内容。纵然是在两个相互敌对的国家之间，国民之间的交往、交往和合作也难以阻断。国际社会共同体就是在国与国之间既相互竞争、相互对立、相互斗争又相互依赖、相互交往、相互合作的过程中存在和发展的。

国际社会共同体的存在之所以表现为一个矛盾过程，原因是多方面的，其中的一个重要原因是国际社会无法统一为一个国家。纵观人类社会发展史，历史上曾经有很多国家试图一统天下和建立涵盖世界版图的帝国，但都以失败而告终。人类历史上至今为止还没有出现过一个有能力征服世界各国的大帝国。实际的历史事实是，一些强大的国家曾经试图在一定的历史时期瓜分世界版图，但这证明是不切实际的幻想。西方资本主义国家的发展历史就是最好的证明。进入帝国主义发展阶段之后，西方主要资本主义国家纷纷踏上殖民主义道路，试图在世界范围内划分势力范围。在19世纪后半期和20世纪前半期，它们曾经盛极一时，几乎将世界上的所有弱小或落后国家瓜分为自己的殖民地，但到了20世纪中期以后，那些被它们变成殖民地国家的国民迅速觉醒，并且掀起了自救的民族解放运动，其结果是粉碎了它们瓜分世界的图谋。显而易见，国与国之间可能存在尖锐矛盾，但任何一个国家都不可能轻易征服另一个国家。

当今世界局势很复杂，但一个关于国际关系的事实是明显的，即一个国家试图用战争或武力手段征服另一个国家的做法已经不切实际。历史经验告诉我们，借助武力击败一个国家和占领它的领土是容易的，但要实现对它的彻底征服和统治是困难的。世界上没有哪一个民族愿意被其他民族征服和统治。哪里有侵略，哪里就有反抗；哪里有征服，哪里就有反征服。这是从古至今一直存在和延续的历史事实，也是从古至今颠扑不破的历史真理。

世界上任何一个国家的形成都不是偶然的。一个国家的产生既有自然原因，也有人文原因。长期共同生活在同一种自然环境下的人容易聚集在一起，并建立它们普遍认同的国家。更重要的是，长期共同生活的人往往容易形成相同或相近的文化传统，他们也更容易形成相同或接近的国家理念。一个国家一旦形成，它就作为一种稳定的共同体而存在。这样的共同体是一种政治共同体、经济共同体，更是一种精神共同体。每一个国家都承载着某个特定民族的民族精神。中国是中华民族精神的载体，美国则是美利坚民族精神的载体。承载民族精神的国家是强大的，甚至是不可战胜的。一个国家即便可能凭借武力征服另一个国家的领土，但只要它不能从根本上征服后者所承载的民族精神，它的征服就是不彻底的，最后必定以失败而告终。

国际关系历来具有两个维度。一方面，国与国之间难免相互否定、相互对立、相互斗争、相互博弈；另一方面，国与国之间又难免相互肯定、相互依存、相互合作和相互支持。每一个国家都有自身的利益诉求，特别是在涉及国家核心利益的时候，任何一个国家都不会轻易妥协。国家与国家之间的相互否定、相互对立、相互斗争、相互博弈本质上是国家利益或民族利益之争。国家利益或民族利益是一个国家存在的根本，失去国家利益或民族利益意味着国家的衰败甚至崩溃，因此，坚守国家利益或民族利益是每一个国家的核心任务。与此同时，每一个国家的利益又不是孤立的，而是错综复杂地交织在一起。例如，世界各国共处于同一个自然界之中，维护自然生态系统的平衡就是所有国家的共同利益。在存在共同利益的情况下，国与国之间就存在相互肯定、相互依存、相互合作和相互支持的空间。

国际社会就是在国与国之间既相互否定、相互对立、相互斗争、相互博弈又相互肯定、相互依存、相互合作和相互支持的状态中存在。前一个维度使国际社会呈现出一定的分裂性和分化性，后一个维度又使国际社会表现出一定的整合性和融合性。既分裂又整合，既分化又融合，国际社会正是基于这样的事实基础上保持着共同体的特性。作为共同体存在的国际社会是世界各国和平共处、协同发展和共同进步的背景条件。

国际社会是全人类生存和发展的共同空间。世界各国同处一个世界，共享一个世界。不同国家拥有不同的发展历史、发展现状和发展前景，但彼此命运相关、相连、相通的事实是客观存在的。国家利益、文化传统的差异客观存在，但阻隔不断国与国之间的交往、交流和合作。在经济全球化条件下，国与国之间的关联变得更加紧密，强化国际共同体意识已然成为世界大势，逆潮流而动的做法不利于国际社会的健康发展。要强化国际共同体意识，世界各国应该更多地看到其他国家的存在，更多地尊重其他国家的利益诉求，更多地重视国际合作，更多地做有利于国际社会进步的事。国际共同体应该成为世界各国共商、共建、共享、共生、共荣的舞台。

国际共同体的存在是以国际共同体意识作为支撑的。国际共同体意识即世界观念。所谓世界观念，就是对世界整体性的总体认识和意识反映。它的核心是将世界作为一个统一的意象置于我们的意识之中。世界观念不否认国与国之间的差异性，但它更多地强调国与国之间的相互依存性、相互协作性、相互促进性。它将国际社会视为一个具有内在协调机制的共同体。具体地说，它认为构成国际社会的每一个国家都有自己的利益诉求，但它们也有共同利益。和平、稳定、发展、安全等是世界各国普遍认同和追求的共同利益。共同利益就是共同价值，就是所有国家都不会否认的价值。世界观念本质上是一种共享伦理理念。

共享伦理落实到国际社会层面，其伦理价值诉求主要有三个维度：(1) 承认世界共同利益的合伦理性，并要求世界各国共同维护；(2) 承认国家利益或民族利益的合伦理性，并要求世界各国予以尊重；(3) 承认世界各国的平等生存权，但反对民族中心主义观念和民族利己主义做法。在当今世界，有些国家顽固地坚持民族中心主义立场，不仅以世界的中心自居，而且否认国际共同体的实在性。由于缺乏国际共同体意识或世界观念，这些国家处处强调自身利益的优先性，置世界共同利益于不顾，以至在处理国际关系问题时总是表现出民族利己主义姿态。民族中心主义观念和民族利己主义行为是当今世界很容易陷入尖锐矛盾和冲突的根源所在。当一个国家用民族中心主义观念和民族利己主义行为处理国家关系的时候，其他国家就会成为它实现民族利益的障碍。为了扫除这种障碍，它往往会蔑视其他国家的尊严，甚至不惜诉诸武力手段。当今世界需要共享伦理的引领。

四、国家共同体与国家共同体意识

国家是人类进入文明时代的重要标志。它是一定数量的人在一定的区域内结成的一种共同体。由于在功能上涵盖地理、政治、经济、文化、军事、外交等众多领域，国家不仅是地理共同体，而且是政治共同体、经济共同体、文化共同体、军事共同体和外交共同体。

作为一种地理共同体，国家是特定民族生存的地理环境或自然环境。领土是国家构成重要要素之一，须涵盖一定面积的领陆、领空、领水，它是自然界的一个组成部分，这种意义上的国家具有地理性或自然性。它是国家存在的地理或自然条件，也是特定民族生存和发展的地理或自然条件。

作为一种政治共同体，国家是特定民族的公共权力和公民权利的汇聚地。一方面，国家是公共权力的载体。凡是有国家的地方，就有公共权力。国家不仅设置各种各样的公共机构，而且拥有数量众多的国家公职人员。国家公共机构和公职人员代表国家行使公共权力。另一方面，生活于国家中的国民是具有公共身份的公民，他们作为公民而存在，并且享有作为公民应有的各种权利。公民应该忠诚于他们生活于其中的国家，同时也应该受到所在国家的保护。前者是他们的义务，后者是他们的权利。

作为一种经济共同体，国家是特定民族从事经济活动的主要场域。在进入市场经济时代之前，人类经济活动主要是在国家范围内展开。属于某个国家的国民在封闭的国家疆域内完成生产、分配、交换、消费等经济活动，过着自给自足的经济生活，国与国之间的经济交往是很有限的。进入市场经济时代之后，跨国界的经济活动日益增多，但国家范围内的经济活动一直占据相当大的比重。市场经济体制的运行对国家有着严重的依赖。国家通过政府干预市场经济体制的运行，对市场经济体制发挥着必不可少的宏观调节作用。

作为一种文化共同体，国家是特定民族的文化精神的象征。这种意义上的国家承载着特定民族的传统文化、民族精神和时代精神，反映特定民族在长期共同生活过程形成的具有民族特色的思维方式、思想观念、情感特征、价值诉求、精神气质等，其实质是一种精神共同体。作为文化共同体存在的国家是特定民族的精神血脉代代相传的场域。

作为一种军事共同体，国家是特定民族的国防力量的集散地。国防力量是一个国家为了保护领土主权的完整性、国民的安全等而必须配备的军事力量。它不仅指军事技术、军事武器等构成的物质性军事手段，而且指参与军事活动的人力资源。在和平年代，国家作为军事共同体存在的事实往往被人们所忽视，但一旦进入战争状态，这一事实就会被人们深切感受。特别是当一个民族受到外来侵略、陷入亡国灭种的危难关头，它的所有国民就会同仇敌忾、团结抗敌、共御外侮，从而形成万众一心、保家卫国的军事共同体。这种共同体一旦形成，一个国家的国防力量就会变得坚不可摧。

　　作为一种外交共同体，国家是特定民族对外交往、交流和合作的主体。一个国家的外交工作不仅仅是由国家领导人和外交工作人员完成的，而是由它的所有国民完成的。在外交领域，每一个国民的所思所想和所作所为都代表他所在的国家，都反映他所在国家的形象。正因为如此，习近平总书记在论述对外传播中华文化问题时指出："让 13 亿人的每一分子都成为传播中华美德、中华文化的主体。"① 可见，一个国家的外交工作具有全民性或民族性；一个民族在外交领域也可以结成共同体。

　　国家本质上是一种共同体，它的共同体性质体现在地理、政治、经济、文化、军事、外交诸领域。这说明国家具有复杂内涵，它不仅为国民提供必要的地理或自然条件，而且为特定民族提供从事政治活动、经济活动、文化活动、军事活动、外交活动的主要场域。国家所拥有的一切都是其国民可以共享的生存条件。生活在地球上的人类从属于不同的国家，但我们对国家的依赖性是一样的。对于人类来说，国家往往是我们祖祖辈辈、世世代代生存和发展的地方，因此，我们称之为"祖国"。它是由我们祖先遗留或流传下来的国家，也是我们可以遗传给子孙后代的国家。

　　国家还可以理解为一定数量的国民共有的一个家。这在中国人的思想观念中表现得尤其明显。我们历来认为，国就是家，就是家放大的产物，就是"大家"。我们不仅历来具有以"国"为"家"的情怀，而且历来将"国"视为"家"的根本。在我们眼里，先有国，而后才有家；如果"国"这一"大家"不复存在，则"家"将不"家"；在认识和处理"国"与"家"的关系时，我们始终将"国"置于优先考虑和重视的位置。一定数量的国民因为能够共享一个国家而成为"骨肉同胞"。

---

① 习近平：《习近平谈治国理政》，外文出版社 2014 年版，第 161 页。

生活在国家共同体中的人都会具有国家共同体意识。生活在同一个国家的人在国家理念上更容易趋同。由于共享着一个国家提供的资源，同一个国家的国民往往更容易认同他们的国家。属于同一个国家的人对他们所属国家通常怀有相近，甚至相同的情感。这种情况在国家危难的时候表现得尤其明显。当祖国因为遭到外来侵略而陷入危机的时候，不仅国家内部亲近的人会变得更加亲近，原本是敌人的人也可能化敌为友。国家危难的时候往往是国民最团结的时候。属于同一个国家的人可能存在巨大的意见分歧，但在他们认为共同的国家根基正在遭受巨大威胁时，他们就容易抛弃成见，转而对共有的国家形成强烈的价值共识和价值认同。

国家应该是一种以共享伦理为核心价值诉求的伦理共同体。它对共享伦理的价值诉求主要体现在两个方面：（1）它所拥有的公共权力是所有国民都能够平等享有的社会价值；（2）它能够将"权利"作为一种公共资源公平地分配给所有国民。一个好国家就是分配正义能够得到充分实现的国家，就是具有共享伦理精神的国家。它不会将"权力"和"权利"交给某个国民或少数国民，而是将它们公平地交给所有国民。在一个好国家里，"共享"是每一个国民共同追求的美德，也是国家治理者共同坚守的美德。只有当"共享"的伦理价值理念在所有国民的国家共同体意识中占据核心地位的时候，一个国家才能够真正朝着向善、求善和行善的方向发展。

五、家庭共同体与家庭共同体意识

家庭也是一种共同体。"家庭"不同于"家"。"家"是指家庭的所在地或住房，因而与"住房"近义。一个人的住房在哪里，他的家就在哪里。"家庭"则是由一定数量的亲人构成的共同体。一对夫妇可以构成一个家庭；一对夫妇和子女可以构成一个家庭；同堂的三代人也可以构成一个家庭。"家"主要是一个地理概念，而"家庭"主要是个人群概念。"家"是人们可以住、停留、离开、返回的地方；"家庭"则是有聚有散的人群。不过，家庭的存在与家紧密相关。一个家庭通常依托一定的家而存在，因为家是家庭存在的必要物质性条件，即支撑家庭的物质基础。同样，家总是一定家庭的住房，脱离家庭的家是不存在的。一定数量的亲人在家里聚散，从而形成家庭。同属于一个家庭的人不仅是亲人，而且被冠之以"家人"的称呼。家庭至少由两个人构成。一个人不能成为一个家庭，但可以拥有一个家。

家庭共同体本质上是家人的组合体。"家人"是人类基于道德和法律的保护才能获得的一种身份。两个陌生的男人和女人一旦通过婚姻的方式结合成一个家庭，他和她就不再是任何意义上的陌生人，而是变成了"家人"，其家人身份具有不容否定的道德合理性和合法性。如果一个男人和一个女人没有经过婚姻的方式就同居在一起，他和她就不能构成一个家庭，也不能成为社会公认的"家人"。"家人"的产生与"家"有关，但与"家庭"的关系更加密切。家人主要是家庭的产物，更是主要通过家庭来界定的一个概念。家庭的组建必然导致家人的产生；家庭的解散则必然导致家人的消失。离婚的男女可以是朋友，但不再是家人。"家人"是由"家庭"赋予特定内涵的人，其定义也主要反映"家庭"的特殊含义。

家庭成为共同体的原因主要有五个方面：

第一，家庭成员共享着血缘和亲情。家庭总是由一定数量的成员构成的，家庭成员关系的特殊性主要在于它的血缘性，父子、母女、兄弟、姐妹等主要家庭成员具有血缘关系或血亲关系。血缘关系使家庭成员之间具有天然的感情，使亲情弥足珍贵。在家庭中，虽然夫妻并不具有血缘关系，但是双方会因为真挚的爱情及其与子女的血缘关系而结成亲密无间的亲人关系。中国人所说的"血浓于水"就蕴含有强调血亲、亲情的深刻含义。

第二，家庭成员共享着家庭生活资源。每一个家庭的存在和发展都依赖一定数量的家庭生活资源。家庭生活资源包括收入、房产、电气设备，等等。它们是由所有家庭成员通过辛勤劳动或工作而形成，本质上也是所有家庭成员共享的生活资源。同一个家庭的成员将各自的收入带回家，用同一个锅做饭，在同一张饭桌上用餐，在同一个家里休息。作为社会的基本单位，家庭是一个在生活资源上具有高度共享性的共同体。

第三，家庭成员共享着命运。由于具有血缘关系，家庭成员之间往往具有特别强烈的亲近感、亲切感、亲密感。在一个家庭中，一个家庭成员的荣辱就是所有家庭成员的荣辱，一个家庭成员的成败就是所有家庭成员的成败。家庭是家庭成员共荣辱、共成败的命运共同体。

第四，家庭成员共享着同样的家训、家规和家风。家庭是家训、家规和家风的载体。家训、家规和家风是一个家庭在长期发展的过程中慢慢形成的，是一种可以代代相传的家族文化传统和家庭精神财富。它们一旦在一个家庭形成，就是所有家庭成员都必须遵守、服从和坚持的东西。合理的家训、家规和家风大都会成为家庭道德教育的主要内容，其要旨是对家庭成员提出具有家庭特征、特色的道德要求，鼓励家庭成员将向善、求善和行善的优良家庭道德传统代代传承。从这种意义上来说，一个家庭就是一个伦理共同体，它的成员往往更容易形成相近，甚至相同的道德思维方式、道德价值信念、道德情感态度、道德意志力和道德行为方式。

第五，家庭成员共享着亲情。父子之情、母女之情、兄弟之情、兄妹之情等都是真挚的情感。感情深厚不仅容易缩小家庭成员之间的距离，而且容易将彼此的命运连带在一起。家庭成员之间的亲情是一种深厚的爱。它在家庭生活中发挥着至关重要的纽带作用。家庭是爱的共同体。

　　家庭成员往往具有强烈的家庭共同体意识。所谓家庭共同体意识，是指家庭成员对家庭的存在价值、家庭关系的本质等进行认知而形成的一种共同体意识。通俗地说，它就是"一家人"意识。同属于一个家庭的人生活在一起，容易结成相互依存、相互关爱、相互帮助、相互扶持、相互促进的亲密关系，并因此而形成稳固的家庭共同体意识。不过，家庭共同体意识通常内含一定的自私性。它完全可能因为受到亲情的影响而变成一种偏私的情感态度、信念和价值观念。当一个家庭成员获得某种荣誉的时候，另一个家庭成员完全可能过度地夸赞他，而一个家庭成员做了错事，另一个家庭成员则可能采取包庇的态度。这两种情况通常在人类社会被视为具有一定道德合理性的行为。正因为如此，中国儒家伦理学认为亲亲互隐合乎伦理。孔子说："父为子隐，子为父隐，直在其中矣。"[1] 其意为，在涉及案件的时候，父亲有时为儿子隐瞒，儿子有时为父亲隐瞒，是合乎伦理之道的。当然，儒家伦理同时认为亲亲互隐是有限度的。它更多地强调"天下为公""公私分明""大义灭亲"的重要性。亲亲互隐不合法，但它可能是合乎伦理的。

　　家庭共同体意识在一定意义上具有合乎伦理的特质，但它不应该流于偏私、狭隘。具体地说，它不应该成为阻碍家庭成员关心社会和国家的障碍。家庭只是人类社会生活的一个小领域，它不可避免地要受到社会和国家生活大格局的强力制约。家庭生活毕竟只是人类社会生活的一个重要内容。在现代，人类家庭生活在整个社会生活中的地位被严重压缩，人们参与社会公共生活的空间则呈现出日益拓展的态势。这不一定是应该庆幸的好事，但它毕竟说明人类不应该将自身过多地局限于家

――――――――――

[1] 《论语·大学·中庸》，陈晓芬、徐儒宗译注，中华书局 2015 年版，第 158 页。

庭生活格局。作为家庭成员存在的人类应该是开放的。在与家庭成员过着共享性生活的同时,我们还应该记得自身与社会、国家的联系。我们还必须考虑如何与家庭之外的人共享社会资源的问题。家庭共同体意识有时需要上升到国家共同体意识(家国情怀)才合乎伦理。

家庭是"家人"汇聚而成的一种共同体。在这种共同体中,人与人之间的伦理关系是最重要的关系形态,而维持这种伦理关系的最重要手段是共享伦理。同属于一个家庭的人不仅共享着血缘、生活资源、命运、家训、家规、家风和亲情,而且往往借助共享伦理原则处理彼此之间的关系。家庭中的个人并不具有完全独立的人格,只能作为家庭的成员而存在,或作为"家人"而存在,因此,它具有共享性人格。在家庭生活中,严格区分"你的"、"我的"、"他的"不仅不合乎伦理,而且会遭到道德谴责。家庭生活本质上是一种共享性生活方式,它是共享伦理的始发地。同甘共苦是人类在家庭生活中应该普遍遵循的共享伦理原则。

六、人类:追求共享伦理的存在者

有什么样的存在状况,就有什么样的存在意识。人类存在的直接现实是我们作为个人存在的现实,但这种现实从来都是一种关系性现实。当我们作为个人存在的现实性得以呈现的时候,我们的福祉和命运都不是独立的。我们根本无法脱离存在者共同体、自然共同体、国际共同体、国家共同体和家庭共同体的支配性影响。一部人类发展史就是一部关于人类共同体意识的历史。在共同体中生存的事实使我们形成了共同体意识。

人类的生存方式本质上是共享性的生存方式。在至大无外的存在者共同体中,我们不仅与月球、太阳等已知的存在者共享一个存在世界，而且与无以数计的未知存在者共享一个存在世界；在自然共同体中，我们与众多非人类自然存在物共享一个自然界；在国际共同体中，我们与其他国家一起共享一个世界；在国家共同体中，我们与自己的同胞共享一个国家；在家庭共同体中，我们与自己的亲人或家人共享一个家庭。

共享性生存方式决定了人类的伦理诉求只能是共享伦理。受到各种共同体的制约，人类不应该，也不可能仅仅依靠利己主义价值观生存，而是必须形成利他主义价值观、群体主义价值观、国际主义价值观、生态整体主义价值观和宇宙主义价值观。共享伦理反映人类对其生存的伦理价值诉求。它是人类置身于其中的各种共同体共有的内在规定性或应然法则。通过进入每一种共同体的存在现实，我们都会发现人类必须与其他存在者共存的事实。所谓"共存"，首先是指人类与其他存在者共享各种共同体的事实，其次是指人类必须与其他存在者共享共同体资源的事实。人类有权进入存在者共同体、自然共同体、国际共同体、国家共同体、家庭共同体，但我们不是任何一个共同体的唯一占有者。对于人类来说，任何试图独占存在者共同体、自然共同体、国际共同体、国家共同体、家庭共同体的想法和做法都是不合伦理的。

共享伦理的客观基础涉及存在问题。存在问题的核心是人类的存在，但它同时涉及所有存在者的存在。作为存在世界中唯一具有伦理意识的主体，人类与其他存在者的关系本质上是一种伦理关系。共享伦理是规定人类生存状况的客观规定性，但它可以转化为人类的内在修养和性格特征。它随着人类的诞生而诞生，也随着人类的发展而发展。人类是一种必须服从共享伦理的召唤而生存的存在者。遵守共享伦理的要求是人类的宿命。

人类的共同体意识源远流长，这是人类生存方式从古至今一直保持共同体性和共享性的主观基础。人类共同体意识基于其自身对存在者共同体、自然界共同体、国际社会共同体、国家共同体、家庭共同体等共同体形式的深刻认识、理解和把握而形成，为人类形成共享伦理精神提供了主观条件。共享伦理反映人类对其生存的伦理价值诉求。它是以"共享"作为核心伦理思想、伦理原则、伦理精神和伦理实践路径而形成的一个伦理价值体系。

在当今世界，物欲横流对人类德性的侵蚀呈日益加剧之势。它不仅推动许多人背弃了人类源远流长的共同体意识，而且致使许多人在树立共享美德方面无所作为。可以说，日益加剧的物欲横流正在严重地弱化当今世界的道德正能量，正在将国际社会拖入以"道德冷漠"为根本特征的道德危机。这场危机的具体表现是：许多人对道德上崇高的事情不以为然，却对背德、离德的事情习以为常。这种社会现实让人堪忧，但它也凸显了共同体意识和共享美德的珍贵。

共同体意识是当代人类应该自觉培养的一种意识，共享美德则是当代人类最应该培养的美德。走向共享是人类社会发展的大势所趋。当今人类社会之所以比以往的社会更好，其原因之一是它具有更强、更鲜明的共享性。所谓共享，是指人们能够平等地享有人类社会发展的积极成果。真正意义上的共享应该涵盖物质财富共享和精神财富共享。如果能够实现这两种共享，我们就能够拥有一个共享社会。走向共享反映人类的共同愿望。

第四章　共享伦理：在利己与利他之间

　　伦理是人类孜孜以求的善，并且是不可须臾或缺的善，但不同的人对伦理的认识、理解和解释不尽相同。一般来说，人类沿着利己主义、利他主义和共享主义三条路径来认识、理解和把握伦理的含义，从而在伦理观方面形成了利己主义伦理观、利他主义伦理观和共享主义伦理观三种主要形态。从中西伦理学发展史来看，人类在伦理观方面的分歧主要见于利己主义伦理观和利他主义伦理观之间的区分上，对共享主义伦理观的探求则一直显得相当薄弱。只是到了近些年，越来越多的人才开始认识到，有关利己主义伦理观和利他主义伦理观的争议在很多时候是没有实际意义的，因为人类一直倡导和坚持的主要是共享主义伦理观。

一、人的自私性与利己主义伦理观

　　人类从诞生的第一天起就不得不时刻面对两种压力：一是来自自然界的压力；二是来自社会的压力。一方面，自然界通过自然进化的方式造就了人类，但并没有为人类提供适合其生存的充裕条件，而是任凭老虎、狮子、蛇等非人类自然存在物与其共享一个地球，并且常常以地震、海啸等自然灾害威胁其生存，因此，人类从一开始就必须肩负与自然界抗争、改造自然的重任；另一方面，社会是人类生存必不可少的条件，但人际竞争也会给人类自身造成巨大压力，因此，社会生活是一种有压力的生活方式。这两种情况都作为事实而存在，它们使人类在自然界和社会中的生存时刻面对着诸多挑战和压力。人类在挑战和压力中诞生，在挑战和压力中生存和发展，这使得我们从一开始就将"自私"融入了自己的本性。

"自私"是人性的基本内容，其基本含义是谋求自我保全。所谓"自我保全"，一是人类要确保自身在自然界中的生存安全，二是人类要确保自身在社会中的生存安全。对于人类来说，谋求自我保全是一种自然本能。在这一点上，我们并没有与其他动物截然区别开来。一只羚羊在受到凶猛狮子攻击的时候会通过奋力逃跑的方式保护自己。在相同语境下，人类也不可能坐以待毙。谋求自我保全的自然本能是人类本性的一个基本内容。它是天生的、自然的本性，因而也是不容否定的本性。

人类的自私本性在其普遍试图拥有房屋的愿望和行为中表现得最为形象。在人类所使用的各种语言中，"房屋"都是一个具有深刻象征意义的词语。它既象征人类试图摆脱其他自然存在物的愿望，也象征人类试图通过"隔离"的方式保护自己的愿望。对于人类来说，房屋不是囚笼，而是自我保全的寓所或安全的寓所。正因为如此，拥有房屋的人具有人之为人的安全感，而没有房屋的人则不具有人之为人的安全感。

事实上，"房屋"只是作为人类自我保全的一个必要条件而存在。除了房屋以外，我们还需要借助于很多外在条件来获得人之为人的安全感。归纳起来，它们就是涵盖衣食住行四个方面的东西。我们需要衣服来保护自己的身体，需要食物来满足身体的营养需要，需要住房让我们摆脱日晒雨淋、受猛兽攻击的尴尬状况，需要有交通工具来提升我们的交往活动水平。总而言之，我们渴望生活在有利于自己的自然环境和社会环境里，渴望过能够自我保全或具有安全保障的生活。

如果说自私是人性的一个基本内容，那么，出于自私本性而利己就应该具有某种程度的合伦理性。正因为如此，我们不会对自身试图拥有衣食住行等基本条件的愿望和行为进行道德谴责。在现实生活中，我们每一个人都会出于利己的考虑追求各种各样的生活条件，并且将这种追求视为人之为人应有的东西；或者说，我们会将自己努力拥有衣食住行的条件作为道德权利来看待。从这种意义上来说，适当的利己应该被视为合乎伦理的行为。

可能就是因为出于自私的本性，利己能够在某种程度上得到道德上的辩护，有些伦理学家试图建构体系化的利己主义伦理观。作为一个伦理价值体系，利己主义伦理观的主要思想有三个方面：（1）肯定人的自私本性，认为每一个人都具有某种程度的自私性；（2）承认私利的合伦理性，认为适当地追求私利合乎人的自私本性，并且能够得到道德上的辩护；（3）强调人类追求私利的权利的平等性，认为任何一个人追求私利的行为都不能以损害或牺牲他人追求私利的权利为代价。

利己主义伦理观可以区分为三种主要形式，即合理的利己主义伦理观、极端的利己主义伦理观和精致的利己主义伦理观。合理的利己主义伦理观主张将"自私"作为人类本性的一个重要内容来看待，认为出于自私本性适当地追求私利合乎伦理的内在要求，因而是道德允许和鼓励的。另外，它还强调人类基于自私本性追求私利的权利的平等性，主张在正当私利面前人人平等。极端的利己主义伦理观则具有截然不同的性质。它不仅将自私作为人性的全部内容来看待，而且赋予人的利己行为绝对的合伦理性和合道德性。在极端利己主义伦理观中，人类的所思所想和所作所为都是围绕自私的本性和利己的动机展开的，"人不为己，天诛地灭"的说法不仅被赋予绝对的合伦理性和合道德性，而且被视为绝对有效的道德真理。由于将人的自私本性绝对化，极端利己主义伦理观历来受到人类的普遍反对。

精致的利己主义伦理观是一种经过精致理论包装的伦理观。人们通常所说的快乐主义伦理观、个人主义伦理观、自由主义伦理观等就属于精致的利己主义伦理观。快乐主义伦理观不仅把趋乐避苦视为人类的普遍本性，而且将其视为人类道德行为应该普遍遵循的伦理原则。这种伦理观从个人的苦乐心理感受来论证人类道德生活的根源，把人类的道德价值认识、道德价值判断和道德价值选择完全建立在个人的主观心理基础上，其结果必然是把伦理和道德都建立在人类的个体性主观意志基础之上。在快乐主义伦理观中，主体对私利的斤斤计较和算计被所谓的苦乐原则所掩盖或遮蔽。它只谈苦乐的心理体验，不论私利计较和追逐问题，因而显得很精致。事实上，它也因为旗帜鲜明地承认、尊重和维护人类的苦乐感受而容易受到人们的欢迎，但它对人类道德理性的忽略是显而易见的。快乐主义伦理观是经不起人类理性检验的伦理观。

个人主义伦理观也是精致的利己主义伦理观。与快乐主义伦理观不同的是，它不是基于个人的苦乐心理感受来界定道德和伦理的内涵，而是从个人与社会的关系角度来解释道德和伦理的含义。它承认个人不可能脱离社会而独善其身，但它自始至终都强调个人对社会的优先性。这不仅仅意味着个人的重要性高于社会，更重要的是当个人私利与社会公共利益发生冲突的时候，只能优先考虑和维护个人私利。个人主义伦理观的出发点是强调个人私利具有神圣不可侵犯性，其现实诉求则是对私有财产权的极端维护。作为一种伦理价值体系，个人主义伦理观往往也不直接谈论个人私利；或者说，并不公开地将个人私利作为人类生活中最重要的东西予以强调；然而，它的核心和实质仍然是强调和维护个人私利。由于将个人私利置于个人与社会的关系框架里来加以分析，加上并没有完全否认社会公共利益的存在价值，个人主义伦理观在理论形式上也具有精致性。

自由主义伦理观的精致性主要在于，它通过对个人自由的强调肯定了人类作为个体存在的权利及其自私利己的道德合理性。"自由"是人类孜孜以求的一种珍贵社会价值，它具体表现为人身自由、意志自由、思想自由、言论自由、宗教信仰自由等，其要旨是强调个人自由权利的至上性。在自由主义伦理观中，个人的自由权利不容侵犯。倡导自由主义伦理观的西方哲学家很多。例如，罗尔斯在他的正义理论中强调："每一个人都具有基于正义基础上的不可侵犯性，哪怕是为了社会整体的福祉也不行。"① 自由主义伦理观并不从根本上否定社会权威、社会权力和社会利益，但它对个人自由、权利和利益的强调显然多于它们。它打着个人自由、权利和利益的旗号，并且对它们的存在价值提供系统的理论论证，因而在形式和内容上均显得特别精致。

利己主义伦理观在人类伦理思想发展史上一直占据着不容忽视的地位。只要不发展成极端利己主义，它就具有一定的存在合理性。作为一个伦理价值体系，利己主义伦理观不仅承认道德与利益的紧密关系，而且肯定人类追求正当利益的行为的合伦理性。关于这一点，特别强调道德纯粹性的康德也是承认的。他用"道德感"这一伦理概念来说明人类道德价值诉求与其利益关切的因果关系。他说："人们确实对道德规律有利益关切，我们把这个利益关切在我们中的基础称为道德感。"② 他甚至明确指出："通过利益关切，理性成为实践的，即，成为决定意志的一个原因。"③ 其言下之意是：道德理性的实践性恰恰是通过人类的现实利益关切来体现的；正是由于道德理性必须反映人类的现实利益关

① Rawls John. *A Theory of Justice*. Cambridge, Massachusetts：The Belknap Press of Harvard University Press. 1971，p.3.
② ［德］伊曼努尔·康德：《道德形而上学基础》，孙少伟译，九州出版社 2007 年版，第 157 页。
③ ［德］伊曼努尔·康德：《道德形而上学基础》，孙少伟译，九州出版社 2007 年版，第 157 页。

切，人类道德生活才存在理性应否影响意志的问题；人类意志在本原上是任性的，但它可以在人类理性的引导下提升为善良意志，并且成为人类道德行为的根源。

人类具有自私本性，但自私通常被视为一种道德上的恶。正如美国学者兰德所说："在通常的用法中，'自私'一词是罪恶的同义词，它唤起的形象是一个残忍的恶棍踏着成堆的尸体来实现自己的目的，他关心的不是鲜活的生命，仅仅是想满足一时冲动的、没头没脑的奇想。"[1] 如果说我们人类普遍具有自私本性，而我们又将它与"罪恶"相提并论，那么，我们每一个人都是恶人。

"自私"之所以难以获得人类的道德认同，主要是因为它有时是通过某些人唯利是图或贪得无厌的行为表现出来的。然而，并非所有的"自私"行为都可以被打上唯利是图或贪得无厌的烙印。唯利是图或贪得无厌的人毕竟只是人类中的少数。可以说，我们每一个人都是自私的人，但我们并不都是唯利是图或贪得无厌的人。"自私"确实涉及人类对利益的考虑和追求，但这种"考虑"和"追求"不一定不合乎伦理。伦理反对人们唯利是图或贪得无厌，但并不反对人们适当地考虑和追求私利。

中国传统儒家伦理学的一个重大缺陷是否定人类基于自私本性对私利的考虑和追求。例如，孔子就明确指出："君子喻于义，小人喻于利。"[2] 其意指，只有君子才知道什么是义，小人仅仅追求利益。他甚至强调："君子谋道不谋食。……君子忧道不忧贫。"[3] 这似乎是指，为了求道、得道，身为君子的人既不会在乎食物，也不会在乎贫穷。这种羞

---

① [美] 安·兰德等：《自私的德性》，焦晓菊译，华夏出版社 2007 年版，"导言"第 1 页。

② 《论语·里仁》，中华书局 2006 年版，第 28 页。

③ 《论语·卫灵公》，中华书局 2006 年版，第 147 页。

于谈论利益的伦理思想传统在中国传统儒家伦理学里得到了不断传承。孟子面见梁惠王的时候，梁惠王说："叟！不远千里而来，亦将有以利吾国乎？"① 梁惠王的意思是："老先生！您不远千里来到我国，将对我国有利吧？"孟子回答说："王！何必曰利？亦有仁义而已矣。"孟子意在强调："国王啊，您何必讲利呢？只要讲仁义就足够了。"我们不难发现，儒家伦理学家大都羞于谈论利益问题。在他们眼里，似乎只要人们一谈论利益问题，道义就会退隐。

"利益"不是"洪水猛兽"。人类不应该羞于谈论利益问题，更不应该避而不谈自己的正当利益诉求。利益本身无所谓善恶。只有当我们致力于用一定的方式占有它的时候，它才会被我们的道德价值观念打上善恶的烙印。具体地说，只有当我们以唯利是图、见利忘义、贪得无厌等方式占有利益时，利益才会因为必须受到我们自身的道德价值评价才具有恶性质，我们才会用"不义之财""非法所得"等伦理术语来描述我们的利益。而如果我们的利益所得建立在合伦理性、合法性基础上，我们则会对其进行道德上的肯定，称之为"正当收入"或"合法收入"。利益或善或恶，完全取决于我们的道德价值认识、道德价值判断、道德价值定位和道德价值选择。

二、人的利他性与利他主义伦理观

与利己主义伦理观形成鲜明对比的是利他主义伦理观。这种伦理观也是基于人性论建立起来的，但它反对将人性归结为自私性的观点，认为人性的本质在于利他性。

英国伦理学家亚当·斯密是利他主义伦理观的一个代表人物。他

---

① 《孟子·梁惠王上》，万丽华、蓝旭译注，中华书局 2006 年版，第 2 页。

说："无论人如何被视为自私自利，但是，在其本性中显然还存有某些自然的倾向，使他能去关心别人的命运，并以他人之幸福为自己生活所必需，虽然除了看到他人的幸福时所感到的快乐外，他一无所获。"① 他将人类所具有的这种"悲人之所悲，忧人之所忧"的道德情怀称为怜悯和同情。在他看来，人类普遍具有这种怜悯之心或同情之心，哪怕是罪大恶极或冥顽不灵的违法乱纪之徒也不可能完全没有这种情怀。

斯密借助于"共鸣"这一概念来解释人类具有怜悯或同情之心的原因。在他看来，当一个人看到另外一个人陷入痛苦的时候，他会凭借"想象"，设身处地、将心比心地设想自己正在遭受一模一样的痛苦，即产生感同身受的感情共鸣，并且会在此基础上产生帮助后者解除痛苦的想法和愿望，因为这种想法和愿望从根本上来说是为了解除自己的痛苦。斯密认为人类具有相互同情的本性，并且相信这种本性能够给人类带来快乐。

斯密将同情心或怜悯心视为人性的本质内容，认为人类是利他的存在者，强调利他是人类生而具有的自然倾向，从而表现出倡导利他主义伦理观的立场。这种立场实质上是一种情感主义伦理观。它承认人类行为存在是否适宜的问题，但所谓的适宜性是"我们根据他人的情感是否与我们自己的情感相一致来判断"。② 这种情感主义的利他主义伦理观将人类道德行为完全建立在个人主观情感基础之上，其要旨是强调同情心或怜悯心的普遍性，将它提升到人性的高度予以赞美，并且以此为基础来推导人类道德行为的正当性。

与利己主义伦理观不同，利他主义伦理观没有把人类界定为一个

---

① ［英］亚当·斯密：《道德情操论》，余涌译，中国社会科学出版社 2003 年版，第 3 页。

② ［英］亚当·斯密：《道德情操论》，余涌译，中国社会科学出版社 2003 年版，第 17 页。

个以谋求私利为根本人生目的的个体，而是强调人与人之间的相互关联性和相互依赖性。斯密坚信："人类对社会有一种自然的爱，期望看到人类的联合为人类自身考虑而得以维持，尽管他自己不一定从中获得什么好处。他乐意看到一个秩序井然、欣欣向荣的社会，并为此而高兴。相反，他厌恶社会的无序和混乱，并对此局面的罪魁祸首痛恨不已。"①事实上，斯密甚至坚信我们每一个人都能够认识到，我们自身的利益与社会繁荣密切相关，我们自己的幸福或生存严重依赖社会状况的好坏，因此，从各个方面考虑，我们对一切可能摧毁社会秩序的东西都深恶痛绝，同时也愿意用各种手段维护社会秩序。

在斯密的利他主义伦理观里，同情心或怜悯心在人类身上的一种现实化表现形式是仁慈美德。所谓仁慈，就是能够悲他人之所悲、忧他人之所忧的美德；或者说，它是人类能够将彼此作为同胞来加以同情、关爱和爱护的美德。除了从利他人性论的层面来解析仁慈美德的根源之外，斯密还用"善有善报、恶有恶报"的自然法则来论证仁慈美德的有效性。他说："善应善报，恶应恶报，以牙还牙是自然加于我们的伟大法则。仁慈之人应得到仁慈对待，慷慨之士配受慷慨。待人冷若冰霜、无情无义的人亦不配受到同胞们的钟爱，应让他们生活在无边的荒漠世界，谁也不去问寒问暖。"② 这是指，仁慈之人能够仁爱地对待他人，也应该得到他人的仁爱对待；如果一个人不能仁爱地对待他人，他也不应得到他人的仁爱对待。

斯密还倡导正义美德，但他似乎把正义视为旨在维护仁慈美德的另一种美德。他所说的正义是以保护仁慈之人、惩罚不仁慈之人为主要

① ［英］亚当·斯密：《道德情操论》，余涌译，中国社会科学出版社 2003 年版，第95 页。

② ［英］亚当·斯密：《道德情操论》，余涌译，中国社会科学出版社 2003 年版，第80 页。

内容。根据斯密的观点，正义通过三个法则体现出来，即：（1）最神圣的正义法则是旨在保护邻人的生命和身体的法则；（2）第二个层次的正义法则是旨在保护邻人的财产和占有物的法则；（3）最后一个层次的正义法则是旨在保护邻人的个人权利或从他人的允诺中应得的东西的法则。① 显而易见，斯密认为正义的要义是保护他人的生命和身体、财产和占有物、个人权利和应得的东西；个人私利在斯密的伦理观中仅仅居于次要位置。

斯密并不否定人类的自私本性，但他确实更多地强调人的利他本性。在他看来，自私本性是人与人之间相互残害和人类社会动荡不安的根源所在，只有利他本性才能将人与其他动物区分开来，也才能建立秩序良好的社会。他说："社会如果由那些时时刻刻准备彼此伤害的人构成，那它便不可能存在下去，伤害开始之时，就是怨恨和敌意产生之日，联结社会的所有纽带即被割断，社会的不同成员仿佛都被他们不一致的感情所带来的暴力和对抗弄得四散而逃。"② 显然在斯密看来，自私本性是人类应该抑制或克服的自然本性，而利他本性则是人类应该弘扬和激励的自然本性；人类是因为能够普遍彰显利他的自然本性才显得高尚和高贵。

以人性论为基础来确立道德价值的合理性和合法性是许多伦理学家偏爱的做法，但问题是，如果一个伦理学家对人性的定义是片面的，甚至是错误的，他辛苦建立起来的道德价值体系就是脆弱的。从经验主义的角度来看，将人性仅仅归结为自私性或利他性都是片面的，因为人类生活的现实总是在用事实性证据证明，我们所生活的社会绝不仅仅是

---

① ［英］亚当·斯密：《道德情操论》，余涌译，中国社会科学出版社 2003 年版，第90 页。

② ［英］亚当·斯密：《道德情操论》，余涌译，中国社会科学出版社 2003 年版，第92—93 页。

由自私利己的人构成，也绝不仅仅是由利他为他的人构成。人性是抽象的，也是现实的。将人性简单地归结为"自私"或"利他"不切合实际，因而是难以得到辩护的。

倡导利他主义伦理观的哲学家往往比倡导利己主义伦理观的哲学家要显得理直气壮一些。羞于谈论人类的自私性和利己性是所有伦理文化传统共有的倾向，这在很大程度上限制了利己主义伦理观的存在空间。人类是自私的动物，但我们并不希望自己因为自私而被钉在道德的耻辱柱上。可以说，人类是爱面子的动物，因此，我们可以自私自利，但我们绝不愿意因此而被称为以自私为本性的动物。正因为如此，哲学家在谈论人的自私本性时也往往小心翼翼。相比之下，倡导利他主义伦理观的哲学家就要洒脱得多。这并不是因为他们提出的理论比提倡利己主义伦理观的哲学家高明，而是因为他们能够比较好地维护人类的面子而更容易受到人们的欢迎。

利他主义伦理观容易受到批评的地方主要是两个方面：一是它忽略了利他的条件性；二是它将利他变成了一个绝对命令式的道德原则。一方面，人类的利他行为通常是以某种程度的自私利己作为前提条件的，或者说，绝大多数人是在实现了自我保全的目的之后才产生利他的愿望或动机。如果考虑到这一前提条件，我们不仅不会将人类的本性简单地、片面地归结为利他性，而且会从道德上尊重人的自私本性。另一方面，如果人类事实上无法摆脱自私利己的本性，对利他主义的强调实质上只能是一种理想主义追求。人类能够在达到一定条件的情况下利他，但这并不意味着我们每一个人都可以做到奋不顾身地或无条件地利他。

三、共享伦理：平衡利己与利他的伦理诉求

伦理学是研究善恶问题的学问。要理解什么是善恶，我们需要首先弄清楚两个基本事实：一是善恶问题是人类在地球上出现之后才产生的问题；二是善恶问题实质上是人类在社会生活中才会遭遇的问题。

在人类出现之前，自然界早就已经存在。它自然而然地存在着，所有自然存在物都平等地受制于自然法则，一切自然活动都是在自然规律的支配下发生，无所谓善恶。只有在人类出现之后，自然界才出现了善恶问题。善恶是人类文明发展到一定历史阶段的产物，而区分善恶也是人类文明的一个重要内容。人类对自己的所思所想和所作所为进行道德价值认识、道德价值判断、道德价值定位和道德价值选择，从而形成了善恶观念，并使其自身几乎时时刻刻处于善恶问题之中。

人类自出现在地球上的第一天起就具有群居性特征。一个人不可能成为人类。人类是自然界或地球上的一个种群。如果自然界或地球上只有一个人，他的所思所想和所作所为是无所谓善恶的。只有在人作为一个种群存在的背景下，一个人的所思所想和所作所为才会因为要受到同类的道德价值认识、道德价值判断、道德价值定位和道德价值选择而变成善恶问题。正因为如此，善恶问题实质上牵涉到人与人的关系，它反映人与人之间的关系状况。离开人类的群集性或人际关系来谈论善恶问题是不可想象的。

上述两个事实告诉我们，人性是人作为一个种群而具有的普遍属性。这不仅说明人必须以相互依赖的方式而存在，而且说明人性只能在人的群体性中来加以界定。什么是人的群体性？就是人的社会性。除了偶尔以"独处"的方式孤立生存之外，人在绝大多数时候是以家庭成员、公民、国民等群体性或社会性身份存在的。人性的这种群体性或社

会性特征一方面使得人不能须臾脱离群体而存在，另一方面也将人性的核心内容归结为人的社会规定性。马克思正是在这种意义上将"人"定义为社会关系的产物。

作为社会关系中的存在者，人的生存过程表现为一个相互联系、相互依赖、相互影响、相互支持、相互促进的过程。人的这种生存状况使得每一个人类个体都不可能脱离他人而独善其身，而是必须以与他人同生共荣的方式存在。人源于自然，人身上也不可避免地具有自然属性，但自然属性并不是它的本质属性。任何一个人都不可能通过消灭同类的方式达到维护自身生存的目的。对于人类来说，消灭同类亦即消灭自身。顾及和维护同类的利益是人类与其他自然存在物的根本区别。如果人类不能顾忌和维护彼此的利益，我们就会退化到低等自然存在物的水平。

人类是如何顾及和维护彼此利益的呢？这既不是通过单纯的利己主义方式，也不是通过单纯的利他主义方式，而是通过共享的方式。所谓共享，就是在"利己"和"利他"之间达到平衡而形成的一种道德价值观念。它不是一味地强调利己，也不是一味地强调利他，而是在利己和利他之间实现的一种协调或平衡。"共享"反映人性的本质规定性，反映人与人之间的相互制约性，反映人类生存的本质特征，反映人际关系的伦理性。

作为研究善恶问题的学问，伦理学对善恶的关注和探究是从两个方面展开的：一是理论的层面，二是实践的层面。从理论的层面来关注和探究善恶，主要是要确立审视、看待和解释善恶问题的理论思维和理论路径。从实践的层面来关注和探究善恶，主要是要确立观察、发现和揭示善恶问题的现实思维和实践路径。从理论和实践两个层面来关注和探究善恶问题，我们对善恶的认知和解释会迥然不同。

伦理学家区分利己主义伦理观和利他主义伦理观的做法大都从理

论的层面展开。他们的人性论可能截然相反，但是他们的理论具有相同的本质。利己主义者试图证明人性本质上是自私的，而利他主义者则试图证明人性本质上是利他的。虽然他们对人性的界定具有根本区别，但是他们殊途同归，最终都试图将人性证明为一种绝对的单一性质。这是一种"非此即彼"的逻辑推理，其意思是明确的，即人要么是自私的，要么是利他的。

伦理学家最容易受到来自现实的挑战。通常的情况是，伦理学家试图通过缜密的理论论证建构一个理论上完善的世界，而他们所建构的理论世界经不起现实的检验。利己主义伦理学家试图论证人的自私性，并且试图证明自私是人类的普遍美德，而利他主义者则试图论证人的利他性，并且试图证明利他才是人类的普遍美德；然而，现实中的人类既不仅仅具有自私本性，也不仅仅具有利他本性，而是利己本性和利他本性的综合体或统一体。

人类本质上是一种共享动物。我们不仅以群集的方式生存，而且能够深刻地认知这种群集性。群集的本性不仅迫使我们生活在家庭、社会或民族国家里，而且迫使我们只能过共享的生活方式。我们必须依赖他人而存在，因此，我们不能仅仅关心和追求自身的利益，而是必须兼顾和促进他人的利益。我们可以利己，但只能是合理的利己主义者。我们也必须利他，但我们也不能完全置自身的自由、权利和利益于不顾。人类社会不可能是完全由极端利己主义者占据的场所，也不可能是完全由极端利他主义者占据的场所。为了很好地生存，我们人类总是试图在利己和利他之间实现一种平衡。追求这种平衡的结果就是共享伦理的产生。

共享伦理是世界上唯一真实的伦理形态。合理的利己和利他都是合乎伦理的，但它们并不具有绝对的合伦理性。利己的行为一旦突破合理限度，它就会变成公认的恶。利他的行为一旦突破合理的限度，它也就变成了人们可望而不可及的理想。只有共享伦理才是最真实的善。它是现实的善，因而也是人类可以普遍拥有的善。

黑格尔将伦理学界定为一门以伦理和道德为研究对象的学科。他说："伦理是现实的善或活的善，它通过人的知识和行动得以体现出来，而成为现实的或活的。"① 显而易见，黑格尔是一位伦理实在论者。他的论断至少包含三层主要意思：（1）伦理是现实的善，具有实在性，因而也是可以信赖的一种善；（2）伦理是人类特有的一种善，因为它的现实性或实在性必须通过人的知识和行为才能表现出来；（3）伦理的实体是善，善是伦理的本质所在，因此，凡是合乎伦理的东西就是善的东西。在黑格尔的伦理思想中，人类的伦理诉求就是对善的追求。

事实上，黑格尔所说的伦理既是客观的，也是主观的。一方面，伦理是一种不以个人的主观意志为转移的客观精神，它是家庭、市民社会和国家向人类提出的普遍性、必然性要求，人类不能主观地予以拒绝；另一方面，伦理又必须通过人类认识、理解和把握它的知识和应用它的具体行为表现出来，否则，它只能是抽象的、形式的东西。黑格尔正确地认为，伦理必须基于客观的社会关系而产生，并且必须在社会关系中彰显它的客观性，但它最终必须转化为人类的主观性诉求和具体行为才能变成现实的或活的善。说到底，伦理与人类有关，只有人类才会追求"伦理"这种善。

人类对伦理的追求会通过其性格表现出来。这种通过人的性格体现出来的伦理就是道德。因此，黑格尔指出："伦理体现在个人的性格中，就是德；如果德只是体现为个人履行其应尽的义务，就是正直。"②

① ［德］黑格尔：《法哲学原理》，杨东柱、尹建军、王哲编译，北京出版社 2007 年版，第 76 页。

② ［德］黑格尔：《法哲学原理》，杨东柱、尹建军、王哲编译，北京出版社 2007 年版，第 77 页。

他还进一步说:"德是一种伦理性的东西,它具有普遍性,而不是特殊人的专利。"[1] 这是说,道德是人类将其伦理诉求融入其性格中并使之成为稳定的习惯性思维和行为的结果。黑格尔强调的是,道德具有合伦理性特征,它彰显伦理的普遍性和必然性;不过,道德主要体现"主观意志的自由"[2],它本质上是"作为一种主观意志的法"[3] 而存在。黑格尔的言下之意是:道德是人类对客观伦理进行主观认识、理解和把握而彰显的主观意志自由;由于主观意志自由在很大程度上是任性的自由,因而道德具有可塑性和弹性,人类借助于道德生活而达到的善仅仅能够在一定程度上体现伦理的善。

道德上的善不同于伦理上的善。道德上的善是不完善的,只有伦理上的善才是完善的。根据黑格尔的观点,道德上的善之所以不是完善的,是因为人类作为道德生活的主体总是不可避免地要在思想和行动上表现出自私利己的倾向;只有进入伦理生活阶段,人类才会在伦理精神的引导下抑制自私利己的思想和行为,表现出利他的伦理精神,甚至利公的伦理精神。在黑格尔的伦理学理论中,伦理高于道德,人类的伦理生活也高于道德生活;道德生活是任性的,只有上升到伦理生活阶段,人类才能在家庭伦理精神、市民社会伦理精神和国家伦理精神的引导下过上真正意义上的合乎伦理的生活;合乎伦理的生活反映人类在客观意志和主观意志上的统一,因而也体现意志自律性和他律性的统一。

黑格尔认为人类生活应该合乎伦理,同时坚信伦理生活的现实性。在他看来,生活于家庭、市民社会和国家中的人能够过上合乎伦理的生

---

① [德] 黑格尔:《法哲学原理》,杨东柱、尹建军、王哲编译,北京出版社 2007 年版,第 77 页。

② [德] 黑格尔:《法哲学原理》,杨东柱、尹建军、王哲编译,北京出版社 2007 年版,第 50 页。

③ [德] 黑格尔:《法哲学原理》,杨东柱、尹建军、王哲编译,北京出版社 2007 年版,第 51 页。

活。在家庭生活中，人类能够依靠爱的纽带过上合乎家庭伦理的生活。在市民社会，人类能够基于对自私权利的相互尊重而建立契约性伦理关系。在国家里，人类不仅具有国民或公民身份，而且被赋予了与这种身份相适应的伦理权利和义务。黑格尔将家庭、市民社会和国家视为伦理实体，认为它们是伦理精神的载体，并且在此基础上肯定和论证人类伦理生活的现实性。他强调伦理生活的精神性，同时不否定伦理生活的物质性。在他的伦理学理论视阈中，伦理生活总是表现为精神价值诉求和物质利益诉求两个维度。黑格尔的伦理学理论能够为我们认识、理解和把握伦理学领域的纷争提供理论启示。

在黑格尔的伦理学理论中，真正的人类是家庭中的人类、市民社会中的人类和国家中的人类，真正的伦理精神也只能存在于人类的家庭生活、社会生活和国家生活中。他认为，伦理是客观的，也是主观的。当它作为一种客观的东西存在于自然或社会之中，它仅仅具有自在的客观性，因此，它必须转化为人类的主观意志，并且通过人类的具体行为表现出来。他还进一步认为，真正意义上的人类是具有伦理精神的存在者。也就是说，真正意义上的人类只有在作为伦理实体存在的家庭、市民社会和国家中才能找到。

我们认为，黑格尔区分"伦理"和"道德"的思想有助于我们深化对共享伦理的认知。黑格尔的思想告诉我们，伦理本质上具有共享性，因为它是人类在家庭生活、市民社会生活和国家生活中必须具备的伦理精神。家庭、市民社会和国家本质上是人类共享生活的场域，共享伦理则是为这三种生活场域提供伦理精神引导的规范性力量。人类按照共享伦理生活的实际状况则表现为共享道德状况。所谓"共享道德"，就是共享伦理在人类身上的主观呈现。

无限夸大自己理论的完备性是许多哲学家的毛病。那些极力强调人的自私本性的哲学家和极力夸大人的利他本性的哲学家一样，都是患有这一毛病的人。他们都是自恋、自大、自傲的哲学家，因为他们都倾向于将自己鼓吹的思想和理论当成绝对真理。事实上，他们对人性所作的解释都只是揭示了人性的一个方面。人性既有自私的一面，也有利他的一面。一方面，每一个人类个体都是具有动物性的存在者，不仅自始至终都保持着自私的自然本性，而且都会像其他动物那样谋求自我保全。另一方面，每一个人类个体又总是置身于社会关系的存在者，不仅必须依靠他人才能确定自己的身份，而且必须借助他人来彰显自己的存在价值。也就是说，人类既是个体的，又是集体的；既是个人，又是社会人。这种二重性本性使我们不可能成为绝对的利己主义者，也不可能成为绝对的利他主义者。现实中的人总是兼有自私性和利他性，也总是利己主义者和利他主义者的统一体。最好的说法是，我们人类是遵循共享伦理而生活的共享性动物。

四、仁爱的共享主义伦理观

人类的伦理价值诉求具有显而易见的层次性。处于最低层次的是合理的利己主义，它肯定个人在合理的限度内追求和实现个人利益的合伦理性；处于中间层次的是适当的利他主义，它肯定个人在适当的限度内尊重和维护他人利益的合伦理性；处于最高层次的是仁爱的共享主义，它要求个人超越"自私"和"利他"的狭隘区分，树立人类命运共同体意识，与他人同生共荣。仁爱的共享主义就是共享伦理的精义所在。

对于人类来说，自私利己和利他利人都是人性的内在要求。合理地自私利己，既反映个人自我保全的基本需要，也是个人拥有人格尊严的应有之义。适当地利他利人，既是个人与他人交往交流的前提条件，也是个人与他人建立伦理关系的关键环节。然而，人类不可能仅仅以专门利己、毫不利他的方式生存，也不可能仅仅以专门利他、毫不利己的方式生存。专门利己、毫不利他的人必定会因为受到他人的道德否定而难以在社会中立足，专门利他、毫不利己的人则必定会因为否定自身生命的存在价值和尊严而受到人们的道德谴责。正因为如此，人类通常会把"共享"视为最合乎伦理的生活方式。共享的生活方式只能基于共享伦理来建构。

　　共享伦理是人类基于对人际关系的相互关联性、相互依赖性和相互促进性的深刻认识而形成的道德思维、道德信念、道德情感、道德意志和道德行为统一而成的一个伦理价值体系。在共享伦理的框架内，每个人都不是能够独善其身的个体，而是与他人同呼吸、共命运的生命体；或者说，共享伦理将人类视为一个命运共同体，认为共同体中的个人之间是一荣俱荣、一损俱损的关系，因此，置身于共同体的每一个人都应该秉持共建、共享、共荣的伦理理念，相互关心，相互关爱，相互帮助，而不是相互敌对、相互仇恨和相互损害。

第五章　时间的共享性及其共享伦理意蕴

时间是人类和非人类存在者共享的一种资源。或者说，它是包括人类在内的所有存在者在存在世界共享同一个空间的先验条件。由于时间具有共享性，人类自进入存在世界的第一天起就必须培养共享时间的美德。我们不仅要培养与同胞共享时间的美德，而且要培养与非人类存在者共享时间的美德。深刻认识时间的共享性特征，赋予时间深厚伦理意蕴，坚持用共享伦理观占有和使用时间，这些都是人类有能力以正确方式认识和改造存在世界、追求和实现美好生活的重要表现。人类能够在与同胞、非人类存在者不断共享时间的过程中深刻认识和揭示时间的共享性特征和伦理意义。

一、时间：作为一种共享性资源

人类对时间的理论认识、理解和把握是从研究宇宙学作为开端的。宇宙学探究宇宙的奥秘，试图解析宇宙的来源、结构体系、演变规律等。为了达到探究宇宙奥秘的目的，宇宙学必须关注和研究时间、空间等主题。

宇宙学既具有经验主义成分，也具有理性主义成分。通过观察物象、天象以及借助天文学、物理学等经验科学的发现，宇宙学能够在一定程度上探知宇宙的奥秘。然而，我们对宇宙的感知和相关实证不能仅仅停留在把握现象的层面，因为我们"没有时间与空间的经验的例证"①。我们需要借助理性去探索宇宙存在的本质和规律。它们是存在于宇宙万物背后的东西，只有理性才能引导我们认知它们。

时间是宇宙存在的一个重要维度。亚里士多德曾经指出："宇宙之为广大是无涯的，其运行是最速的，光照是如此莫与伦比的辉耀；若说它的能力，那是不知道有衰老，而是永生的。"② 其意指，浩瀚辽阔的宇宙是在时间中存在和发展，并且在时间上无始无终；要深刻认识宇宙存在的实在性，我们不能不重视它在时间中快速运行、生生不息的伟大事实。在整个存在世界，与时间同等重要的只有"空间"，因为它们必须相互参照而存在。③ 时间总是在空间中存在，而空间也总是在时间中存在。

时间通过流失、暂存和将要到来的方式展现自身的存在。流失的时间是过去时间，暂存的时间是现在时间，将要到来的时间是未来时间。在时间中，过去的时间很漫长，但它是有限的；现在时间是短暂的，稍纵即逝；未来时间是无限的，可以不断延伸。宇宙在时间中存在，从漫长的过去时间中发展而来，在短暂的现在时间中停留，在无限的未来时间中延展。处于过去时间中的宇宙是历史的，处于现在时间中的宇宙是现实的，处于未来时间中的宇宙是可能的。

人类时刻生活在时间之中，但绝大多数人对时间的认知是很有限

---

① [美] 爱莲心：《时间、空间与伦理学基础》，高永旺、李孟国译，江苏人民出版社2015年版，第40页。

② [古希腊] 亚里士多德：《天象论　宇宙论》，吴寿彭译，商务印书馆2010年版，第296页。

③ 参见 [美] 爱莲心：《时间、空间与伦理学基础》，高永旺、李孟国译，江苏人民出版社2015年版，第47页。

的。时间从何而来？它是宇宙内在具有的一种规定性，还是在宇宙进化的过程中逐渐形成的一种规定性？如果我们不能回答这两个问题，我们对时间的认知就不够深入。可以确定的事实是，时间肯定先于人类而存在。早在人类诞生之前，宇宙就已经存在时间了。只不过在人类诞生之前，宇宙只有非人类存在者占据。它们以自在的方式存在着，并不能意识到自己在时间中存在的事实。人类从自在的宇宙存在者中间脱颖而出，以特有的自为性赋予宇宙全新的意义和价值。正如亚斯贝斯所说："人不仅生存着，而且知道自己生存着。他以充分的意识研究他的世界，并改变它以符合自己的目的。"① 作为一种自在自为的理性存在者，人类在时间中存在，也知道自己是在时间中存在，并且努力通过占有时间来证明自身存在的意义和价值。

虽然时间不是人类创造的，但是人类可以用概念来表达它。当"时间"作为一个概念存在时，它是人为建构的产物。人类对"时间"这一概念的建构意义重大。我们基于自己对时间性的认知而建构出"时间"这一概念，并且用它说明存在的时间性维度。在没有"时间"这一概念之前，宇宙的存在具有时间性，但这种时间性处于遮蔽状态。我们不难想象，在没有被"时间"这一概念标识的情况下，宇宙的时间性是无法得到揭示的。

作为概念存在的时间是经过人类意识加工的时间；或者说，它是人类意识中的时间。它是一个静止的主观性意象，但它来源于人类对时间的客观实在性的主观认识、理解和把握。我们难以确切地知道"时间"这一概念产生的具体时间，但我们可以确定，它是一个具有里程碑意义的事件。它不仅标志着人类对时间性的认知达到高度抽象的水平，而且

---

① ［德］卡尔·亚斯贝斯：《时代的精神状况》，王德峰译，上海译文出版社 2008 年版，"导言"第 3 页。

标志着人类对存在问题的认知达到新高度。"时间"这一概念是人类拥有的一盏理性之灯。如果说人类是能够用理性之灯照亮宇宙的存在者，那么，"时间"这一概念就是这样的一盏灯。

时间既是宇宙存在的重要方式，也是宇宙存在的重要内容。宇宙的存在与时间的存在密不可分、相辅相成。宇宙是时间中的宇宙，时间是宇宙中的时间。宇宙和时间都具有实在性。也就是说，宇宙是实实在在的宇宙，时间也是实实在在的时间。虽然时间让我们常常感到难以捉摸、难以把握，但是它的存在具有毋庸置疑的客观实在性。如果说我们坚信宇宙是实在的，那么，我们就没有理由怀疑时间的实在性。

时间是通过显现自身的方式获得实在性的。它的实在性是一种可以量化的实在性。对于人类来说，时间的实在性不仅是可以感知的，而且是可以用理性来加以把握的。时间存在于宇宙之中，与宇宙的实在性密不可分，并且充当着人类衡量宇宙实在性的工具。时间的实在性如此强烈，以至于人类从古至今一直倾向于将它作为某种可以掌控的东西来对待。试图掌握时间是人类的共同愿望。古人如此，现代人也如此。不过，人类难以掌握时间，因为时间不是我们创造的。时间属于宇宙，是与宇宙相伴相生的。另外，时间也不是专属于人类的东西。茫茫宇宙中的万事万物都可以享有时间，因此，时间是一种共享性资源。在时间面前，万物平等，任何存在者都不能多占时间，也都不能少占时间。时间就是那么平等地被交付给所有存在者，存在者只能接受，不能拒绝。

对于人类来说，可量化的时间在数量上是同等的，每一分每一秒对所有人来说是等量的。我们不能说一个富人的一分一秒多于穷人的一分一秒，也不能说一个男人的一分一秒少于一个女人的一分一秒。在占有时间上，人类没有性别差异、种族差异、年龄差异。在时间面前，人人平等。时间老人从来都是一视同仁地对待所有人。它从来都不会表现出性别歧视、种族歧视、年龄歧视。

在整个宇宙中，时间是共享性最强的资源。阳光、空气、水等也是共享性资源，但它们的共享性不能与时间相提并论。阳光普照大地，但总有阳光稀少的地方，甚至有阳光无法到达的地方；空气可以自由流动，但总有空气稀薄的地方，甚至有空气无法到达的地方；水也是自由流动的，但总有贫水的地方，甚至有无水的荒漠。阳光、空气和水都是免费的可再生资源，但它们不是绝对充足的资源，而是稀缺性资源。

只有时间是以绝对共享的方式存在。这是指，当一个存在者有能力享有时间的时候，它一定能够与其他所有存在者平等地占有时间，但一旦失去享有时间的能力，它占有时间的平等权利也随之失去。对于人类来说，只要一个人还活着，他就具有占有时间的权利和能力，但一旦死亡，他占有时间的权利和能力也随之消失。人类的生命是有限的，这是指我们不能无限地与其他存在者共享时间。我们的生命像一团火，它在某个起点上燃烧，在某个终点上熄灭；它不能像时间一样永恒地存在，因而是有限的。

时间是宇宙交付给所有存在者的一种共享性资源。它既不专属于人类，也不专属于任何其他存在者。它的存在和发展取决于宇宙演变的内部规律。宇宙总是按照它自身的规律在连续不断的时间中运行和发展，这是不以人的意志为转移的客观事实。人类可能是整个宇宙中的最高级动物，但无论我们的生存智慧和能力有多强，我们都必须接受时间的严格制约。宇宙将时间交付给我们共享的时候，只要有能力，我们就应该尽情地享用它。作为人类，我们能够从宇宙得到的时间是有限的，甚至是非常有限的，如果我们不加以珍惜，它会让我们产生昙花一现、弹指一挥间的感觉。时间总是按照它自己的方式流失，而我们只能随波逐流。在与其他存在者共享时间的过程中，如果我们能够很好地利用时间，我们就会拥有强烈的时间占有感和获得感，甚至幸福感；否则，我们就只有望洋兴叹的悲叹。

孔子曾经驻足河边悲叹时间流逝的事态："逝者如斯夫！不舍昼夜。"① 他感叹时间像河水一样流逝的事实，既表达人类无法掌控时间的无奈，又暗示人类生命的有限性。人类无法左右时间的前进步伐，但我们毕竟具有占有时间的平等权利。虽然我们是以共享的方式与其他存在者一起共同占有时间，但是这丝毫不影响我们看待和对待时间的观念和态度。只要能够正确认识、理解和对待时间，我们就可以在有限的生命时间里创造无限的价值。我们在时间中创造人生价值，但我们创造的价值不受时间的限制。人类在时间中创造的人生价值可能与时间一样达到永恒，这是我们在存在者中间具有独特性的一个重要表现。

二、时间性：总是在共享的过程中彰显

时间具有时间性。要深刻认识时间性的含义，我们必须深入存在问题之中，因为时间性是与存在者的存在性紧密相关的一个概念。它尤其与人类的存在有关。人类不仅在时间中存在，而且知道自己在时间中存在。人类对时间性的认知最深刻。

时间性是包括人类在内的所有存在者存在的方式。不过，海德格尔仅仅将时间性归结为"此在"这种存在者存在的意义。② 他所说的"此在"是当下此时的"我"，即此时此刻存在的人类个体或个人。在海德格尔看来，"此在"就是时间性，它以存在者的方式在时间中存在，并且通过时间性彰显其存在的意义；因此，时间性是此在的存在方式。海德格尔的观点值得商榷，因为此在总是在与其他存在者一起共享时间性的过程中存在的。

---

① 《论语·大学·中庸》，陈晓芬、徐儒宗译注，中华书局 2015 年版，第 105 页。

② 参见 [德] 马丁·海德格尔：《存在与时间》，陈嘉映、王庆节译，生活·读书·新知三联书店 2006 年版，第 20 页。

　　时间性不是人类独有的存在意义。在存在王国里，固然只有人类知道时间的存在，并且只有人类有能力认知时间性的存在，但如果人类不能与非人类的存在者共享时间性，我们的存在既不可能，也没有任何意义。虽然非人类的存在者只是作为人类存在的条件而存在，但是它们都是作为必要条件存在的。如果这样的必要条件不具备，人类必定失去存在的可能性。

　　时间因其自身的时间性而成为一种实在的东西，但只有人类才能发现时间的时间性。人类在宇宙中发现时间的同时也就发现了时间性的存在。人类不仅有能力建构"时间"这一概念，而且有能力认知时间性。我们对时间性的认知是通过赋予它具体的意义来体现的。

　　首先，时间性表现为时间的可量化性。它的本质内涵是通过"秒""分""小时""天""周""月""年"等概念来界定的。由于这些概念都是量词，时间有长短之分。长短不仅说明时间的可度量性，而且说明时间的内在本性。如果没有长短之分，时间是不可理解的。

　　其次，时间性表现为时间的动态性。时间的动态性是通过"过去""现在"和"未来"三个概念来标识的。它从过去流动到现在，又从现在流向未来。世界万事万物的存在都必须经过时间的考验，因而表现为一个不断发展的过程。时间的推移是永恒的。正因为如此，我们总是感觉世界在不断运动、变化、发展。如果时间是静止的，我们就不可能感受到事物和世界存在的运动性、变化性和发展性。

　　再次，时间性还表现为时间的共享性。时间是自然而然地产生的，但一旦产生，宇宙中的万事万物就都能够共享它。作为造物主，宇宙创造万事万物，并且使它们的存在具有合理性和合法性。作为宇宙的伴生物，时间是一种工具。它不是为它自身而存在的，而是为万事万物而存在的。它必须依附在由万事万物构成的实体上才有存在的意义和价值。它尤其需要进入人类的概念体系，并且作为一个内涵丰富的概念而存在；否则，它就只能处于被遮蔽的状态。

在宇宙中，存在者共享时间即共享时间的时间性。时间性是包括人类在内的所有存在者在共享时间的过程中得到彰显的。时间以它自己的方式存在着，存在者则通过经历时间的方式反映时间性的存在。在整个宇宙中，只有人类这种存在者知道自己与其他存在者共享着时间或时间性。

人类固然与非人类的存在者有根本区别。按照康德的观点，人类与物的根本区别在于价值的不同：物仅仅具有物性或物格，而人具有人性或人格；物的价值是用价格来衡量的，而人的价值是用尊严来衡量的；有价格的物可以进行交换，而有尊严的人不仅是任何一种物都不能相提并论的存在者，而且不能像物那样进行交换；物就是物，人就是人；物有价值，但缺乏人的高贵；人有尊严，所以不能被贬低为物。① 在康德伦理学中，人的尊严是由其自身的道德修养赋予的。他说："道德和能够具有道德的人性，才是唯一有尊严的东西。"② 人类是高贵的，但这并不意味着人类可以脱离其他存在者而独善其身。事实上，人类之所以高贵，恰恰是因为我们具有仁爱精神，即具有厚德载物、仁人爱物的伦理精神。儒家所说的"仁爱"，不仅指人类能够仁慈地对待自己的同胞，而且指我们能够仁慈地对待非人类存在者。

与其他存在者共享时间和时间性是人类应有的一种美德。培养这种美德的前提条件是人类必须树立命运共同体意识。整个宇宙是一个无比庞大的命运共同体。它由包括人类在内的难以数计的存在者构成，每一个存在者都不是孤立存在的，而是与其他存在者结成相互联系、相互

---

① 参见［德］伊曼努尔·康德：《道德形而上学基础》，孙少伟译，九州出版社2007年版，第99页。

② ［德］伊曼努尔·康德：《道德形而上学基础》，孙少伟译，九州出版社2007年版，第99页。

依赖、相互作用、相互影响的关系，彼此命运相连、休戚相关。只有首先深刻认识宇宙万物命运与共的事实，人类才能对其他存在者给予应有的道德尊重，并形成愿意与它们共享时间和时间性的美德。

时间的存在有其规律性。它仅仅受制于宇宙存在的客观性，从来都不以人类的意志为转移；换言之，时间是通过一视同仁的方式将其自身的时间性交付给所有存在者的。平等地对待所有存在者是时间的首要德性。人类不是时间的创造者，仅仅是时间的使用者、利用者或经历者，因此，我们所能做的只能是以时间为师，遵循时间存在的规律，顺应时间的德性，树立"时间面前万物平等"的观念，与其他存在者共同享有时间的恩惠。

存在者的存在意义都是通过时间性来体现的。宇宙万物都是通过在时间中存在的方式彰显其意义的，但这种意义是被人类建构出来的。在宇宙中，只有人类有能力建构意义。我们不仅建构自身存在的意义，而且建构其他存在者的存在意义。我们将自己的意识、观念、思想、理论等投射到其他存在者上面，将它们人文化，使之承载人的精神，从而建构出一个充满意义的宇宙。就是在这样的宇宙中，人类能够养成与宇宙万物共享时间和时间性的美德。我们与其他存在者共享时间和时间性，就是与它们共享同一个宇宙。如果我们不愿意与其他存在者共享时间和时间性，这就意味着我们是在消灭时间、消灭宇宙，而这同时又意味着我们是在消灭自身。

作为人类，我们不应该产生消灭其他存在者的幼稚想法。试图消灭它们实际上就是要将它们从时间中驱赶出去，使之不能与我们共享时间和时间性。人类当然有能力将很多存在者从时间中抹杀，这是导致地球上生物多样性锐减的重要原因，但我们没有能力消灭所有存在者。许多非人类的存在者（如野草）具有极强的生存能力，纵然我们用火焚烧它们，它们也能顽强地生存下来。这就是"野火烧不尽，春风吹又生"

的道理。事实上，人类也不可能以彻底消灭其他存在者的方式来维护自身的存在，因为这等同于自杀。

时间性总是通过宇宙万物对时间的共享得以体现。时间的延伸过程也是宇宙万物共享时间性的过程。时间的时间性以它自身的方式流逝，宇宙万物则以这样或那样的方式共享着这一流逝过程。时间性到达哪里，宇宙万物对它的共享也到达哪里。纵然是在人类这种存在者内部，时间性也总是在共享的过程中流逝。可共享的时间是一种公共资源。对于人类来说，时间属于所有人，而不是属于某一个人或少数人。所有人都有使用或利用时间的平等权利。宇宙将时间免费地交给我们每一个人，并不要求我们以任何形式予以回报。我们以这样或那样的方式使用时间，权利完全掌握在我们的手里。也就是说，虽然我们不是时间的创造者，但是我们可以成为时间的主人。

三、人类共享时间的方式

时间的存在是有意义的，但它的意义并不取决于它自身，而是取决于赋予它意义的主体。在宇宙中，只有人类能够充当建构或创造意义的主体。在人类诞生之前，宇宙早就存在，但它并没有被打上"意义"的烙印。"意义"是人类建构的产物。我们将自己对意义的诉求或需要投射到宇宙之中，宇宙才具有了意义特征。

时间存在的意义主要是通过它与人类生命的关联性来体现的。时间就是生命。时间涉及人类生存的意义和价值问题。它的存在是一个事实性问题，但一旦成为人类可以使用或利用的对象，它就与人类的伦理价值诉求紧密相关了。时间是人类用以计算其生命的单位。如果说珍惜生命是人类应有的伦理价值诉求，那么，珍惜时间也是我们应有的伦理价值诉求。人类不应该像其他存在者那样，被动地度过时间，而是应该积极主动地支配时间，做时间的主人。一个珍惜时间的人实质上是在珍惜他自己的生命，而一个浪费时间的人则是在浪费他自己的生命。

"此在的存在在时间性中有其意义。"① 海德格尔所说的"此在"就是处于现在时态的我。"我"的存在是有意义和价值的，但它只能在时间中才能彰显出来。这意味着，"我"的存在本质上是一个时间问题。"我"在时间中生，在时间中亡。离开时间来谈论我的生命是没有意义的。

"此在"就是实存的人类生命体。作为实存的生命体，我们平等地处于时间之中，因此，时间是可以被我们共享的。我们对时间的共享，不是指我们可以将时间切割成等量的额度，然后每个人享有时间的一部分，而是指我们平等地占有等量的时间。

我们对过去和现在时间的占有是实在的，也是平等的。过去对于我们每一个人来说都是同等的一段时间，现在对于我们每一个人来说也都是同等的一段时间。我们经历了过去时间，正在经历现在时间，因此，这两段时间是我们可以共享、能够共享的时间。由于共享过过去时间，我们才会留下很多回忆过去的诗词。例如，辛弃疾在《永遇乐·京口北固亭怀古》中慷慨激昂地回忆过去："想当年，金戈铁马，气吞万里如虎。"晏殊在《木兰花》中忧伤地回忆过去："当时共我赏花人，点检如今无一半。"王昌龄在《大梁途中作》中则激动地回忆过去："当时每醋醉，不觉行路难。"人们在回忆过去时间的时候，大都是在回顾那些与人共享的时间。至于对现在时间的共享，张九龄的表达最到位。他在《望月怀远》中如此写道："海上生明月，天涯共此时。"一句"天涯共此时"，形象而生动地揭示了人类可以共享现在时间的客观

---

① [德] 马丁·海德格尔：《存在与时间》，陈嘉映、王庆节译，生活·读书·新知三联书店 2006 年版，第 23 页。

事实。

　　我们在很多时候是通过记忆的方式共享过去时间的。过去时间一旦过去，它就被作为历史的内容而封存起来，但我们可以通过历史记忆的途径回顾或再现它。历史记忆中的过去时间只是一种观念性意象，只能用"某年""某月""某一天"之类的时间性概念来表达，因此，它不可能等于历史上曾经出现过、具有实在性的过去时间。过去的时间一去不复返，因此，我们对它的回顾或再现只能是观念上的回顾或再现。在我们的历史记忆中，道德记忆是一个重要内容。它将我们在过去时间拥有的道德生活经历沉淀在记忆之中，在我们的记忆世界中占据相对独立的一个领域，并且对我们现在和未来的道德生活产生深刻影响。

　　我们对现在时间的共享是通过现实感体现的。现实感是我们作为存在者对自身存在的实在性或现实性的感知。我们作为存在者存在的实在性或现实性是什么？它就是我们存在于时间和空间中的客观性。我们客观地存在于时间和空间中，这种存在状态能够被我们感知，这就形成了我们的现实感。因此，只要我们存在于现在时间里，我们就是在共享现在时间。现在时间就是我们作为人类这种特殊存在者存在于其中的时间，就是我们正在经历的时间。我们基于现在时间建构自己的现实感，现实感又反过来让我们形成共享现在时间的强烈感知。

　　将来时间则不一定能够为我们所共享。虽然将来时间必将作为时间的一个部分呈现出来，但是由于我们的生命会受到偶然性或必然性因素的影响，我们对它的共享是难以预料的。一场偶然发生的车祸完全可能让一个与我们同时代的人失去和我们共享将来时间的机会。一个寿终正寝的人无法逃避自然界的必然性制约，也会自然而然地失去与我们共享将来时间的机会。将来时间是将要出现或到来的时间。现在的我们对它将要出现或到来的事实可以保持坚定的信念，但是我们无法保证自己的生命一定能够延伸到它将要出现或到来的过程中。

　　我们对过去时间、现在时间和将来时间的共享，都是通过共同经历时间的方式体现的。某一个时间点或时间段以它自身的方式处于推进或流失的过程中，我们则在经历那一个过程的时候共享时间。在共享时间的时候，我们或者是幸福的，或者是痛苦的，但这并不会改变共享时间的客观事实。幸福的时候，我们可能感觉时间流逝得很快；痛苦的时候，我们可能感觉时间流逝得很慢；然而，这两种情况仅仅说明主观心理对我们共享时间的体验有影响，但并不意味着宇宙给予我们的某个时间点或时间段有长有短。

　　共享时间既是人类共有的生存方式，也是人类共有的重要生活内容。作为人类，我们散布在地球上的不同地点，但我们经历的时间是相同的。受地理情况的制约，不同地点的人类会用不同的方式来表示时间，因而会出现所谓的"时间差"，但它仅仅是一种人为建构的时间差异性。具体地说，由于受到地球自转、日照等地理因素的影响，我们"好像"处于不同的时间点或时间段，但从整个宇宙的实际状况来看，只要我们是同时存在的存在者，我们对时间的共享就是同时的、平等的。

　　显而易见，人类对时间的共享不是通过分有时间的方式进行的，而是通过共同享有时间的方式实现的。宇宙所拥有的每一个时间点或时间段都具有无限大的容量，足以让宇宙中的所有存在者从中穿越。时间就好比一个具有无限容量的洞，它的无限性等同于宇宙的无限性。或者说，宇宙有多大，时间的容量就有多大。如果说宇宙是无边无际的，时间的容量就是无穷大。与宇宙一样，时间有容乃大，足以包罗万象。这是时间能够被人类和其他所有存在者共享的根源所在。

四、时间的私有化及其伦理意蕴

时间是公共的，因而具有共享性，但人类在共享时间的过程中总是试图将时间私有化。我们希望将时间据为己有，使之成为自己可以支配的东西。这很难，但我们试图将时间私有化的愿望从来就没有停止过。

在原始社会，人类过着原始共产主义生活，同一个氏族部落的人共同劳动，共同消费，共同居住，共同生儿育女，因此，原始社会没有公共生活领域和私人生活领域的划分，标识人类生活进程的时间也没有公私之分。原始社会是仅仅存在公共时间的社会，因为原始人经历时间的过程完全是公共的。

进入文明社会之后，由于私有财产的出现，人类不仅形成了区分公私的观念，而且形成了区分公共生活空间与私人生活空间、公共生活时间与私人生活时间、公共生活内容与私人生活内容等观念。人类对公共生活时间和私人生活时间的最早区分可能源于对劳动时间和休息时间的划分。在一定的历史节点上，一些人最先发现了人类不可能总是劳作的事实，因而最早将人类共享的时间一分为二，即劳动时间和休息时间。在劳动时间里，人们共同度过一段时间；在休息时间里，人们独自或与自己的家人度过一段时间，公共生活时间和私人生活时间的区分因此而形成。

时间一旦被私有化，人类就可能将它作为一种工具来加以利用。那些在社会上占有私有财产较多的人、国家政治权力的掌握者在经济和政治上居于强势地位。他们不仅成为社会中的统治阶级，而且成为能够支配时间的人。凭借手中的经济权力和政治权力，他们能够对那些在经济和政治上处于劣势地位的人进行阶级压迫和剥削，并且对后者的生活和工作时间进行支配。他们将那些在经济和政治上处于劣势地位的人变成受自己支配或统治的奴隶、佃农或雇佣工人，随心所欲地延长其劳动时间，压缩其休息时间，将时间变成他们榨取剩余价值的手段。

在阶级社会，时间的私有化沿着两个方向展开。一部分人（统治阶级）通过私有化过程成为时间的主人，并对时间获得绝对的支配权。他们像占有一切形式的私有财产那样占有时间。与此同时，另一部分人（被统治阶级）的时间被统治阶级剥夺，他们在很大程度上失去了对时间的占有权，沦为被统治阶级剥夺时间的人。时间私有化是私有制社会的重要内容。在私有制社会，阶级压迫和阶级剥削与时间私有化有着千丝万缕的联系。

时间私有化有利于社会强势群体。恩格斯曾经指出，私有制社会"在其整整两千五百余年的存在期间，只不过是一幅区区少数人靠牺牲被剥削和被压迫的大多数人而求得发展的图画罢了"①。私有化的时间具有私有财产的功能。居于统治地位的统治阶级能够将私有化的时间当成私有财产加以利用。他们千方百计将时间变成榨取剩余价值的工具。社会弱势群体也希望将时间私有化，并且不愿将属于自己的时间交给强势群体支配，但由于不是经济权力和政治权力的掌控者，他们通常不得不出卖自己的时间。他们出卖时间的方式是这样的：他们将原本属于自己的时间交给强势群体支配，同时出卖自己的劳动力，接受后者的阶级压迫和剥削。正因为如此，每当社会弱势群体起来反抗社会强势群体的时候，时间往往是他们抗争的重要内容。

私有化的时间是人类可以支配的时间；或者说，人类对私有化的时间具有支配权。这种权利不仅具有道德合理性基础，而且受到法律保护。一个典型事例是，现代国家普遍实行 8 小时工作制，从法律上规定

---

① 《马克思恩格斯文集》第 4 卷，人民出版社 2009 年版，第 113 页。

每一个公民每天最多只能上班 8 个小时，一天中的其他时间则被确定为私人时间。8 小时工作制是西方资本主义国家的工人通过艰难斗争争取到的。

　　19 世纪 80 年代，欧美资本主义国家从自由资本主义阶段发展到帝国主义或垄断资本主义阶段。为了榨取更多剩余价值，欧美国家的资本家普遍采取增加劳动时间和劳动强度的办法残酷地剥削和压迫工人。美国的情况更加严重，工人们每天要劳动 14 至 16 个小时，甚至长达 18 个小时，但工资微乎其微。残酷的阶级压迫和剥削激怒了广大工人。他们团结起来，开展罢工运动，与残暴的资本家作斗争，喊出了要求实行 8 小时工作制的口号。1877 年，美国爆发了其历史上第一次全国性罢工。广大工人阶级在美国工会领导下走上街头游行示威，向美国政府提出改善劳动条件和生活条件、实行 8 小时工作制的要求。罢工规模日渐扩大，美国工会会员人数迅速增加，在美国和其他西方资本主义国家产生了广泛影响。屈服于工人运动的强大压力，美国国会最终妥协，制定了规定 8 小时工作制的法律。不过，美国资本家对该项法律规定不予理睬，工人仍然生活在水深火热之中。忍无可忍的工人决定将那场争取生存权利的斗争推向一个新的高潮，准备举行更大规模的罢工运动。1884 年 10 月，美国和加拿大的 8 个国际性和全国性工人团体，在美国芝加哥举行大型集会，并决定于 1886 年 5 月 1 日举行总罢工，迫使资本家实行 8 小时工作制。工人的罢工规划得到落实。5 月 1 日，美国 2 万多个企业的 35 万名工人举行了规模空前的示威游行。最引人注目的是，仅仅芝加哥一个城市就有 4.5 万名工人参加了游行示威。此次运动规模大，影响广，致使美国主要工业部门陷入瘫痪状态。美国工人编排的《8 小时之歌》在游行示威的工人中间广为传唱。1889 年 7 月 14 日，西方各国的马克思主义者在法国巴黎召集会议。在那次大会上，法国代表拉文提议把 1886 年 5 月 1 日美国工人争取 8 小时工作制的斗争日定为国际无产阶级的共同节日，得到与会代表一致同意。从此以后，五一国际劳动节成为一个国际性节日，8 小时工作制成为世界各国普遍倡导和坚持的工作时间制度。实行 8 小时工作制之后，包括工人阶级在内的所有劳动者的工作时间和私人时间得到了严格区分。8 小时之后，劳动者可以自由自在地享受休闲，如果被要求加班，他们有权获得受法律保护的加班费。

欧美资本主义国家的工人争取 8 小时工作制的成功事例至少说明时间能够被人类私人占有的事实。人们既需要在工作中共享时间，也需要在工作之余享有属于自己的私人时间。时间私有化具有伦理意蕴。它从本质上具有共享性的时间中抽取一部分时间，将它变成人们有权支配的私人时间，并赋予时间类似于私有财产的神圣不可侵犯性，同时将人与人之间侵占、剥夺私人时间的行为确定为不道德行为和违法行为。

时间被私有化之后，任何试图侵占或剥夺他人私人时间的行为都会受到道德谴责和法律惩罚。私有化的时间具有道德合理性和合法性基础。或者说，它是可以在道德和法律上得到辩护的时间。在当今社会，尊重私人时间已经被广泛作为一种美德来看待。在 8 小时工作时间里，人们聚集在一个工作单位，共享工作时间，彼此不仅没有隐私，而且必须进行精诚合作，但 8 小时之后，人们就可以自由地支配自己的时间。人们有权保护和维护自己的私人时间。如果一个人被要求用私人时间去完成公务，除非他自愿服从要求，否则，他完全有权予以拒绝。纵然他接受这种要求，他也具有要求获得报酬的道德权利和法律权利。

五、工作时间的共享性与职业伦理

就业是人生大事。一个人一旦就业，他就会拥有职业生涯。职业生涯是每一个人人生历程中最重要的阶段。一个人的职业生涯成功与否，不仅反映他参与社会生活的能力和智慧，而且反映他的人生成就感；因此，职业状况对所有人来说都具有举足轻重的意义和价值。

职业生涯意味着一个人会投身于某个职业中。职业不是某一个人的事情，而是整个社会的事情。进入某个职业的人既要与同事建立关系，也要与社会各界建立联系；因此，职业的本质内涵是社会关系性。它是业内社会关系和业外社会关系的统一体。

每一种职业都会要求从业者把一定的时间用于工作。这就会导致工作时间的产生。工作时间是人类在各自的职业生活中与业内人士、业外人士共享的一段时间。在工作时间里，人们只能做与职业相关的事情，并且必须全身心地投入其中。这种职业性要求往往被提升到道德的层面而受到人类的普遍重视。职业伦理就是这样应运而生的。

不同的职业往往具有不同的职业伦理要求。涂尔干说："职业伦理越发达，它们的作用越先进，职业群体自身的组织就越稳定、越合理。"[1] 世界上有多少种职业，就有多少种职业伦理。职业伦理是职业群体共同建构的道德规范，具有职业群体特征，并且反映职业群体的集体意向性。

"任何职业活动都必须得有自己的伦理。"[2] 与教师职业相应的是教

---

[1]　[法] 爱弥尔·涂尔干：《职业伦理与公民道德》，渠东、付德根译，上海人民出版社 2001 年版，第 10 页。

[2]　[法] 爱弥尔·涂尔干：《职业伦理与公民道德》，渠东、付德根译，上海人民出版社 2001 年版，第 17 页。

育伦理，它在教师身上表现为师德；与医生职业相应的是医疗伦理，它在医生身上表现为医德；与行政职业相应的是行政伦理，它主要表现为官德。这些职业伦理以及与之相应的职业道德是适应不同职业的内在要求形成的，因而具有鲜明的职业性特征。教育伦理是支配教育活动的伦理，师德的核心内容是立德树人；医疗伦理是支配医疗活动的伦理，医德的核心内容是治病救人；行政伦理是支配行政活动的伦理，官德的核心内容则是清正廉明。

需要指出的是，职业伦理因职业的不同要求而具有差异性，但不同的职业都具有一个最基本的伦理诉求，即要求从业者爱岗敬业。

爱岗敬业是所有职业都会对从业者提出的基本道德要求。所谓爱岗敬业，是指从业者应该发自内心地热爱和敬重自己所从事的职业。对于人类来说，职业不仅是每一个人的生活来源或谋生之道，而且是人生价值得到最集中体现的社会生活领域，因此，它的存在价值远远超出了人类对物质利益的价值诉求。正因为如此，人类往往会赋予职业某种意义上的神圣性。这就是有些人以"天职"来指称职业的根本原因。"天职"就是内含神圣性的职业，就是需要人们像敬畏神灵那样加以敬畏的职业。

作为所有职业的共同伦理诉求，爱岗敬业是所有从业者应有的美德。它可以是一种崇高的职业道德信念，体现从业者对自己所从事的职业的神圣性价值的确信；它可以是一种真挚的职业道德情感，体现从业者对自己所从事的职业的热爱；它还可以是一种高尚的职业道德行为，体现从业者将爱岗敬业的信念和情感转化为具体行为的能力。作为美德存在的爱岗敬业，应该通过从业者的职业道德信念、职业道德情感、职业道德行为等反映出来。由于我们每一个人都应该依靠一定的职业来养活自己，用适当的时间投入职业生活就是我们每个人必须承担的道德责任。不同职业具有不同的职业道德要求，但要求从业者全心全意地投入工作是所有职业的共同道德要求。所有职业都要求从业者珍惜工作时间，在规定的工作时间里实现应有的工作效率。

职业伦理和职业道德的在场将从业者的职业生活纳入伦理和道德的规约之中。一个从业者的职业生活集中体现在他的工作时间里。所谓"工作"，就是在一定的职业群体里上班。工作或上班是一件极其严肃的事情，因为社会对它的规范性要求最多，也最严厉。无论一个人从事何种职业，那个职业都会要求他遵守相关的职业道德规范、规章制度和国家的法律制度。从这种意义上来说，一个从业者进入某种职业，不仅意味着他有机会与同业者共享工作时间，而且意味着他必须与同业者共同遵守相关的社会规范。

工作时间是从业者承担职业道德责任的时间。对于从业者来说，工作时间既是他们通过合作的方式获取个人收入的时间，也是他们必须共同承担职业道德责任的时间。职业伦理的要求总是双向的。一方面，它维护从业者通过工作时间获取个人收入的合法权利；另一方面，它也要求从业者承担应有的职业道德责任。工作时间绝不是从业者聚集在一起消遣的时间，而是他们必须共同承担职业道德责任的时间。

工作时间具有共享性，但它是与共享职业道德责任直接相关的。一定数量的从业者聚集在一起会导致职业群体的产生，同时会催生集体性道德责任。在工作时间，由于肩负着工作职责和职业道德责任，从业者通常是紧张的、有压力的，这是职业生活的一个基本特征。

职业伦理要求从业者以合乎伦理的方式共享工作时间。进入一个职业群体，就得遵守它的职业伦理。职业是社会分工的结果。在现代社会，由于社会分工呈现日益复杂的态势，职业的划分也越来越细；然而，无论职业的划分细化到何种程度，它们受到职业伦理支配的事实不会改变。职业伦理的在场将每一个职业群体变成命运共同体。在这样的命运共同体中，所有从业者共享着同一个事业，命运与共，休戚相关，一荣俱荣，一损俱损，彼此只有抱持共建、共享、共荣的生存理念才能同生共荣、协同发展。

六、闲暇时间的共享性与休闲伦理

工作是人类的谋生之道，但人类不可能总是马不停蹄地工作。工作会消耗人的精力和体力，长时间的工作会导致工作者精疲力竭，因此，在经过一定时间的工作之后，工作者需要休息。休息是人类从紧张的工作中暂时摆脱出来的方式。工作是人类必不可少的生存方式和内容，休息也是人类必不可少的生存方式和内容。

休息的时候，人类拥有的时间是闲暇时间。所谓"闲暇时间"，就是我们在工作之余或职业生活之外用于生活消遣的时间；或者说，它是我们从严格的职业生活中暂时摆脱出来之后由自己支配的自由时间。工作时间主要用于谋生，闲暇时间主要用于生活消遣。在工作时间，我们因为承担着职责而感到严肃、紧张。相比之下，我们在闲暇时间的生活是闲散的、洒脱的。由于摆脱了工作职责的压力，我们可以将自己的身心无限地放松。人类不能总是生活在工作时间中，因为我们对职业压力的承受能力是有限度的。工作是人类必须承担的责任，但闲暇对于人类来说同样重要。

无论是在工作时间还是闲暇时间，我们的生活都具有强烈的共享性特征。在职业生活中，我们与自己的同事共同度过工作时间；在闲暇生活中，我们的闲暇时间是与亲人或朋友共同度过的。职业生活是我们陪伴同事的时间，闲暇生活则是我们陪伴亲人或朋友的时间。所谓"陪伴"，就是与某人共享时间。对于人类来说，生存就是陪伴的过程。我们不是孤立的个体，也不可能成为孤立的个体，我们在陪伴中度过可以用时间衡量的人生。从这种意义上来说，我们每一个人的人生都具有共享性。至少从时间的角度来看是这样的。时间将我们联结在一起，并且使我们的生存具有共时性。同处一个时代的人对生存的共时性会有深刻的体悟。共享一段时间就是共时性的本质内涵，就是陪伴的精义所在。

对于那些从紧张的工作中暂时摆脱出来的从业者来说，度过闲暇时间的方式无非有两种：一是独处；二是与亲朋好友共处。有意的独处通常是为了获得短暂的宁静，共处则通常是为了陪伴亲朋好友。在现代社会，社会对从业者的要求都是非常严格的，因此，从业者都必须全身心地投入严肃、紧张的工作之中，独处和陪伴亲朋好友都变得相当困难。很多从业者不仅在工作时间承受着巨大压力，而且不得不将他们在工作时间未能完成的工作任务带回家，但他们往往更愿意用闲暇时间来休养生息和恢复身体。在这种情况下，独处和陪伴亲朋好友都变得难能可贵。

没有时间陪伴亲朋好友是现代从业者面对的一个严重伦理问题。该问题的实质是现代从业者受到紧张职业生活的影响而难以或无法与亲朋好友共享闲暇时间。这种情况对人类社会生活的影响非常严重。人类从来都不可能仅仅满足于谋求生计的生活方式，而是会致力于谋求自我实现的生存方式。对于人类来说，只有脱离了仅仅着眼于生计的生活方式，转而追求和实现更高级的生存方式，我们的存在才具有人之为人的意义和价值。

人类的生存方式应该是张弛有度的。紧张过度、压力过大，则难以舒坦、洒脱。闲散过度、毫无压力，则难免慵懒、懈怠。生存中的人类应该能够实现紧张和休闲的协调和平衡。该紧张的时候紧张，该休闲的时候休闲。最重要的是，从业者应该具有独处和陪伴亲朋好友的闲暇时间。这是休闲伦理的内在要求。

陪伴亲朋好友即与他们共享自己的闲暇时间。闲暇生活是与职业生活不同的生活方式。在职业生活中，我们的核心生活内容是工作和承担职责，而在闲暇生活中，我们的核心生活内容是休闲和放松自己。休闲和放松不是要将我们与他人隔离开来。事实上，我们绝大多数人只有在与亲朋好友共处的时候才能将自己投入休闲和放松的状态。与亲朋好友的随意相处和交流不仅可以让我们暂时忘记自己身上的工作职责，而且能够让我们在亲朋好友中找到不同于职业群体的社会依托感和归属感。在工作时间，我们依托的是同业者或同事。在闲暇时间，我们依托的是亲朋好友。

陪伴亲朋好友是一种共享生活方式。它不仅意味着我们能够与自己的亲朋好友共享闲暇时间，而且意味着我们能够与他们共享生存经历。工作是生存经历，休闲也是生存经历。我们不是不停工作的机器。陪伴亲朋好友可以让我们闲散、洒脱，并因此而焕发出更强的生存活力。

独乐乐不如众乐乐。在现实生活中，绝大多数人不愿意通过独处的方式来获得人生快乐，而是愿意通过与亲朋好友共处的方式来使自己快乐。正因为如此，在闲暇时间里，人们通常会与亲朋好友相聚在一起，而不是离群索居。我们每一个人都需要亲朋好友的陪伴。在现代社会，由于生存压力巨大，我们对亲朋好友陪伴的需要更是强烈。在工作时间，我们常常会因为职责负担和工作忙碌而难有机会对彼此给予深切的人文关怀。同事关系往往是一种缺乏人情味的关系。这一方面说明工作或职业生活通常是枯燥、乏味的，另一方面也为从业者重视和珍惜闲暇时间提供了理由。

休闲伦理就是引导人们以合乎伦理的方式支配闲暇时间的伦理。闲暇只是相对于工作来说的一种生存状态，它绝不意味着我们无事可做或可以胡作非为。在闲暇时间里，我们仍然需要做有意义的事情。休闲伦理不反对人们利用自己的闲暇时间独处，但更多地鼓励人们利用闲暇时间陪伴自己的亲朋好友。在现实生活中，因为疏于陪伴自己的父母、妻子儿女、朋友，亲朋好友不断疏远的问题变得越来越严重。一些人很少或根本不利用闲暇时间来陪伴自己的父母，不尽应有的孝道，直到父母"突然"离世的时候才感到愧疚。有些人很少或根本不利用闲暇时间陪伴自己的妻子，直到妻子突然提出离婚的时候才感到懊悔。

休闲伦理的要义是要求人们学会共享自己的闲暇时间。闲暇时间是我们与亲朋好友保持感情的时间，应该受到每一个从业者的高度重视。与亲朋好友共享闲暇时间的时候，我们应该抛开职业生活留给我们的烦恼和压力，以放松、洒脱的方式与亲朋好友相处，以在亲情、友情中提升自己的生活格调和品位。休闲生活彰显我们的闲情逸致，但不能失去它应有的高尚性和崇高性。人类无论置身于何种生活方式，都应该展露人之为人应有的伦理精神和道德境界。

能够很好地共享闲暇时间的人是具有伦理智慧的人。缺乏伦理智慧的人往往不知道应该如何打发自己的闲暇时间。伦理是人类社会中一种实实在在的规范力量，它时刻都在对我们发布行为指令，告诉我们应该做什么、不应该做什么。休闲伦理的核心伦理价值诉求是：闲暇时间不是无聊的时间，而是人们提升自我品质以及与亲朋好友联络感情、加深感情的时间。闲暇不是闲散，更不是慵懒。它只不过要求人们以合乎休闲伦理的方式生存，而不是像在职业生活中以合乎职业伦理的方式生存。

七、时间的长短与人生的价值

时间是一种可以被所有人共享的资源。在时间面前，所有人是平等的。任何人都不可能多占时间，也不可能少占时间，更不可能独占时间。人们所能做的是提高时间的使用效率。在同等的时间面前，有的人利用时间的效率更高，而另一些人对时间的利用效率相对较低。

我们每一个人都有使用或利用时间的平等权利。这种权利的平等性更进一步证明了时间的共享性特征。不过，虽然我们使用时间的权利是平等的，但是我们使用时间的目的和手段不尽相同，甚至可能具有根本区别。从原则上说，我们仅仅应该利用时间做应该做的事情。如果我们利用时间做不应该做的事情，那么，我们对时间的占有或利用就缺乏道德合理性。

时间是我们生存必不可少的重要寓所。离开时间，我们的生存将变得不可思议。人类生存的意义和价值也只能在时间的流动中彰显出来。虽然我们的生存意义和价值并不取决于时间的长短，但是时间的长短确实能够对我们的生存意义和价值形成不容忽视的制约。如果说我们生存的意义和价值必须依靠我们自己在时间中创造，这就意味着我们应该在有限的时间里将它们最大化。或许我们没有能力控制自己的生命，但我们可以通过很好地利用时间的方式来提升自身生命的意义和价值。有时候，我们所创造的生命意义和价值是如此之大，以至它能够超越我们的生命极限而长存。时间总是往前延伸。它也从来不限制人类生命的意义和价值。一个人类个体的生命是有限的，但他所创造的人生价值完全可能是无限的。时间既是有限的，也是无限的。相对于有限的生命体而言，它是有限的。相对于无限的事物（如精神）而言，它是无限的。

人类生存的意义和价值是以占有时间作为前提条件的。我们对时间的占有是自由的，因此，我们的生存意义和价值是由我们自己决定的。这种决定权原则上是任何人都剥夺不了的，但由于我们对时间的使用都是在一定的社会关系中进行，时间其实并不完全掌握在我们手里。一个明显的例子是，在公共生活空间日益扩大、私人生活空间日益缩小的当代，我们的闲暇时间正变得越来越少；现代职业生活对人类生活时间的占用越来越严重，拥有个人休闲时间则越来越成为一种奢望。

"时间"是一个具有伦理意蕴的概念。所谓伦理意蕴，就是具有应然之意义。对于人类来说，无论是具有动态性的时间——即可以划分为"过去""现在"和"未来"三个维度的时间，还是可以量化的时间——即可以通过分、秒、小时等量词来表达的时间，都是人类必须并且应该依靠的东西。人类应该拥有过去、现在和未来三个维度，否则，我们的生命就是残缺不全的。没有过去，我们就没有历史感，不知道自己从哪里来，因而表现为无根的状态；没有现在，我们就没有现实感，不知道自己立足于何处，因而表现为浮萍的状态；没有未来，我们就没有希望感，不知道自己将走向何方，因而表现为盲目的状态。过去、现在和未来都是我们人类生存必不可少的重要依托，因为它们不仅是人类生命的载体，而且是人类生命的应有内容。另外，分分秒秒的时间对于人类来说都是具有伦理价值的时间，因为它们总是在提醒着我们应该做什么、不应该做什么。事实上，时间是衡量人类道德生活的重要尺度。凡是我们在时间中做过的事情，时间都会证明它们的善恶。

作为一种无处不在的实体，时间不仅具有实在性，而且具有客观性。它的存在不以人的主观意志为转移，并且能够对包括人类在内的所有存在者的存在形成客观的伦理制约。在客观的时间面前，我们所能做的不是违背时间存在的规律，而是遵循它、服从它。时间从不命令我们做什么，但它总是用这样或那样的方式提醒着我们，一旦做出某种行为，我们就无法后悔或懊悔，因为世界上根本没有后悔药。如果我们在某个时间点行了善或作了恶，时间不会定格在那里，但它一定会在适当的时候再次提醒我们，并且将我们引入一定的道德记忆之中。

需要强调的是，剥夺他人的时间是不合乎伦理的。既然所有人都是时间的主人，那么任何一个人都没有权利剥夺他人的时间。作为时间的主人，只有我们自己才有使用或处置时间的权利。我们或者高效率地使用时间，或者低效率地使用时间，这应该由我们自己承担相关的道德责任。我们应该对自己对待时间的态度和使用时间的行为承担道德责任，但我们同时不允许别人随意剥夺自己的时间。

由于具有其他存在者缺乏的理性认识能力，我们人类不仅能够感知时间的实在性，而且能够认知它的实在性。按照海德格尔的说法，人类在存在者层次上与众不同之处在于，我们是在存在论的层次上存在。① 这是指，我们不仅存在，而且知道自己是存在的，理性和知性使我们高于其他存在者。我们与其他存在者一起在时间中存在，与它们共享时间和时间性，并共同经历、服从时间对我们的制约。

---

① 参见 [德] 马丁·海德格尔:《存在与时间》，陈嘉映、王庆节译，生活·读书·新知三联书店 2006 年版，第 14 页。

第六章　空间的共享性与空间伦理

与时间一样，空间是所有存在者得以存在的重要寓所。存在者在空间中存在，并占有空间，因而使空间变得充实。空间不等于"空虚"，或者说，空间并不是"空的"，而是被存在者占有的一种状态。作为存在世界中的一员，人类不仅像其他存在者那样占有空间，而且试图探寻空间的本质、特征、价值等。在存在世界里，只有人类能够通过自身特有的感性和理性认识能力认识、理解和把握空间存在的实在性。另外，与"时间"一样，"空间"也是一个具有深厚伦理意蕴的概念。

一、宇宙、空间与空间性

与"时间"一样，"空间"首先是宇宙学中的一个重要概念。宇宙学是一门古老的学问。在中国，殷周时代的《周易》谈天论地，观天象，审地势，析人气，就具有宇宙学的意蕴和内涵。在西方，古希腊的亚里士多德著有《宇宙论》，认为哲学应该探寻关于宇宙的"真知识"，可谓在宇宙学研究方面作出了开拓性贡献。

在宇宙学中，时间和空间都具有实在性。它们不仅是实在的，而且可不断细分。由于时间和空间都是实在的，人类才能拥有实实在在的时间感和空间感。时间和空间都不是空的，而是实的，并且是可以感知的。人类当然也可以占有时间和空间，但我们对它们的占有在方式上不同于其他存在者。由于时间在本质上是流动的、动态的，我们对它的占有只能是暂时的、短暂的。相比之下，空间是固态的、静态的，我们对它的占有是长久的、稳定的。或者至少可以说，我们对空间的占有比对时间的占有显得更容易一些、更稳固一些。

事实上，时间和空间都是共享性资源。它们随着宇宙的诞生而产生，并且是作为共享性资源交付给宇宙万物的。在宇宙中，所有存在者皆有其时空。从时间上来看，虽然每一个存在者的存在仅仅是在时间中穿越而过，但是穿越过就意味着拥有过或占有过。从空间上来看，所有存在者一旦存在，它们就可以在空间中各有其位，各就其位。宇宙由时间和空间构成，存在者则通过对时间和空间的占有而实现各自在宇宙中的存在。

浩瀚无边的宇宙是由无限的时间和空间构成的。宇宙之所以是无边无际的，是因为构成它的时间和空间都具有无限性。作为宇宙大家庭中的一个成员，人类就是在这样一种无限性中生存和发展的。虽然人类对时间和空间的占有都是有限的，但是我们不仅常常在思索和探究宇宙的无限性，而且在很多时候会表现出征服和控制宇宙无限性的愿望。宇宙的无限性并不影响它自身的共享性。

宇宙万物不能脱离"空间"这一寓所而存在。各有其位、各就其位是宇宙万物存在的基本格局。宇宙是真正具有包容精神的共同体，它有容乃大，包容万物，给每一个存在者应有的存在位置，不以存在者的大小、性质、特征等作为决定是否容纳它们的标准，而是让所有存在者各有其位、各得其所，因此，它是绝对公正的，总是一视同仁地对待所有存在者。

宇宙具有宇宙秩序。宇宙万物都按照一定的规律排列，各在其位，各有各的功能，既相互联系，又相互影响，从而形成难以捉摸的宇宙秩序。这种秩序是由宇宙自身的内在规定性决定的，不取决于人类的主观意志。人类所能做的是探寻宇宙的内在规定性以及由它决定的宇宙秩序，并对其加以利用，而不是试图凌驾于它之上。万物因宇宙而生，必须服从宇宙的内在规定性。

在宇宙秩序中，人类是渺小的，但在很多时候，我们并不愿意承认这一点。我们以万物中的灵长自居，并且习惯于从自身的角度来看待宇宙存在的意义和价值。要看到人类在整个宇宙中的渺小性，需要将我们自己置于宇宙的大格局中来加以审视、认识和理解。宇宙秩序是无限庞大的，我们只不过是其中一个很小的组成部分而已。在无比庞大的宇宙秩序中，人类微不足道，并没有凌驾于宇宙之上的任何特权。

要认知人类在宇宙中的渺小性，我们不仅需要有宇宙学知识，而且需要有宇宙伦理智慧。具体地说，我们应该能够站在宇宙的角度来看待宇宙万物的存在状况。从宇宙的角度来看待人类，我们只不过是一种宇宙存在物而已。虽然我们具有其他宇宙存在物不具备的特征、特点，但是我们与其他宇宙存在物一样，不能摆脱宇宙秩序对我们的限制。我们属于宇宙，也必须受到宇宙秩序的支配性制约。

我们很多人习惯于把人类的生存空间局限于自然界来加以认识和理解。在人类话语体系中，自然界实质上是指以地球为核心的生态圈。作为宇宙的一个组成部分，自然界一直在不断地进化，人类也是自然进化的产物，但人类的出现确实是自然进化中具有里程碑意义的事件，因为人类的诞生不仅改善了自然界的生命系统，而且使自然界变得可以认识、理解和把握了。然而，无论人类多么伟大，我们的伟大不仅要受到自然规律的制约，而且要受到宇宙秩序的制约。自然规律是宇宙秩序的一个重要内容。人类受制于自然规律就是受制于宇宙秩序。

以"自然界"来界定的"空间"是指适合于生命繁衍的空间。自然界是各种无机物存在的寓所，也是人类、动物、植物和微生物存在的寓所。迄今为止，我们还不能确定自然界是不是宇宙中唯一存在生命的空间，但是我们已经可以确定，自然界并不是一个空洞无物的空间。与整个宇宙一样，自然界是一个充实的空间。充实它的物，有些是我们看得见、摸得着的，另一些则是我们看不见、摸不着的。

空间具有空间性。所谓空间性，是指"空间"存在的根本特性。由于空间本质上不是一种空洞无物的状态，空间性不可能是指空洞性，而是指空间特有的容纳力。具体地说，它是指自然界甚至宇宙容纳万事万物的能力。自然界乃万物之母，她孕育万物、容纳万物，从而形成以自然生态圈为界的空间。宇宙则将包括自然界在内的所有空间囊括于一体，以无限性涵盖有限性，从而形成至大无外、包罗万象的宇宙空间。

二、空间的共享性与人类的位置感

空间无论是作为宇宙而存在，还是作为自然界而存在，它都具有共享性。宇宙万物共享一个无边无际的巨大宇宙，自然万物则共享一个有边有界的自然界。在宇宙空间或自然界空间中，存在者不分大小、好坏、善恶，都占有一席之地。一个存在者一旦在宇宙或自然界空间中占有一席之地，它就不仅能够与其他存在者共享宇宙空间或自然界空间，而且能够在宇宙或自然界空间中获得或占住一个位置。一个存在者的存在实质上就是在宇宙或自然界中占据一个属于自己的位置。

位置即存在者在宇宙或自然界中的存在空间，它具有象征意义。它是存在者在宇宙或自然界中存在的象征。宇宙或自然界中的每一个存在者都是通过占有一定的位置而彰显其存在实在性的。对于每一个存在者来说，位置象征存在，没有位置就意味着不存在。拥有位置或不拥有位置，这是决定一个存在者是否存在的关键所在。非人类存在者并不知道位置对它们在宇宙或自然界中存在的重要意义，但这并不能从根本上抹杀位置对它们的至关重要性。

对人类来说，位置的重要性更加突出。人类不仅像其他存在者一样占有位置，而且知道位置的象征意义，因此，我们甚至会有意识地在宇宙或自然界中争夺自己的位置。

从一定意义上来说，人类就是为了争夺位置而生存的。在宇宙或自然界中，人类总是习惯于将自己视为比其他存在者更高级的存在者，并且常常摆出一副居于高位、居高临下的姿态。一个典型例子是，虽然人类从来就没有真正脱离过动物界，但是我们总是称自己为"高级动物"，而将其他动物称为低级动物。究其原因，是因为我们认为自己在宇宙或自然界中的位置高于其他动物。事实上，从宇宙或自然界的角度来看，我们只不过是一种不同于其他动物的动物，在占有位置方面并没有任何特权。纵然具有足够强大的能力，人类也不可能在宇宙或自然界中占据最高位置。宇宙和自然界从来都没有赋予人类在宇宙或自然界空间中占据最高位置的权利。一方面，如果人类在宇宙或自然界中占据最高位置，我们就不可避免地会产生凌驾于宇宙或自然之上的错误想法，而宇宙或自然界为了阻止我们这样做，它会用生态危机之类的方式来对试图凌驾于宇宙或自然之上的我们进行惩罚；另一方面，从宇宙和自然界的角度来看，人类对宇宙奥秘、自然奥秘的探寻至今还很有限，宇宙和自然界在我们面前还有许多未解之谜，我们无法证明自己具有凌驾于宇宙或自然界之上的能力。

人类在宇宙或自然界中有自己的位置或存在空间，但我们并不是宇宙或自然界的统治者，因此，我们不仅不可能独占宇宙或自然界的空间，而且应该坚持与其他存在者共享宇宙或自然界空间的理念。宇宙或自然界从来都是具有多元性和多样性的空间，人类只不过是其中的一个组成部分而已。事实上，人类在宇宙或自然性中的生存历史也早已证明，非人类的存在者与人类有着根本区别，但它们都是人类在宇宙或自然界中生存和发展必不可少的条件。整个自然界作为一个庞大的生态系统而存在，其中的动物、植物、微生物和无机物都缺一不可。在这个生态系统里，人类有其独特性，但我们既必须依赖整个系统才能生存，也必须依赖系统中的其他存在者才能生存。无机物没有生命，但它们是有机物赖以生存的基本条件。人类对无机物的依赖也从不中断。我们用岩石建造房子，用土壤种植粮食，用氧气和阳光滋养生命。离开无机物，包括人类在内的所有有机物都将不复存在。

人类应该培养与其他存在者共享存在空间的理念和美德。一方面，我们应该坚守自己人之为人的存在空间或位置，以彰显我们人之为人特有的意义和价值；另一方面，我们也应该尊重其他存在者的存在空间或位置，以彰显我们与它们共享一个宇宙或自然界的思维、愿望、理念和美德。我们应该摒弃人类中心主义立场，改变仅仅从人类的视角审视和看待宇宙或自然界的定式思维或思维习惯，致力于树立宇宙主义或自然主义立场。

宇宙主义和自然主义立场有助于消解人类的自大和自负。人类应该自信，但不能自大和自负。自大即自视太高，即过分地抬高自己在宇宙或自然界中的地位和作用。自负即不切实际地夸大自己的智慧和能力，即幻想自己有征服宇宙或自然界的智慧和能力。自大和自负均源自无知。只有当人类还处于低级进化阶段的时候，我们才会天真地认为宇宙或自然界会按照我们的理念和意志而存在。

在宇宙或自然界中生存，人类应该找准自己的存在空间，即位置；或者说，我们应该拥有适当的位置感。只有形成适当的位置感，我们才知道自身在宇宙或自然界中的存在空间在哪里、到底有多大，也才能知道我们应该如何认识和处理自身与宇宙或自然界的关系以及如何与宇宙或自然界中的其他存在者打交道。

应该说，人类对位置感是有深入研究的。《易经》对卦、爻等的研究处处体现对位置的重视。在《易经》中，每一个爻位都代表宇宙或自然界的一种存在者的存在空间或位置。孔子则特别注重研究人在社会中的位置。他不仅强调"君子思不出其位"①，而且认为君君、臣臣、父父、子子都代表一个人在社会中固定不变的位置。他还特别强调位置意识对于官吏的重要性。他说："不在其位，不谋其政。"② 其意为，不在某个职位上，就不应该考虑与之相关的政事。

中国人对位置的研究尤其深刻。一个人在社会上必须有地位，吃饭的时候讲究席位，建筑应该有正确的方位，从政的人追逐官位或职位，从业者需要有岗位，等等。地位、席位、方位、官位、职位、岗位等词汇表达的都是中国人最在乎、最重视的东西。中国人也十分重视研究人类在自然界或宇宙中的位置。道家哲学具有鲜明的自然主义思想特征，认为人类应该在宇宙中居于最低位。虽然它说"道大，天大，地大，人亦大"，但它更强调"人法地，地法天，天法道，道法自然"③。儒家哲学以宣扬人本主义思想为主，但它也承认人在宇宙中的渺小性。儒家天命观的核心思想就是强调人应该"知天命"。孔子说："君子有三畏：畏天命，畏大人，畏圣人之言。小人不知天命而不畏也，狎大人，侮圣人之言。"④ 其意指，君子敬畏天命、高官和圣贤的话语；小人因为不懂天命而无所畏惧，对高官态度轻慢，对圣人说的话也多有轻侮。儒家所说的"天命"实际上是指"天"（宇宙）对人类的制约性。

在人类的位置感中，关键不在于人类是否能够认识到自身在宇宙或自然界中的存在空间或位置，而是在于我们能否正确认识、理解和把

① 《论语·大学·中庸》，陈晓芬、徐儒宗译注，中华书局 2015 年版，第 174 页。

② 《论语·大学·中庸》，陈晓芬、徐儒宗译注，中华书局 2015 年版，第 94 页。

③ 《老子》，饶尚宽译注，中华书局 2015 年版，第 63 页。

④ 《论语·大学·中庸》，陈晓芬、徐儒宗译注，中华书局 2015 年版，第 202 页。

握自己在宇宙或自然界中的存在空间或位置。从宇宙或自然界存在的基本法则来看，人类一旦诞生，我们就在宇宙或自然界中拥有自己的存在空间或位置。宇宙或自然界将"空间"作为一种共享性资源交付给包括人类在内的所有存在者，这就意味着占有空间是人类的权利；与此同时，宇宙或自然界并没有赋予我们人类任何特权。虽然我们具有开发利用宇宙或自然界空间的权利和能力，但是我们没有控制和统治宇宙或自然界空间的权利和能力。

位置是人类生存之根，但由于我们的位置错综复杂地交织在一起，并且与自然界乃至宇宙中的非人类存在者的位置紧密相关，我们的生存之根绝对不是一个独立的根系。人类生存于自然界乃至宇宙之中，我们的生命从属于自然界和宇宙构成的庞大命运共同体，这一客观事实决定了我们在自然界和宇宙中的位置。我们的存在空间或位置是自然界和宇宙赋予的。它不是一种至高无上的统治性位置，而是一种与其他存在者息息相关、命运与共的位置。我们是在与其他存在者共享自然界空间或宇宙空间的过程中获得存在空间或位置的。

三、生态扩张主义对自然界共享性的破坏

在人类出现之前，自然万物共享着自然界空间。它们在"丛林法则"的严格支配下，时刻上演着物竞天择、优胜劣汰、适者生存的自然竞争。自然竞争无处不在，野蛮残暴，但总体上是在自然生态系统的框架内进行的。在自然竞争的漫长历史中，既有物种灭绝，也有新物种诞生，因此，自然界的蛮荒状态得到延续，自然生态系统的平衡得到自然而然的维护。这种状态在人类出现之后才逐渐被改变。

远古时代的人类刚刚从动物中进化而成，基本上保持着动物式的生存方式。他们也按照"丛林法则"生存，既必须战天斗地，也必须与

凶猛的动物搏斗。可以想象，我们的祖先在远古时代一定是生活在非常残酷的自然环境里，猛兽袭击、自然灾害、疾病、暴毙等必定常常让他们恐惧、悲愤、无奈，但由于社会生产力水平低下，他们只能依靠原始的采集、狩猎手段维持生计。那个时代的人类其实并没有完全摆脱野蛮状态，他们身上的动物性、野蛮性还相当严重。他们不仅与其他自然存在者一起共享着各种自然资源，而且在内部遵循生活资源共享原则，过着原始共产主义生活。原始社会是真正意义上的共享型社会。

进入文明社会之后，人类的发展历程表现为一个生态扩张主义过程。① 在日益提高的社会生产力水平和贪欲的驱动下，人类打破自然界的空间共享性原则，发动了旷日持久的征服和控制自然的战役。我们像一群疯狂的士兵，在自然界中驰骋、杀伐，并且将房屋、工厂等几乎建到我们涉足的每一寸土地上。在20世纪中期意识到生态危机之前，人类的生态扩张主义几乎达到失去理性的地步。我们无情地残杀动物，不计后果地乱砍滥伐，甚至用各种各样的化学药品污染和破坏自然环境，这种状况直到20世纪中期之后才缓解下来。

生态危机是人类的生态扩张主义行径导致的。生态危机不是自然灾害，而是人为的灾害。自然灾害是"天灾"，而生态危机是"人祸"。自然界因其自身的运动、变化而导致的地震、山洪、飓风等属于自然灾害。如果自然界因为人类乱砍滥伐森林、破坏植被、污染河流等原因而导致山体滑坡、气候变暖、雾霾等，它们就是生态危机的表征。自然灾害是自然界这一巨大生态系统实现内部调节和平衡必不可少的重要环节。生态危机一旦达到无以复加的程度，它很可能导致自然生态系统的

---

① "生态扩张主义"一词是由美国学者艾尔弗雷德·W.克罗斯比在《生态扩张主义：欧洲900—1900年的生态扩张》一书中提出，它将欧洲人在900—1900年期间试图征服、控制自然的历史进程称为生态扩张主义。

崩溃，从而从根本上摧毁人类赖以生存的所有自然条件。

生态危机是人类破坏自然界的空间共享性、试图抢占自然界空间的必然结果。人类文明的发展在很多时候建立在人类对自然界的疯狂算计、盘剥和掠夺基础之上。进入文明社会之后，在日益膨胀的贪欲驱动下，人类试图征服、控制和统治自然的野心不断强化，并被付诸实际行动。在人类文明战车的碾压之下，自然界步步退缩，直到进入退隐状态。表面看来，自然界在与人类的算计、盘剥和掠夺相抗衡的过程中失败了，但最后承受苦难的却是人类自身。生态危机实质上是人类搬起石头砸自己的脚而导致的结果。自然界原本是人类的母亲，是人类生命的来源，因此，人类对自然界的算计、盘剥和掠夺实际上是一种自虐、自残、自杀的行为。

人类不可能独占自然界空间。作为自然界大家庭中的一员，人类应该培养与其他自然存在者共享自然界的美德。如果说生态道德是一种应该倡导的新道德，那么，它的核心内容应该是共享的道德价值观念。人类应该摒弃试图独占自然界空间的想法和做法，停止疯狂算计、盘剥和掠夺自然资源的错误理念和行径，与非人类的自然存在者和平相处、协同发展、同生共荣，以达到在自然界持续发展的目的。更进一步说，人类应该是自然进化进程的参与者、建构者、促进者，而不是局外者、旁观者和破坏者；或者说，人类与其他自然存在者一起共建、共享自然界，而不是试图独占、独享自然界。

自然界是所有自然存在者的自然界。作为一个巨大的空间，自然界属于所有自然存在者。从自然史来看，人类只不过是自然界这一大家庭的后来成员。作为自然之子，我们只有不忘本来才能立足现在和开创未来。在人类社会，算计、盘剥和掠夺自己的母亲往往被视为离德、背德、违德的行为。如果我们疯狂地算计、盘剥和掠夺孕育我们生命的自然界，我们实际上也是在做违背道德的事。我们对自然界的道德尊重包含着对其他自然存在者的道德尊重。所谓道德尊重，无非是尊重一切有道德价值的事物。在自然界，我们对非人类自然存在者的道德尊重实质上就是从道德上尊重我们自身。我们人类无疑是具有伦理尊严的存在者，但我们的伦理尊严建立在我们自身与所有利益相关者的密切关系中。

在自然界中，所有非人类自然存在者都是人类的利益相关者。要认识我们与它们的利益相关性并非难事。我们周围的一棵树看上去与我们无关，但我们维持生命必不可少的氧气就是由它制造和提供的；而那棵树又必须依靠土地才能生存；土中又有水，水又是从天空下的雨而来。总之，我们作为人类的生命之所以如此高贵，是诸多非人类自然存在者予以支持的结果。它们充当着我们生命的支持系统。没有这样的生命支持系统，我们的生命之花就会枯萎。

现代住宅小区最能反映人类与非人类自然存在者共享自然界空间的意义和价值。现代人都希望居住在既现代又美丽的住宅小区里。现代建筑的一个显著特征就是混凝土的大量使用，几乎所有的房屋结构是用水泥堆积而成。这种现代建筑具有现代技术含量，但它不可避免地具有缺乏人性格调、人情味、人文精神的缺点。正因为如此，建筑师在进行现代建筑设计时，不仅往往会充分考虑住宅小区的房屋间隔，而且会投入大量精力精心规划住宅小区的绿化面积。我们不难想象，如果我们完全生活在一个只有水泥结构的住宅小区会是什么感觉？事实上，无论我们在现代文明的道路上走得多远，我们都不可能彻底摆脱自然界。绿化面积是现代住宅小区不可或缺的元素，它的存在具有强烈的伦理象征意义。它告诉我们，无论在什么时候，我们人类都必须与非人类自然存在者共享自然界空间。人类的生活空间应该体现人文精神和自然元素的有机统一。

四、私人生活空间、公共生活空间与公共道德

人类生活于其中的社会也是一个空间。它可以被称为人类的社会生活空间。人类社会生活所能延伸的领域都属于这一空间的范围。由于人类在社会生活中兼有私人和公民两个身份，我们的社会生活空间也可以区分为两种，即私人生活空间和公共生活空间。当一个人独处或与家人相处的时候，他的社会生活空间具有私人性、私密性，因而被称为私人生活空间，处于其中的人类也因为暂时切断了复杂的社会关系而成为"私人"。当一个人与他人相处或进入公共场所的时候，他的社会生活具有公共性、公开性，因而被称为公共生活空间，处于其中的人类也因为置身于错综复杂的公共关系中而成为"公民"。私人就是处于私人生活空间的人，而公民就是处于公共生活空间的人。

区分私人生活空间和公共生活空间仅仅是人类进入文明社会以后的事情。原始社会的人类没有私人生活空间，只有公共生活空间。每个氏族部落的成员共同采集、狩猎，共同消费劳动产品，没有任何个人隐私。文明社会至少有两个重要标志：一是私有财产和公共财产的划分；二是私人生活空间和公共生活空间的分离。前者导致原始社会的公共财产制度崩溃，人类从此以后陷入了旷日持久的公私之辩和公私利益之争；后者破坏了原始社会生活的公共性，将人类社会生活一分为二，即区分为私人生活和公共生活两个领域，并且将人类的身份一分为二，即私人和公民。

私人生活空间和公共生活空间的划分涉及人类社会生活空间能否共享的问题。从人类兼有个体性和社会性的本性状况来看，我们既需要私人生活空间，也需要公共生活空间。也就是说，我们有时候需要作为相对独立的人类个体而存在，有时候又需要作为与他人相关联、相融合

的社会人而存在。当我们作为相对独立的人类个体存在的时候，我们不仅希望摆脱与他人的联系，而且希望在生活内容和方式上保持一定的隐私性，而当我们作为社会人存在的时候，我们只能以与他人相联系的方式生活，我们的生活内容和方式都是公共的或公开的，没有隐私可言。显而易见，私人生活空间是一个封闭的社会生活空间，它通常不对外开放或公开，而公共生活空间是一个开放或公开的社会生活空间，它完全是开放的或公开的。纵观人类社会发展史，自从有了私有财产和公共财产的区分、私人生活空间和公共生活空间的区分之后，人类进入公共生活空间的自由权利就一直受到道德和法律某种程度的保护，而进入私人生活空间的行为则一直受到道德和法律某种程度的禁止。例如，无论是在西方国家还是在中国，除非出于公务（如警察调查案件），私闯民宅就历来被视为违背道德和法律的事情。对于人类来说，私人生活空间不是共享的空间，只有公共生活空间才是共享的空间。

主张公私分明，要求明确私人生活空间和公共生活空间之间的界限，是人类进入文明社会发展阶段之后形成的思想传统。这一思想传统根深蒂固，但也一直在变化。一般来说，在奴隶社会和封建社会，由于家庭在人类社会生活或国家生活中具有举足轻重的地位，在经济社会发展中发挥着至关重要的作用，公共生活不够发达，人类的私人生活空间大于公共生活空间。进入近现代以后，资本主义民主社会和社会主义民主社会具有根本区别，但它们至少在一个方面是共同的，即它们都极大地压缩了人类的私人生活空间，同时将人类的公共生活空间拓展到前所未有的程度。在当代人类社会，公共生活空间日益扩张的态势对人类的私人生活空间造成日益严重的挤压，这已经成为众所周知的重大伦理问题。

私人生活空间是相对封闭的，这有助于保护人类生活的隐私，但它并不意味着人类可以在其中为所欲为。私人生活空间是一个排他性生活空间，但它也受到人类道德规范和法律规范的规约。在私人生活空间，人类主要与自己、亲人打交道，因此，我们的社会生活会显得轻松、随意，但道德和法律对我们的约束依然在场。在与亲人打交道的时候，我们必须尊重彼此的尊严，尤其是应该弘扬尊老爱幼的美德。如果我们对亲人施以家庭暴力，我们不仅应该受到道德谴责，而且必须受到法律惩罚。从这种意义上来说，我们的私人生活空间实际上仅仅具有相对的封闭性，因为它总是会受到社会道德和法律的监控。

公共生活空间则是相对开放的，这有助于弘扬人类的社会本性，并且有助于增进人与人之间的相互交往、合作。它也是一个共享的空间，但正是因为它具有共享性特征，道德和法律的介入变得更加必要。公共生活空间包括各种各样的公共场所，如城市里的公共广场、公共道路、公共汽车和海洋上的公共海域等等。人们可以在公共生活空间随意地走动和占有位置，但必须受到相关道德规范和法律规范的制约。与私人生活空间一样，公共生活空间也不是一个绝对自由的空间。无论是置身于具有隐秘性的私人生活空间，还是置身于具有公开性的公共生活空间，我们都在道德和法律的监控之下。

公共生活空间具有共享性特征，但人们对它的共享绝对不是无政府状态。在公共生活空间，共享公共设施、公共草地、公共建筑等是我们的权利，但我们也应该共享与之相关的责任。所谓责任，就是与权利相关的负担。我们有权自由地进入公共场所，但我们同时应该承担保护公共卫生和维护公共秩序的道德责任和法律责任。如果我们在公共场所释放有毒气体或制造恐怖事件，道德会谴责我们，法律也会惩罚我们。公共生活空间的共享性是受到道德和法律规范制约或限制的共享性。我们对公共生活空间的共享绝对不是任性的、随心所欲的。

社会公德是支配公共生活空间的道德形态。它是共享伦理的一种重要表现形式。所谓社会公德，实质上是一系列旨在引导人们在公共生活空间里如何保护公物、如何维护公共卫生、如何建构公共秩序的道德原则和规范。公共生活空间具有公共性，属于所有有权进入公共生活领域的人，但它只有在社会公德的支配下才能达到有序化。公共生活空间依赖公共秩序得以存在，而公共秩序则在很大程度上依赖社会公德得以建立。公共生活空间的共享性需要基于强有力的社会公德才能得到确立。

五、空间私有化及其伦理象征意义

房子是人类赖以生存的必要条件之一，也是人类文明的重要象征。人类从原始社会一路走来，首先是与其他动物一样，过着"以地为床、以天为被"的风餐露宿生活；然后学会了以自然物品（如树叶）或天然洞穴遮风避雨的生存方式；继而掌握了搭建简易草棚之类的技艺，过上蜗居的生活方式；最终发明了建筑房屋的技术，并将其不断发扬光大，从而形成了以房屋建造为主导的建筑文明。人类一定耗费了大量时间才在某个历史节点学会了建造房屋，这应该是我们绝大多数人可以认同的历史事实。我们希望在此强调的是，房屋的出现和发展在人类文明发展史上具有重大意义。它不仅意味着人类占有自然界空间的方式发生了根本性转变，而且意味着人类对其自身生存意义和价值的认知达到了新水平、新高度和新境界。

人类建造房屋的最初目的是为了解决遮风避雨和安全问题。在没有房屋的时期，人类日晒雨淋，并且必须时刻面对猛兽攻击的危险，因而过着野蛮的动物式生活，安全毫无保障。后来，由于形成了世世代代依赖房屋的传统，房屋便超越了人类遮风避雨和谋求安全的实用目的，升华为人类生存必不可少的精神依托。房屋不仅成为家、家族的象征，而且成为家风、家教的寓所。随着时间的推移，人类建造房屋的理念得到不断更新，建造房屋的技术得到不断提高，房屋的样式得到不断变革，它传承家庭文化的基本功能也得到保持和延续。

每一个时代的房屋不尽相同，但它们都作为时代的镜子而存在。有什么样的时代，就有什么样的房屋。在奴隶社会和封建社会，最豪华的房屋一定是皇宫，它们金碧辉煌，代表皇权至高无上的地位；其次是达官贵族的房屋，它们奢华气派，反映权贵阶级的富有和奢侈；再次是平民百姓的房屋，它们简陋不堪，折射下层阶级生存的艰难困苦。奴隶社会和封建社会的房屋有等级之分，是等级观念和等级制度的缩影。到了现代民主社会，由于等级观念和等级制度被丢进了历史的垃圾桶，房屋也呈现出明显的大众化趋势。这在美国表现得尤其明显。美国总统居住的白宫看上去与普通老百姓的房屋并没有太大差别。

需要指出的是，房屋是人类将自然界空间私有化的最典型象征。自然界原本是一个共享性空间，但在人类出现之后，它的共享性就不复存在。人类将各种各样的自然资源据为己有，尤其是将一片一片的土地据为己有，并且在上面建造房屋，从而将自然界空间碎片化、私有化。从一定意义上来说，这是人类在自然界谋求生存和发展的必然选择，具有无可辩驳的道德合理性和合法性，因而在历朝历代都受到道德和法律的保护。问题在于，一些人在将自然界空间私有化的过程中，把自然界变成了他们进行阶级剥削和压迫的工具，他们所拥有的房屋则成为专制性政治权力的象征以及少数人剥削和压迫多数人的历史证据。在奴隶社会和封建社会，奴隶主和封建贵族居住的房屋就被深深地打上了奴隶制政治和封建制政治的历史痕迹。

人类通过建造和占有房屋的方式将自然界空间私有化，既是一个生态伦理问题，也是一个人际伦理问题。一方面，它牵涉到人类与自然界的伦理关系；另一方面，它还牵涉到人与人之间的伦理关系。从生态伦理的角度看，房屋不仅在一定程度上将人类与自然界隔离开来，而且是人类不断加剧对自然界的算计、盘剥和掠夺的重要途径。一栋栋房屋拔地而起，自然空间就变得越来越拥挤，非人类的自然存在者的生存空间就变得越来越狭小。通过不断建造房屋的方式占有自然界空间是人类在自然界实行生态殖民主义的一种重要表现形式。从人际伦理的角度看，房屋也会在一定程度上阻止人与人之间的交往和交流。人类将各自的房屋视为人生堡垒，用于躲避外界的纷扰和侵害，因而对其予以精心维护和保护，以使之成为自己的避风港湾和精神家园，但有时也将自己封闭在里面，对外面的人和事不闻不问，从而形成封闭、保守的生活方式。这是现代城里人互不关心、相互冷漠的一个重要原因。在现代城市里，人们普遍患有"道德冷漠症"，人与人之间缺乏必要的道德关怀，只有利益的算计，从而将城市变成了毫无人情味的名利场。

房屋本身无所谓善恶，但由于它们是人类建造的，并且被人类使用，它们就不可避免地会变成具有伦理象征意义的意象。私有化房屋的集中发展，不仅意味着城市化的推进，而且意味着人类在自然界中的大肆扩张。在当今世界，城市化发展是人类抢占共享性自然界空间最严重的领域。老城市在不断扩张，新城市在不断兴起，对自然界空间形成越来越严重的挤压，并成为引发生态危机的重要原因。当代人类应该从生态伦理的角度，对自己不断提速的城市化进程进行必要的反思。

现代房屋是现代道德价值观念的缩影。要了解现代社会的道德价值观念，最有效的办法是走进一栋或一间现代房屋。现代房屋都是依靠现代建筑技术、现代装饰技术、现代技术产品组合而成的。一栋大楼包含几十甚至成百上千的小房间，每一套房间像积木一样堆积在一起；住进这些高层大楼的人需要乘坐电梯上下，邻居间也少有往来，因而构成一个被房屋外壳包围、人情冷漠的陌生人世界。另外，现代社会是流动性很强的陌生人社会。来自不同地方的陌生人偶然汇聚于某个地方，彼此缺乏了解，也互不关心。对周围的人和事漠不关心是现代道德生活的一个重要特征。现代房屋对此有集中体现。

房屋是人类必不可少的生存条件，但它们不应该成为人类征服、控制和破坏自然的手段，更不应该成为阻止人际交往、交流的障碍。现代建筑日益增高的事实显示了现代建筑技术进步的水平，但它也说明人类对共享性自然界空间的抢占是有限度的。宇宙空间是无限的，但适合于人类生存的自然界空间是有限的。自然界空间对人类扩张的承受力有一个极限值，它一旦被突破，自然生态系统就会全面崩溃。生态危机的爆发已经用事实证明了这一点，应该引起当代人类的高度重视。

房屋是人类用来居住的寓所，但它又不局限于居住的意义和价值。人类总是带着一定的道德价值观念建造房屋、占有房屋和使用房屋。如果我们不能从根本上看到房屋对人类和自然界的关系以及人际关系的折射作用，我们就不可能形成关于房屋的正确道德价值观念。房屋的发展状况反映人类对待自然界和同胞的道德态度。

六、空间的国有化与国际空间正义

人类不仅将共享性自然界空间私有化，而且将它国有化。每一个国家的诞生都是以占有一定的自然界空间作为前提条件的。通过划分国界的方式，世界各国对共享性自然界空间进行瓜分。这就是空间国有化的事实。

空间国有化是人类进入有国家的社会状态必然会遭遇的结果。国家的诞生必然带来国家主权的划分。表面上看，国家主权是国与国之间通过和平协商或战争手段确立的，它仅仅涉及国际关系问题。实质上，它是人类以民族的集体形式对共享性自然空间进行占领确立的。任何一个国家的出现都是抢占自然界空间的结果。在国家出现之前，自然界空间属于全人类。在国家出现之后，国家成为占领自然界空间的主体。在世界各国的瓜分之下，自然界失去了它的共享性。在国家林立的现实世界，自然界变得四分五裂。失去了共享性的自然界只能是支离破碎的。

事实上，空间国有化不仅导致自然界空间四分五裂的结果，而且导致空间政治化、伦理化的结果。进入有国家的社会状态之后，空间就不再仅仅作为一种自然实体而存在，而是变成了政治实体、伦理实体。具体地说，属于每一个国家的自然界空间既被纳入了主权范围内，也被赋予了政治意义和伦理意义。一个国家的主权涵盖领陆主权、领水主权和领空主权。

自然界空间一旦国有化，世界各国如何尊重彼此的空间主权就必定成为一个国际正义问题。所谓国际正义，是指国与国之间基于国际法和国际伦理的要求，对彼此之间的关系予以正确认识、理解和处理所彰显的公正性。与其他类型的正义（如分配正义）一样，国际正义也是一种人为的建构；换言之，它不是一种客观的公正性，而是一种反映人类主观意向性的公正性。正因为如此，世界各国对国际正义的认识、理解和界定大都带有浓厚的民族性特征。

国际正义在自然界空间国有化问题域中的体现就是国际空间正义。它要求将国有化的自然界空间纳入国际关系问题域，使之受到国际法和国际伦理的有效制约。虽然国际法和国际伦理迄今为止还远远没有达到完善的程度，它们对世界各国的约束力也很有限，但是它们毕竟是国际空间正义乃至国际正义的主要基础。在当今世界，国际空间正义是存在的；不过，它还是相当脆弱的。

由于国际法和国际伦理并不能为维护国际空间正义提供切实可靠的保证，世界各国还必须诉诸自卫的途径。具体地说，为了确保自身的空间安全，世界各国必须建立强大的陆军、海军和空军。在现代，一个国家破坏国际空间正义的直接方式是入侵另一个国家的领空，而为了防范和抵制这种入侵，后者必须具有足够强大的反侵略能力。这涉及我们对现代战争的认识问题。现代战争都是海陆空联合作战，因此，为了确保自己的领空不受外来侵略，现代国家都会花费巨大人力、物力和财力发展海陆空三种军事力量。

在当今世界，国际空间正义常常受到一些强权国家的侵害。作为当今世界的唯一超级大国，美国对国际空间正义的践踏可谓屡见不鲜。一个国家一旦被美国列入"流氓国家"或"邪恶国家"的行列，美国的轰炸机就会肆无忌惮地入侵它的领空，对其进行狂轰滥炸。除此以外，美国还会以维护飞行自由为借口，对其他国家的领空进行抵近侦察或破坏活动。

国际空间正义的实现是以人类失去自然界空间的共享性为代价的。在国家出现之前，自然界空间的共享性没有遭到破坏，国际空间正义根本没有出场的必要性。国家的出现打破了自然界的整体格局，将自然界空间撕裂成若干个部分，从而将世界各国推上了维护国际空间正义的轨道。只要国家存在，如何维护国际空间正义的问题就会存在。

在有国家的社会状态下，自然界空间的国有化是在所难免的，维护国际空间正义也是人类无法推卸的责任。要恢复自然界空间的共享性，或者说，要从根本上消解人类应对国际空间正义问题的可能性，人类必须进入没有国家的社会状态。这种社会状态是理想的，只能在人类社会发展到一定的水平之后才能变成现实，但它是一种完全可能变成现实的乌托邦。马克思主义经典作家所设想和期待的未来共产主义社会就是这样的社会状态。在那样的社会里，国家消亡了，自然界空间重新回归到为全人类共享的状态，维护国际空间正义将变成多余的事情。

七、空间伦理的内在张力

人类在空间中的诞生是宇宙的一大奇迹。我们从自然进化的进程中脱颖而出，不仅在地球上获取一席之地，而且不断扩大着自己的影响。诞生之后，我们以前所未有的方式将自然界划分为两个空间，即人类的空间和非人类的空间。虽然这两个空间并不相互隔绝，但是它们之间存在一条人为的界线。在人类的空间内部，也存在空间划分。这种划分是以房屋、国界等作为标志的。

人类对空间的依赖不亚于对时间的依赖。空间是宇宙存在的一个重要维度，它与时间的存在一样古老，因此，它不是人类发明的东西。与其他存在者一样，人类进入空间即占有空间。与其他存在者不同的地方在于，人类总是带着一定的道德价值观念占有空间，而非人类存在者不能做到这一点。人类对空间的认知和占有往往具有伦理意蕴。

空间伦理是人类在进入、占有和利用空间的过程中形成的一个伦理价值体系。它反映人类对空间存在的伦理意义的认知和把握。在空间伦理中，核心伦理问题是空间是否应该共享的问题。在人类诞生之前，非人类自然存在物对空间的占有并不具有伦理意义，因为它与人类道德价值观念无关，并且以公共资源的方式被所有自然存在物所共有。人类在自然界诞生之后，空间不仅失去了公共性，而且被赋予了伦理意蕴。空间一旦获得伦理意蕴，人类对它的占有就牵涉到道德权利问题。

空间伦理能够对人类占有空间的行为起到一定的伦理制约作用。在人类在场的宇宙中，人类对空间的占有必须体现合伦理性和合法性。空间伦理强调空间的公共性和共享性，但同时又承认人们占有空间的私有权，因此，它的内部存在巨大的伦理张力。它具体表现为人类对空间的公共性和私人性、共享性和私有性所作的伦理价值选择。人类对空间的占有自古以来就是一个重要伦理问题。空间伦理就是人类为了解决该伦理问题而建构的一个伦理价值体系。

第七章　政治权力的共享性与共享政治伦理

政治权力是政治的核心，因此，政治实质上是权力政治。在有国家的社会状态，政治权力是至关重要的社会资源，可以在国民中间分配。在不同的政治国家里，政治权力的存在状况是不同的，但无论它如何存在，衡量其存在状况的关键指标是看它的共享性情况。政治权力的共享性程度是衡量一种政治好坏的根本标准。对此，我们可以从政治伦理的角度予以解读和分析。

一、政治权力：作为一种共享性社会资源

政治权力的产生需要一定的历史条件。在远古时代，人类的祖先以"蒙昧"和"野蛮"的方式生存，哪怕以群集的方式生存，政治权力也没有存在的条件。原始社会存在氏族部落权威，但那种权威是依靠年龄、体力等自然因素确立的。原始社会缺乏政治权力存在的客观条件，原始人对政治权力也缺乏自觉认识和把握。

政治权力是随着国家的诞生而诞生的，因此，它实质上是指国家公共权力。根据唯物史观，公共权力的设立是国家的根本标志，同时表

征国家的本质特征。国家从原始氏族组织中脱胎而出，与后者既有关联，也有区别。恩格斯将它们之间的区别归结为两个主要方面。一方面，原始氏族组织把氏族成员牢固地束缚在很有限的氏族部落范围内，而国家是按照居住地来划分它的国民。"这种按照居住地组织国民的办法是一切国家共同的。"① 另一方面，原始氏族组织只存在人类自发组织的武装力量，而国家设立了公共权力。"这种公共权力在每一个国家里都存在。"② 人类进入国家状态，会受到国家公共权力的强力制约。公共权力的设立导致了官僚机构和官员的产生。在国家里，官僚机构中的官员掌握着公共权力。国家公共权力的强大是任何原始氏族组织都不能与之相提并论的，因此，恩格斯指出："文明国家的一个最微不足道的警察，都拥有比氏族社会的全部机构加在一起还要大的'权威'。"③ 另外，原始氏族组织的权威是通过氏族部落酋长在氏族内部获得的尊敬来体现的，它不是通过强迫手段确立的，而国家的权威是通过官僚机构和官员所掌握的公共权力来体现的。国家公共权力不仅是一种处于社会之外和社会之上的权力，而且是一种通过强迫手段确立起来的权力。

公共权力的出现与国家的诞生一样具有历史必然性。在原始社会末期出现阶级之后，人与人之间的利益矛盾日益尖锐化，氏族部落依靠自发的武装组织维持社会秩序的可能性已经荡然无存，国家公共权力的设立就成为历史的必然。④ 另外，公共权力一经产生，就意味着它不是私人物品或私有财产，也不是任何组织或个人可以随意取消或废止的东西，它的公共性指向只能是国家。不过，国家并不是一种抽象物，而是由具体的人、社会机构等要素构成的。国家存在的一个基本事实在于，

---

① 《马克思恩格斯文集》第 4 卷，人民出版社 2009 年版，第 190 页。

② 《马克思恩格斯文集》第 4 卷，人民出版社 2009 年版，第 190 页。

③ 《马克思恩格斯文集》第 4 卷，人民出版社 2009 年版，第 191 页。

④ 参见《马克思恩格斯文集》第 4 卷，人民出版社 2009 年版，第 190 页。

一部分国民必须作为国家的治理者而存在。他们的职责是代表国家行使国家公共权力。在现代社会，这种人被称为国家公职人员。

公共性是国家公共权力的本质特征，也是国家公共权力的善性之源。国家公共权力本身无所谓善恶，可一旦被具体的阶级或人所掌握和使用，就会打上善恶的烙印。在阶级社会，公共权力的善恶性质从根本上来说是由它自身的阶级性决定的。唯物史观认为，国家有低级和高级之分。在国家发展的低级阶段，公共权力由哪个阶级掌握，这是由财产状况决定的。由于统治阶级手中掌握的私有财产占绝对优势，它掌控的公共权力也具有压倒性优势；相反，由于被统治阶级手中掌握的私有财产占绝对劣势，它掌控的公共权力也处于绝对的劣势状态。奴隶制国家、封建制国家和资本主义国家都属于低级国家的范围。在这种低级国家里，占人口少数的奴隶主、封建贵族和资产阶级是公共权力的实际掌控者和使用者，公共权力的善恶性质也完全取决于这些阶级操控和使用它的价值目标和方式。由于奴隶主、封建贵族和资产阶级居于统治地位，他们对公共权力的操控和使用必然以最大限度地维护其统治阶级利益为根本目的，而占人口多数的广大奴隶、农民和无产阶级能够得到公共权力的保护却是非常有限的。低级国家的公共权力总是与阶级的利益诉求紧密联系在一起，它的掌控和使用不可避免地会映照出政治伦理意义上的善恶性质。

由于是公共的，国家公共权力应该是一种共享性社会资源，但在阶级社会，它的共享性是很有限的。在奴隶社会、封建社会，真正能够享有国家公共权力的是那些在社会人口中占少数的统治阶级，占人口多数的被统治阶级能够掌握的国家公共权力则是微乎其微的。纵然是到了资本主义社会，处于社会底层的弱势群体对国家政治权力的掌控也非常有限。在社会主义社会，广大人民群众成为掌握国家政治权力的真正主体，但由于制度设计和安排总是存在这样或那样的局限性，它们对国家公共权力的掌握也难以完全落实。也就是说，人类迄今为止还没有进入一个国家公共权力能够被人们充分共享的社会。

国家公共权力被国民共享程度的高低是衡量一个国家好坏的重要标准。有国家公共权力存在的国家就是我们通常所说的政治国家。一个政治国家的结构就是围绕国家公共权力建构起来的。它拥有各种各样的国家公共权力机构，并且拥有数量庞大的工作人员代表国家掌握和行使国家公共权力。国家公共权力本身是作为一种共享性社会资源而存在的，但它在不同国家的共享程度千差万别。国家公共权力在一个封建制国家的共享程度高于奴隶制国家，但它不能与资本主义国家相提并论，更不用说与社会主义国家相比较。一个国家的民主化程度越高，国家公共权力的共享性就越高；反之，就越低。

由于难以达到很高的共享程度，国家公共权力在人类社会具有稀缺性。它是人类在国家状态下普遍希望拥有的社会资源，但它总是不能充分满足人们的普遍需要。美国被很多人视为当今最民主的国家，但它的国家公共权力并没有被所有美国人公平地掌握。这是美国常常爆发政治冲突的根源所在。在美国，白人至上主义现象一直很严重，只有白人才能拥有较多的国家公共权力，其他人很难真正掌握国家公共权力。一个典型例子是，每当美国的白人警察非法枪杀少数族裔的时候，美国社会总是想方设法袒护或包庇警察，少数族裔的维权行为总是举步维艰，这往往是美国爆发种族冲突的根源。美国仍然是一个国家公共权力缺乏共享的国家。

二、国民权利：国家公共权力的另一种形式

国家的一个基本构成要素是国民。所谓国民，就是在政治上属于某个国家的人。属于某个国家的人既是具体的，也是抽象的。作为具体

的人，他是有血有肉、有情有欲、有思有想、有作有为的个人；作为抽象的人，他具有社会性、集体性、社会关系性特征。具体的人是看得见、摸得着的，抽象的人只能意会或体会。马克思在描写国民的时候，称之为"公民"。他说："现实的人只有以利己的个体形式出现才可予以承认，真正的人只有以抽象的 citoyen［公民］形式出现才可予以承认。"① 公民之所以具有抽象性，是因为他的社会性、集体性和社会关系性是隐性的特征，并非显性的特征。

国民生活于国家中，既必须接受国家的制约，也有权享受"国家"这种政治共同体的政治福利。国家能够给国民提供的基本政治福利是政治权利。什么是政治权利？它只不过是政治权力的另外一种表现形式。当政治权力成为国民可以享受的东西，它就转化成了国民权利。因此，国民权利是国家公共权力被国民掌握的实际情况。当国家公共权力掌握在国家机关或国家工作人员的手里时，它是作为国家公共权力而存在，但它一旦成为国民掌握的对象，它就转化成了公民或国民的基本政治权利。政治权力和政治权利是两个在内涵上有交叉、有重叠的概念。国民具有掌握国家公共权力的权利。

国民的基本政治权利是指人类以国民身份参与国家生活必不可少的各种资格或权限。康德曾经说过："可以理解权利为全部条件，根据这些条件，任何人的有意识的行为，按照一条普遍的自由法则，确实能够和其他人的有意识的行为相协调。"② 其意指，权利实质上是依据普遍有效的自由法则对人的行为进行的条件性规定或限制。基于这种认识，我们可以将国民的基本权利进一步作出这样的界定：它是指国民平等地拥有正当国家生活的基本自由，这种自由是基于每一个国民的意志自由

---

① 《马克思恩格斯文集》第 1 卷，人民出版社 2009 年版，第 46 页。

② ［德］康德：《法的形而上学原理——权利的科学》，沈叔平译，商务印书馆 2005 年版，第 40 页。

能够不相冲突地同时并存的基础上得到确立的，包括国民在国家状态下正当占有物质财富、思想观念、发展机会、幸福等社会资源的自由。在国家状态中，国民拥有基本权利，是通过他们拥有各种有条件限制的自由来体现的。

　　一个国家的国民能否充分享受基本权利的事实折射它的分配正义状况。广义的分配正义概念就是基于国民的基本权利得到界定的，它指物质财富、思想观念、发展机会、幸福等社会资源在国民中间得到合理分配所体现的公正性。人类的国家生活方式实质上表现为国民以适当的方式占有各种社会资源的过程；或者说，国民在国家中适当占有各种社会资源的过程，实际上就是享受应有基本权利的过程。不过，国民在国家中对社会资源的占有并不是绝对自由的，而是必须通过国家分配的途径来实现。国家对物质财富、思想观念、发展机会、幸福等社会资源的分配均有严格的制度规定，而国民只能按照国家的制度规定来获取所需要的社会资源。这既是人类国家生活的重要内容，也是人类国家生活的显著特征。

　　维护国民的基本权利即维护分配正义。一个分配正义得到充分实现的国家，就是一个能够保证物质财富、思想观念、发展机会、幸福等社会资源在国民中间得到公正分配的国家，就是国民的基本权利能够得到充分维护的国家。公正比星辰更加光辉，① 它是人类生活于国家中最珍视的一种社会价值，因此，罗尔斯强调："每个人都有基于正义基础上的不可侵犯性，这种不可侵犯性甚至以社会整体利益之名也不能僭越。"② 在国家中，国民的分配正义诉求与基本权利诉求是高度一致的。

---

① 参见苗力田编：《亚里士多德选集·伦理学卷》，中国人民大学出版社 1999 年版，第 103 页。

② John Rawls, *A Theory of Justice*, Cambridge Massachusetts：The Belknap Press of Harvard University Press，1971，p.3.

"在一个公正社会里，公民平等地享有自由是确定无疑的；由公正保障的公民权利不应该受到政治上的讨价还价或社会利益算计的影响。"[1] 国民的基本权利与分配正义是相互贯通、相辅相成的。

国家治理者应该深刻认识国民的基本权利与分配正义之间的相通性和互补性。在国家治理的现实中，治理者既应该看到国民为国家尽义务的必要性，也应该看到国民享受基本权利的重要性。由于国家治理工作必须通过具体的治理者来完成，正确认识、理解和处理国家和国民的伦理关系，就是国家治理者不可推卸的道德责任。在现实中，由于对国家与国民的伦理关系缺乏深刻认识，有些国家治理者倾向于片面强调国民对国家的义务，而不注重维护国民的基本权利，有时甚至打着维护国家利益的幌子肆意侵害国民权利，以至于造成分配正义遭到践踏和国民怨声载道的后果。善待国民是国家治理者应该培养的道德品质。生活于国家中的国民都将国家的善待视为至高无上的道德关怀。正因为如此，古代中国人总是对"仁政"表现出殷切的期望。孔子指出："民之于仁也，甚于水火。"[2] 其意为，老百姓对仁政的渴望超过对水火的需要。孟子更是旗帜鲜明地用"仁政"来说明以德治国的精义。他认为"民为贵，社稷次之，君为轻"[3]，并且强调"国君好仁，天下无敌焉"[4]。所谓"仁政"，就是以仁义之德治理国家的模式，它要求国家治理者（国君）避免居高临下的官僚主义作风，想民之所想，乐民之所乐，忧民之所忧。古代中国哲学家的"仁政"伦理思想，包含着要求国家治理者尊重国民基本权利和弘扬分配正义的伦理价值取向，是值得后世国家治理者

---

[1]　John Rawls, *A Theory of Justice*, Cambridge Massachusetts：The Belknap Press of Harvard University Press, 1971, p.4.

[2]　《论语·大学·中庸》，陈晓芬、徐儒宗译注，中华书局 2015 年版，第 194 页。

[3]　《孟子》，万丽华、蓝旭译注，中华书局 2006 年版，第 324 页。

[4]　《孟子》，万丽华、蓝旭译注，中华书局 2006 年版，第 319 页。

借鉴和学习的地方。

维护国民的基本权利是国家治理者必须肩负的道德责任。人类进入国家状态的根本目的，无疑是要过上幸福生活。在国家状态中，不同的人对幸福的认识、理解和解释是不同的，但这并不影响他们将幸福作为共同生活理想的选择。亚里士多德指出，无论我们是将荣誉、快乐、德性还是别的东西作为幸福来看待，都是"为幸福而选择它们，通过它们我们得到幸福"[①]。亚里士多德并没有把"幸福"界定为个人只能通过"孤独"生活才能获得的一种东西，而是将它理解为个人必须通过参与国家生活才能得到的"自足感"。他说："我们所说的自足并不是就单一的自身而言，并不是孤独地生活，而是既有父母，也有妻子，并且和朋友们、同邦人生活在一起，因为，人在本性上是政治的。"[②]虽然亚里士多德所说的国家是指古希腊的城邦制国家，并不是现代意义上的国家，但是他用国家生活来解释国民幸福的观点无疑是值得肯定的。它至少告诉我们这样一个真理：每一个国家的国民都以幸福作为共同生活的目标，但这一生活目标必须通过参与国家生活的方式才能得到实现；国民能否受到国家的良好保护，事关他们的幸福追求。

事实上，"幸福"也是一种可以分配的社会资源。与物质财富、思想观念、发展机会等社会资源一样，它也可以通过国家分配的方式为国民所拥有。当我们生活于其中的国家能够公正地对待我们的时候，我们必定能够获得强烈的幸福感。我们作为"国民"所能拥有的幸福是多种多样的，但其中最大的幸福莫过于一个"好国家"善待我们所带来的幸福。每个国民都希望生活于其中的国家，是能够给他带来人生幸福的

---

① 苗力田编：《亚里士多德选集·伦理学卷》，中国人民大学出版社 1999 年版，第 14 页。

② 苗力田编：《亚里士多德选集·伦理学卷》，中国人民大学出版社 1999 年版，第 14 页。

"好国家"。

真正有伦理智慧的国家治理者必定会深切关心、高度重视和着力维护国民追求个人幸福的权利。习近平总书记在号召当代中华儿女努力实现以中华民族伟大复兴为核心内容的"中国梦"时强调,"中国梦"有三个维度,即"国家富强、民族振兴、人民幸福"。① 这意味着,"中国梦"既是当代中华民族的强国之梦和民族振兴之梦,也是我们的个人幸福之梦。一方面,它以国家富强和民族振兴作为中华民族实现伟大复兴的前提、根基和重要内容,强调"国家好,民族好,大家才会好"②;另一方面,它以个人幸福作为中华民族实现伟大复兴的根本目的和落脚点,强调"中国梦归根到底是人民的梦,必须紧紧依靠人民来实现,必须不断为人民造福",认为每一个中国人都应该"共同享有人生出彩的机会,共同享有梦想成真的机会,共同享有同祖国和时代一起成长与进步的机会"③。我们认为,肯定和凸显个人幸福的重要性,是"中国梦"能够在当今中国社会接地气、接人气的重要原因。

"公正是为政的准绳,因为实施公正可以确定是非曲直,而这就是一个政治共同体秩序的基础。"④ 国家治理的最重要伦理价值目标是维护分配正义。维护分配正义即维护国民的基本权利,即维护国家最根本、最重要的公共利益。在国家状态中,分配正义、国民基本权利和国家公共利益在本质上具有内在一致性。发展固然是一个国家的第一要务,但如果国家发展所带来的丰硕成果不能在国民中间得到公正分配,发展所造就的国家只能是贫富悬殊、官僚主义严重、发展机会欠均等和社会保

① 习近平:《习近平谈治国理政》,外文出版社 2014 年版,第 56 页。

② 习近平:《习近平谈治国理政》,外文出版社 2014 年版,第 36 页。

③ 习近平:《习近平谈治国理政》,外文出版社 2014 年版,第 40 页。

④ [古希腊] 亚里士多德:《政治学》,颜一、秦典华译,中国人民大学出版社 2003 年版,第 5 页。

障制度不健全的国家。这样的国家缺乏存在的道德合理性基础，更称不上理想的国家。正因为如此，习近平总书记强调社会主义中国必须坚持共享发展的理念："坚持共享发展，必须坚持发展为了人民、发展依靠人民、发展成果由人民共享，作出更有效的制度安排，使全体人民在共建共享发展中有更多获得感，增强发展动力，增进人民团结，朝着共同富裕方向稳步前进。"[①]党中央倡导的共享发展理念，就是以强调分配正义为核心内容的中国特色社会主义发展理念，它说明党中央具有维护国民基本权利的坚定道德信念。

国民的基本政治权利是应该被国民或公民共享的权利形式。它们具体表现为人身自由、意志自由、思想自由、言论自由、宗教信仰自由等具体形式。这些基本政治权利是每一个国民或公民都有权平等拥有的权利。在专制国家，这些国民基本权利受到统治阶级的严格限制。在现代民主国家，它们被国民或公民共享的程度越来越高。现代政治国家不仅将国民或公民的基本政治权利置于绝对优先的位置，而且要求它们能够被包括社会弱势群体在内的所有国民或公民平等地拥有。这也是现代政治伦理学的核心思想。

现代政治伦理学重视维护社会弱势群体的基本政治权利，主张将社会弱势群体对基本政治权利的掌握情况作为衡量现代民主国家好坏、优劣的一个重要标准。在专制时代，一个国家的好坏是以社会强势群体对基本政治权利的掌握情况作为衡量标准的，而在民主时代，一个国家的好坏是以社会弱势群体对基本政治权利的掌握情况作为衡量标准的。人类社会从专制政治转入民主政治，其重要标志之一是国民或公民对基本政治权利的掌握呈现出日益增多的态势。只有当那些在国家中处于最

---

① 《中国共产党第十八届中央委员会第五次全体会议公报》，人民出版社 2015 年版，第 14 页。

不利地位的国民或公民都能够最大限度地享有基本政治权利，一个政治国家才称得上共享型政治国家。

共享型政治国家就是基本政治权利能够被国民或公民平等共享的国家。国民权利在一个国家的共享状况反映它的政治发展状况，更反映它的政治伦理状况。政治伦理的根本任务就是维护国民或公民的基本政治权利。在政治伦理的框架内，国民或公民的基本政治权利具有不容置疑的道德合理性，它们基于分配正义的基础上得以确立，应该受到政治国家的道德规范和法律规范的保护。只有这样，国民或公民的政治身份才能真正得到确立。国民或公民的基本政治权利不应沦为任何政治利益算计的牺牲品，因为它们是神圣不可侵犯的，是国民或公民的政治身份得以建构和确定的合伦理性依据。

三、政治权力分配中的核心伦理问题

作为一种公共性或共享性社会资源，政治权力是可以分配的。政治权力的分配是政治问题，也是伦理问题。作为政治问题，它主要涉及人类对政治利益的考量和追求。作为伦理问题，它主要涉及人类对政治权力分配的道德价值诉求。

在现实中，很多人仅仅将政治权力的分配作为一个政治问题来对待，认为它实质上是政治利益的分配。什么是政治利益？在存在阶级或社会阶层划分的社会，它是一定阶级基于其政治理念而形成的各种政治诉求的总和。政治利益是通过具体的政治权力或权利来体现的。政治权力或权利具有阶级性，因此，政治利益总是一定阶级的政治利益。当政治权力仅仅被等同于政治利益时，它的分配也仅仅具有政治性。现实中的政治权力之争本质上是政治利益之争。

政治利益之争自古就有，有时可以达到极其残酷的程度。在奴隶社会和封建社会，朝廷的政治利益之争既可能发生在皇室成员之间，也可能发生在皇室与大臣之间以及大臣之间。皇室成员之间可能为了政治利益之争而相互残杀。为了巩固自己的皇位，皇帝可能对他的大臣大开杀戒。大臣之间争权夺利的事情更是屡见不鲜。政治利益之争实质上就是争权夺利。所谓的"权"，是指"权力"；所谓的"利"，是指"利益"。

由于政治利益之争通常是残酷的，政治也常常被视为是"肮脏的"。有些人甚至认为，政治就是一只"脏手"，它所染指的地方，都肮脏不堪。然而，我们也不得不承认，政治也是人类喜欢的一个社会生活领域；否则，人们为什么总是千方百计往里面挤呢？政治吸引人的地方是它内含的政治权力。在有国家的社会状态里，政治权力是最容易换来利益的社会资源。一些人对政治的热爱，就是出于对其背后的政治权力的热爱，而他们对政治权力的热爱，又是出于对其背后的政治利益的热爱。这样一来，政治生活领域就实质上变成了一个名利场。

政治是肮脏的，但它又是人类社会生活必不可少的内容。因此，亚里士多德指出："人在本性上是政治的。"① 根据亚里士多德的看法，人类生下来就处于一定的政治共同体中。他说："所有城邦都是某种共同体，所有共同体都是为着某种善而建立的（因为人的一切行为都是为着他们所认为的善），很显然，由于所有的共同体旨在追求某种善，因而，所有共同体中最崇高、最有权威、并且包含了一切其他共同体的共同体，所追求的一定是至善。这种共同体就是所谓的城邦或政治共同体。"② 亚里士多德所说的城邦是人类历史上最早的国家形态，它的面积

---

① 苗力田编：《亚里士多德选集·伦理学卷》，中国人民大学出版社 1999 年版，第 14 页。

② ［古希腊］亚里士多德：《政治学》，颜一、秦典华译，中国人民大学出版社 2003 年版，第 1 页。

很小，通常是围绕某个面积不大的城镇建立起来的。古希腊和我国春秋战国时期的国家都是这种形态的国家。

政治的肮脏性为伦理介入政治生活提供了理由。在政治生活领域，那些手里掌握着政治权力的人往往成为政治利益的获得者，并且成为社会上的"权贵"。他们中的很多人凭借手中的政治权力大搞政治腐败，进行权钱交易，以权谋私，假公济私，从而将政治领域变得龌龊不堪。如果伦理不介入，政治就只能是政治腐败泛滥成灾的场域。伦理对政治生活的干预导致政治伦理的产生。

政治伦理的核心问题是必须保全国家公共权力的内在善性。在政治生活领域，捍卫国家公共权力的公共性即保全它的内在善性。我们能够在多大程度上捍卫国家公共权力的公共性，国家公共权力的内在善性就能够得到多大程度的保全。从理论上来说，由于在本质上是公共的，国家公共权力的适用范围和社会功能都是确定的。一方面，它只能用于处理国家公共事务，不能用于处理国家公职人员的私人事务；另一方面，它的主要社会功能是维护国家公共利益，不是维护国家公职人员的私人利益。公权公用，并且仅仅在维护和增进国家公共利益方面发挥作用，这是国家公共权力具有内在善性的根源所在，也是国家公共权力的内在善性能够得到保全的唯一途径。

要保全国家公共权力的内在善性，关键是要杜绝政治腐败。政治腐败是国家公共权力的敌人。所谓政治腐败，就是国家治理者利用国家公共权力谋取个人私利的行为。以权谋私、公饱私囊、损公肥私、假公济私等行为，生动地反映了政治腐败的邪恶本质，即它以公权私用的表现形式严重侵害国家公共利益。由于在根本上与国家公共权力的公共性本质和内在善性相背离，无论政治腐败是以何种形式表现出来，都不具有道德合理性基础。

公权私用的一种特殊表现形式是"为官不为"现象。国家公职人员掌握着一定的国家公共权力，但并没有尽职尽责地运用手中的公共权力处理公共事务和履行维护国家公共利益的职责，致使国家公共权力被闲置、空转和浪费。"为官不为"之所以是公权私用的一种特殊表现形式，是因为它实质上反映了国家治理者将国家公共权力当作私有物品来随意对待和处置的事实。国家公共权力只有在用于处理公共事务和维护国家公共利益时，才能证明它存在的本质和价值。如果被不合理地闲置或浪费，它实质上蜕变成了一种缺乏公共性的私人物品或私有财产。

国家治理者既不应该贪污腐败，也不应该"为官不为"。贪腐的官员应该受到道德上的谴责，并受到应有的违纪违法惩处；为官不为的官员同样应该受到道德谴责，并承担相应的违纪违法责任。"清廉"是国家治理者的首要美德，但它必须与"奉公"的美德相结合才具有实实在在的伦理意义。"奉公"也不能流于"空谈"，必须通过"勤政"才能得到体现。廉洁才能奉公，奉公才能勤政，勤政才能有为，有为才能促进国家发展和社会进步。不在其位，可以不谋其政；在其位，就必须谋其政。我们认为，廉洁奉公和勤政有为是每一个国家治理者都应该信守的两个基本政治道德价值观念，也是每一个国家治理者都应该具备的两种基本政治美德。

国家公共权力是一柄双刃剑。用之正当，它是将国家治理纳入合伦理轨道的利器；用之不当，它就是导致国家治理背离伦理的凶器。一个国家的治理者掌控和使用国家公共权力的方式不同，他们进行国家治理所达到的目的会彰显截然不同的伦理性质。一个治理良好的国家是那种能够将国家公共权力的掌控和使用引向目的善的国家。公权公用，并且增进了国家公共利益，则国家公共权力是一种能够造福于国家、社会和国民的社会正能量；公权私用，并且损害了国家公共利益，则国家公共权力是一种有害于国家、社会和国民的社会负能量。国家公共权力的合伦理性是通过它本身的公共性或内在善性来支撑和保障的。保全国家公共权力的内在善性，是一个国家推进国家治理工作的关键，也是它与政治腐败进行斗争必须坚守的道德主阵地。

四、政治伦理介入政治权力分配的方式

国家治理必须保证国家公共权力的掌控和使用有利于维护国家公共利益、国民基本权利或分配正义。要实现这种目的善，国家治理者除了应该坚持以国家治理活动向善、求善和行善为基本政治伦理理念之外，还应该诉诸合理、有效的国家治理手段或方略。具体地说，他们应该借助于一定的手段善或工具善来实现国家治理追求的目的善。

纵观人类社会发展史，人类治理国家的手段或方略主要有两种：一是德治；二是法治。德治即以德治国，它是借助于道德规范来整治国家的方略。法治即依法治国，它是借助于以法律制度为主要内容的社会制度来整治国家的方略。这两种方略的根本区别在于：德治所依靠的道德规范是非强制性的，它告诉人们什么是善和什么是恶，并告知人们应该做什么和不应该做什么，但并不强制性地命令人们只能做什么和不能做什么，因此，它对人类行为的约束或规约是软性的、有弹性的；相比之下，法治所依靠的社会制度具有强制性，它告诉人们什么是合乎制度的行为和什么是违背制度的行为，并要求人们严格按照制度规定为人处事，而不是非强制性地告诉人们应该做什么和不应该做什么，因此，它对人类行为的约束或规约是硬性的、非弹性的。一般来说，德治方略的运用旨在将人们的行为控制在一个富有弹性的基础层面，它允许人们的个人道德修养存在人际差异性，并且将遵守底线道德和服从最高道德要求的人都视为有道德修养的人；法治方略的运用旨在将人们的行为控制在一个没有任何弹性的严格层面，它要求所有人在同一个水准上严格遵守社会制度的规定，不允许任何人在服从社会制度规定方面讨价还价。

我们认为，在道德规范面前，人与人之间是难以平等的；但在法律制度面前，人与人之间是必须平等的。

德治是国家治理不能不依靠的一种最基本手段。在国家状态中，绝大多数人自觉接受道德规范的制约，并且能够自觉地按照道德规范的要求处理彼此之间的关系以及个人与社会之间的关系，这是一个国家能够拥有正常社会秩序的基本保证；相比之下，在任何一个国家里突破社会制度底线的人往往仅仅占据少数。这说明，虽然道德规范对人们的约束是非强制性的，但是它的约束力在人类社会是普遍有效的。正因为如此，道德实在论者强调："道德是人类生活中一种实实在在的力量"①，它"对我们有发言权，能够命令、强迫、鼓励或引导我们行动；或者至少可以说，当我们求助于它的时候，我们对彼此的行为有发言权"②。道德规范是非强制性社会规范，但它可以作为人类的内心信念来影响他们的行为，也可以借助于社会舆论、风俗习惯、礼节礼仪等形式来对他们提出行为要求，因此，它对人类行为的约束几乎达到无时不在、无处不在的程度。尤其重要的是，道德约束是通过树立人们的荣辱感来发挥作用的，或荣或辱对每一个人来说都是极其重要的事情，甚至事关人生事业的成败得失，因此，绝大多数人愿做光荣的道德人，不愿意做被钉在耻辱柱上的人。道德规范对人类行为的约束力不容忽视，这是国家治理者青睐德治方略的现实原因。

在国家治理领域，德治方略针对的对象应该主要是国家治理者。在中国传统社会，国家治理者主要是指帝王和官吏；在当今中国，国家治理者主要是指国家领袖和领导干部群体。由于掌握着国家公共权力，

---

① Christine M. Korsgaard, *The Sources of Normativity*, Cambridge：Cambridge University Press, 1996, p.13.

② Christine M. Korsgaard, *The Sources of Normativity*, Cambridge：Cambridge University Press, p.8.

国家治理者的所思所想和所作所为直接决定着国家公共权力的运行状况。他们能否以合乎道德要求的方式使用手中掌握的国家公共权力，这一方面取决于国家制度的设计和安排状况，另一方面在很大程度上取决于他们的个人道德修养状况。正因为如此，实施德治方略必须将国家道德建设的重点放在官德建设上。官德昌明，则国家公共权力能够在阳光下运行；官德暗淡，则国家公共权力很容易在暗箱操作中运行。官德建设的关键，是必须推动国家治理者形成公私分明的伦理思想境界，树立严以用权、用权为公的道德价值观念。

"道德禁令是国家基本强制权力所拥有的全部合法性之根源。"① 德治的有效实施，能够给国家治理者掌控和使用国家公共权力设置第一道防线。以个人道德信念、社会舆论等方式存在的道德，能够对国家治理者掌控和使用国家公共权力的观念和行为起到一定的规范或制约作用。如果国家治理者具有良好的个人道德修养，他们就比较容易表现出合理掌控和使用国家公共权力的道德行为，以用权为公为荣，而以用权谋私为耻。不过，作为一种非成文的非强制性社会规范，道德对国家治理者的约束力毕竟是有限的。国家治理毕竟是充满五花八门利益诱惑的政治生活领域，很容易将那些道德修养不到位的国家治理者引上离德、弃德、背德的轨道。一个国家治理者一旦突破道德防线，就很容易踏上以权谋私的邪恶道路。因此，道德对国家治理者的国家治理行为不可能形成绝对有效的控制。这暴露了德治方略的局限性，但为法治方略的出场提供了道德合理性。

法治是国家治理必不可少的第二道防线。与德治不同，法治方略强制性地要求国家治理者必须在国家制度允许的范围内掌控和使用国家

---

① ［美］罗伯特·诺奇克：《无政府、国家和乌托邦》，姚大志译，中国社会科学出版社 2008 年版，第 6 页。

公共权力。一方面，它会划定国家治理者掌控和使用国家公共权力的合理性边界；另一方面，它会对那些不按照制度规定掌控和使用国家公共权力的国家治理者进行严厉的惩罚。也就是说，社会制度通过两种方式来约束国家治理者掌控和使用国家公共权力的行为："有时它禁止人们从事某种活动；有时则界定在什么样的条件下某些人可以被允许从事某种活动。"[①] 更进一步说，社会制度仅仅保护严格遵守它的国家治理者，而对那些突破其防线的国家治理者予以严厉惩罚。用习近平总书记的话来说，法治能够"把权力关进制度的笼子里，形成不敢腐的惩戒机制、不能腐的防范机制、不易腐的保障机制"[②]。法治方略的成功实施，能够弥补德治方略缺乏强制性的不足，能够将国家治理者治理国家的行为纳入制度化的轨道，能够极大地减少国家治理者以权谋私的机会。

德治和法治是国家治理的两种主要手段，但不同时代的人在运用这两种手段治理国家时会有所侧重。以德治为主、法治为辅的国家治理模式主要适用于奴隶社会和封建社会。在奴隶社会和封建社会，国民经济以自给自足的农业经济为主，工商业和商品经济不够发达，人与人之间的经济交往和契约关系很有限，家庭掌握着国家的经济权力。与这种经济基础相适应的是政治上的等级制度。等级森严是奴隶制度和封建制度的共同特征，它使等级划分不仅具有不容忽视的政治意义，而且具有至关重要的伦理意义。奴隶社会和封建社会的社会关系主要是靠人与人之间的等级伦理关系来定义的。因此，孔子说："君君，臣臣，父父，子子。"[③] 其意为，为政之道在于明确人与人之间的等级伦理关系，这是治理好一个国家的根本方法。

---

① ［美］道格拉斯·C.诺思：《制度、制度变迁与经济绩效》，杭行译，上海人民出版社 2008 年版，第 4 页。

② 习近平：《习近平谈治国理政》，外文出版社 2014 年版，第 388 页。

③ 《论语·大学·中庸》，陈晓芬、徐儒宗译注，中华书局 2015 年版，第 143 页。

进入资本主义社会后，由于资本主义市场经济、政治和文化的不断发展，人与人之间的利益矛盾变得非常复杂，特别是资产阶级和无产阶级之间的阶级利益矛盾日趋尖锐化，如何借助于强制性社会制度来治理国家的方略受到了资产阶级的高度重视。在经济生活领域，他们普遍实行市场经济体制，并推行严格的生产资料私有制度、市场准入制度、金融税收制度等；在政治生活领域，他们普遍实行三权分立的政治制度模式，使立法机关、行政机关和司法机关分别掌握国家的立法权、行政权和司法权，从而使国家公共权力的使用处于相互制衡的状态；在文化生活领域，他们普遍实行自由主义文化体制，鼓励人们进行文化创新，从而使资本主义文化呈现出众声喧哗的态势。总体来看，资本主义国家普遍更多地重视社会制度的国家治理功能。正是基于这种认识，当代英国哲学家布莱恩·巴利指出："制度是实现社会正义的关键。"①

我国是在没有充分发展资本主义的历史条件下转入社会主义社会的，这一特殊社会背景为长久坚持以德治为主、法治为辅的国家治理模式提供了理由，也极大地抑制了我国的法治建设进程。对此，习近平总书记明确指出，我国在法治建设方面目前仍然存在许多与党和国家事业发展的要求、广大人民群众的期待以及我国推进国家治理体系和治理能力现代化的目标不适应、不符合的问题，其主要表现是"有的法律法规未能全面反映客观规律和人民意愿，针对性、可操作性不强，立法工作中部门化倾向、争权诿责现象较为突出；有法不依、执法不严、违法不究现象比较严重，执法体制权责脱节、多头执法、选择性执法现象仍然存在，执法司法不规范、不严格、不透明、不文明现象较为突出，群众对执法司法不公和腐败问题反映强烈；部分社会成员尊法信法守法用

① ［英］布莱恩·巴利：《社会正义论》，曹海军译，江苏人民出版社 2007 年版，第 21 页。

法、依法维权意识不强，一些国家工作人员特别是领导干部依法办事观念不强、能力不足，知法犯法、以言代法、以权压法、徇私枉法现象依然存在。"①

党的十八届三中全会将完善和发展中国特色社会主义制度、推进国家治理体系和治理能力现代化确定为我国当前全面深化改革的总目标。什么是国家治理体系的现代化？我们认为，就是从以德治为主、法治为辅的国家治理模式转向德治和法治相结合的国家治理模式。

"工欲善其事，必先利其器。"虽然适当的国家治理手段仅仅是国家治理者实现"好国家"理想的手段善，但是它毕竟是"好国家"得以产生的必要条件，因而也是国家治理者不能不高度重视的手段善。正是由于非强制性的道德规范不能单独承担治理国家的重任，强制性的社会制度也不能单独承担治理国家的重任，当今中国确立德治和法治相结合的治国理政之道，既有历史依据，也有现实基础。这说明当代中国对国家治理手段的认识、理解和把握，达到了应有的水平、境界和高度。

实行德治和法治相结合的国家治理方略的伦理意义主要在于：它能够同时借助于国家治理者的个人道德修养和以法律为主要内容的社会制度，对国家公共权力的运行进行"双保险"式的管控，从而使德治和法治方略真正成为有助于国家治理的手段善或工具善。"国家和社会治理需要法律和道德共同发挥作用。"② 要治理好一个国家，必须走德治和法治并举的道路。德治和法治都是国家治理必不可少的手段或方略，各有所长，也各有所短，彼此之间具有很强的互补性。德治的有效实施，有助于培育和滋养人们的法治思维、法治意识、法治思想和法治精神；法

① 《中共中央关于全面推进依法治国若干重大问题的决定》，人民出版社 2014 年版，第 3 页。

② 《中共中央关于全面推进依法治国若干重大问题的决定》，人民出版社 2014 年版，第 7 页。

治的成功推进，也有助于建构和提升人们的德治思维、德治意识、德治思想和德治精神。一个治理得好的国家，必定是德治和法治方略相互结合、相辅相成、相得益彰的产物。

五、现代民主政治与共享政治伦理

政治并非天生肮脏，但由于它是政治权力汇聚的领域，而政治权力又通常与各种利益复杂地交织在一起，它很容易被污染。正因为如此，政治需要道德的介入。道德的介入旨在净化政治和维护政治权力的内在善性。

政治伦理不仅试图用道德规约人类的政治活动或行为，而且致力于提高政治权力的共享性。一种政治或好或坏，这是由它的政治权力的共享程度决定的。专制政治将政治权力集中于某个人或少数人手中，其运行的根本目的是维护某个人或少数人的利益，因而难以得到道德合理性辩护。现代民主政治具有更加坚实的道德合理性基础，这主要是因为它极大地提高了政治权力的共享性。现代民主政治是更加合乎伦理的政治形态。

我国目前正处于大力推进现代化的过程中。要全面实现现代化，关键是必须实现国家治理体系和治理能力的现代化。推进国家治理体系和治理能力现代化的核心内容，是要充分凸显国家治理的伦理维度，或者说，是要将国家治理真正引向合乎伦理的方向。现代化的国家治理模式要求彻底改变奴隶制国家、封建制国家等传统国家形态的统治式国家管理模式，要求通过倡导现代意义上的自由、平等、民主、公正、共享等道德价值观念推动国家朝着越来越好的方向发展。共享是现代民主政治应该大力弘扬的道德价值观念。

当今中国应该大力弘扬共享政治伦理。共享政治伦理只能基于现代民主政治而产生，也只能在现代民主政治的强有力支持下才能不断得到增强。反之，共享政治伦理又是现代民主政治发展的价值航标，现代民主政治也需要共享政治伦理的价值导航。共享政治伦理要求以共享伦理引领现代政治活动，以普遍有效的共享伦理原则规约国家公共权力的运行和维护广大国民的基本政治权利，以实现共享型社会作为国家治理的伦理价值目标。现代民主政治与共享政治伦理不仅应该相向而行，而且应该相互支持、相得益彰、相辅相成。

第八章 财富共享问题与财富伦理

共享伦理具有多种形态。财富伦理是最常见也最具有代表性的共享伦理形态。人类能够拥有两种财富：一是物质财富；二是精神财富。物质财富是人类生存的经济基础，在人类社会生活中居于基础性地位，是人类生命的物质性支持系统。精神财富体现人类生存的精神维度，在人类社会生活中居于理想层面，是人类的精神家园。这两种财富都是人类生存必不可少的内容。本章的主题是探究财富共享问题以及财富伦理在共享伦理中的重要地位。

一、当今中国社会需要财富伦理导航

当今中国不缺少物质财富，缺少的是财富伦理的导航。改革开放40多年，我国人民创造物质财富的智慧和能力得到充分展现，物质财富的积累也因此而达到空前丰富的程度；然而，由于缺乏财富伦理的引导，许多与"物质财富"相关的现实问题呈现出日益尖锐化的态势，并且让许多人深陷困惑：为什么当今中国日益丰富的物质财富中充斥着毒牛奶、假羊肉、地沟油等让人望而生畏的东西？为什么贫富差距问题在物质财富日益丰富的当今中国变得越来越严重？为什么"啃老"在当今中国被许多人视为"天经地义"的事情？为什么越来越多的"富二代"表现出为富不仁的行为特征？为什么许多富裕的中国人并不热衷于慈善事业？为什么许多中国人在占有越来越多的物质财富时并没有获得更多的幸福感？……这些问题之所以让许多人深陷困惑，主要是因为它们与其对物质财富的伦理期待有较大的差距。不容置疑的是，人们希望物质财富给他们带来的是温饱、安全、健康和幸福，而不是毒素、疾病、痛苦和死亡；人们乐见日益丰富的物质财富，更乐见物质财富得到公正分配的事实；人们愿意用他们创造的物质财富帮助他们的子女，但他们不愿意看到他们的子女因此而产生以"啃老"为荣的错误价值观念，更不愿意看到"啃老"造就的"富二代"成为道德败坏或道德沦丧的"代名词"；人们希望富裕的人能够把参与慈善事业当成一种美德，更希望物质财富能够给他们带来实实在在的人生幸福。这些事实说明，人们对物质财富的追求不仅是一种物质性或利益性追求，而且是一种伦理追求。当社会上出现物质财富的创造、交换、分配和消费与人们的伦理价值观念存在较大差距或不相吻合的状况时，他们既可能感到困惑，也可能对物质财富的本质、价值、用途等展开深入的伦理反思。

　　人类总是带着一定的伦理价值观念参与物质财富的创造、交换、分配和消费过程。人类在创造、交换、分配和消费物质财富过程中展现的伦理思想、伦理观念和伦理精神就是财富伦理。财富伦理是人类在长期社会生活中对物质财富的本质、价值、用途等进行理性认识、领悟和理解所形成的伦理思想、伦理观念和伦理精神的总和。作为"伦理"的一种重要表现形式，财富伦理是关于物质财富的内在道理。财富伦理与物质财富直接相关，但它绝对不等同于物质财富。物质财富是外在于人的"东西"或"物品"，因而它是有形的，而财富伦理是内在于人的伦理思想、伦理观念和伦理精神，因而它是无形的。不过，虽然财富伦理是无形的，但它是一种能够对人类社会生活产生深刻影响的规范性力量。当人类对其创造物质财富的劳动、交换物质财富的方式、分配物质财富的结果、消费物质财富的影响等进行价值认识、价值判断和价值选择时，他们的所思所想和所作所为就不可避免地会被打上财富伦理的烙印。财富伦理告诉我们，人类创造物质财富的劳动具有不容置疑的伦理价值，它是无比光荣的；物质财富的交换应该遵循"货真价实"的原则，它反对交换者以假冒伪劣商品行骗欺诈；物质财富的分配应该最大限度地体现公正性，它与分配不公是对立的；物质财富消费应该以"适度"为衡量标准，它反对过度消费物质财富的不合理行为。作为一种关于物质财富的"道理"，财富伦理要求人类看待和对待物质财富的眼光、观念、态度和行为充分反映他们自身的伦理思想、伦理观念和伦理精神。

人类创造、交换、分配和消费物质财富的行为首先是一种经济行为，因为它们总是在一定的经济思想和经济观念支配下展开的。在经济思想和经济观念支配下，人类往往希望他们创造、交换、分配和消费的物质财富能够在数量上达到"最大化"。数量上达到最大化的物质财富能够给人类带来经济成就感和经济安全感，但它并不一定能够使人类经济生活具有伦理合理性。人类对物质财富的创造、交换、分配和消费都必须有一个合理性边界或价值边界。这个"边界"不是由人类的经济思想和经济观念划定的，而是由人类的财富伦理思想、财富伦理观念和财富伦理精神划定的。只有在财富伦理的引导下，人类才会明白他们应该创造什么样的物质财富，也才会明白他们创造多少物质财富才是合理的。只有在财富伦理的引导下，人类才会明白他们需要交换什么样的物质财富，也才会明白他们如何交换物质财富才是可取的。只有在财富伦理的引导下，人类才会明白他们应该分配什么样的物质财富，也才会明白如何分配物质财富才是公正的。也只有在财富伦理的引导下，人类才会明白他们应该消费什么样的物质财富，也才会明白他们如何消费物质财富才是有意义的。财富伦理对人类创造、交换、分配和消费物质财富的行为发挥着强有力的伦理引导作用，它能够使人类创造、交换、分配和消费物质财富的行为具有崇高的伦理价值。

加强财富伦理建设理应成为我国社会主义道德建设的一个重要内容。由于贫富差异、物质财富与人生幸福相脱离等财富伦理问题在当今中国日益尖锐地表现出来，如何用正确的财富伦理思想、财富伦理观念和财富伦理精神引导人们正确认识和理解物质财富的本质、价值和用途就变得特别重要。财富伦理理应成为引导当代中国人创造、交换、分配和消费物质财富的价值航标。

二、财富创造者的伦理尊严

当人类对彼此人之为人的身份、智力、能力、品格、行为等给予道德上的肯定、称赞和尊重，他们获得的是一种伦理尊严。伦理尊严是人类尊严的最基本表现形式，它不仅使人类成为"道德人"——讲道德的人，而且使他们在社会生活中能够相互给予道德上的尊重。从个人角度来看，拥有伦理尊严是其具有人类身份的最基本标志，也是他在人类社会生存和发展的根本所在。一个拥有伦理尊严的人是一个得到人类社会认可、欢迎和尊重的人，他具有人之为人的道德光荣感、道德自豪感和道德成就感。如果一个人没有伦理尊严，这不仅意味着他在人类社会中没有得到认可、欢迎和尊重，而且意味着他缺乏人之为人的道德光荣感、道德自豪感和道德成就感。在一个民主社会里，每个人的伦理尊严都是平等的；国家元首和普通人具有同等的伦理尊严，富人和穷人具有同等的伦理尊严；人的伦理尊严不应受到个人身份和社会地位的影响而具有人际差异性。

赋予物质财富创造者应有的伦理尊严是财富伦理的内在要求。物质财富创造者的伦理尊严是指人类创造物质财富的主体身份、智力、能力、品格、行为等得到道德上的肯定、称赞和尊重，他们作为物质财富创造者存在具有不容贬低的道德价值。在财富伦理中，人类作为物质财富创造者存在的道德价值从根本上来说是由他们创造物质财富的社会意义决定的。无论物质财富创造者是出于自给自足的目的创造财富，还是为了商品交换的目的创造财富，或者出于其他目的创造财富，他们的财富创造活动都具有社会意义。他们在创造物质财富的过程中不仅能够展现自己的智慧、能力、品格等人格魅力，而且能够为人类社会的发展奠定不可或缺的物质基础。如果人类不能作为物质财富创造者而存在，那么他们不仅不能拥有其社会生活必不可少的物质条件，而且不能在地球上实现可持续发展。物质财富创造者创造的物质财富是人类社会不断向前发展的前提条件，它的特殊重要性使物质财富创造者具有特别重要的社会地位，并使之具有不容贬低的伦理尊严。

物质财富创造者的伦理尊严必须通过两个同时并举的途径来确立。一方面，物质财富创造者本身必须是"道德人"。这是指物质财富的创造者必须是具有道德修养的人，他们不仅具有正确的财富伦理观念，并且能够将他们的财富伦理观念付诸创造物质财富的社会实践。具体地说，他们既深刻地洞察了物质财富的本质、价值、用途等，也深刻地知道他们自己应该创造何种物质财富来满足人类对物质财富的实际需要。更进一步说，具有道德修养的物质财富创造者把创造有利于人类生存和发展的物质财富当成一种美德，而把创造有害于人类生存和发展的物质财富当成一种邪恶。事实亦如此。只有当物质财富创造者创造物质财富的活动真正有利于人类的生存和发展，他们的活动才具有道德价值，他们的活动也才应该在道德上受到肯定、称赞和尊重。另一方面，物质财富创造者在财富伦理观念引导下创造物质财富的劳动应该得到道德上的充分肯定、称赞和尊重。如果物质财富创造者是在财富伦理观念引导下创造了真正有利于人类生存和发展的物质财富，他们为此付出的辛勤劳动就应该得到道德上的充分肯定、称赞和尊重。在现实社会中，那些为人类生产粮食、水果和蔬菜的农民应该得到道德上的肯定、称赞和尊重，那些为人类生产各种机器、工具和用品的工人应该得到道德上的肯定、称赞和尊重，那些借助于政府决策、企业管理等方式创造物质财富的人也应该得到道德上的肯定、称赞和尊重。也就是说，只要一个人是以某种合乎财富伦理的方式创造了真正有利于人类生存和发展的物质财富，他就应该在人类社会得到道德上的肯定、称赞和尊重。一个社会对物质财富创造者给予道德肯定、称赞和尊重的最好方式是对他们创造物质财富的辛勤劳动给予适当的报酬。当物质财富创造者按照财富伦理的要求创造了物质财富，并且他们的劳动被给予了适当的报酬，则他们获得了物质财富创造者应有的伦理尊严。

如果物质财富创造者的伦理尊严在一个社会存在缺失的问题，这要么是因为物质财富创造者本身缺乏财富伦理观念，要么是因为社会没有给予物质财富创造者应有的道德肯定、称赞和尊重。有些人缺乏财富伦理观念，他们创造的物质财富不是真正有利于人类生存和发展的物质财富，而是有害于人类生存和发展的物质财富。那些依靠生产毒稻米、毒水果、毒蔬菜、毒生姜等发财的农民是不可能获得伦理尊严的，因为他们不可能在人类社会获得道德上的肯定、称赞和尊重。那些依靠生产假冒伪劣商品坑害广大消费者的商人也不可能获得伦理尊严，因为他们也不可能在人类社会获得道德上的肯定、称赞和尊重。从财富伦理的角度来看，伦理尊严既是物质财富创造者遵循财富伦理的必然结果，也是人类社会应该给予物质财富创造者的一种道德回报。物质财富创造者应该享有伦理尊严，但这是指——只有那些真正创造了有利于人类生存和发展的物质财富的人才应该享有伦理尊严。从财富伦理的角度看，伦理尊严只属于那些心里时刻装着财富伦理的物质财富创造者，只属于那些能够从社会上得到道德肯定、称赞和尊重的物质财富创造者。

三、财富消费的符号化及其危害性

如何消费物质财富是一个不容忽视的财富伦理问题。我们正生活在一个物质财富充裕的时代。生活在当今中国社会就如同生活在一个大超市，里面的商品五花八门，琳琅满目，应有尽有。在这样一个物质财富充裕的时代，人们无须担心物质财富匮乏的问题，仅仅需要考虑如何消费物质财富的问题。正因为如此，如何用财富伦理引导人们消费物质财富的行为就变得非常紧要。

当今中国社会存在物质财富消费日益符号化的问题。物质财富消费的符号化不仅指人们对物质财富的消费往往借助于"金钱"来进行，而且指人们往往把物质财富的消费看成一个显示个人身份、地位、权力、影响力和幸福指数的过程。符号化的物质财富消费可以造成这样一个假象：人们在消费物质财富的时候消费的是金钱、身份、地位、权力等等符号，而不是消费物质财富本身。

物质财富消费的符号化问题在当今中国呈现出日益严重的态势，这主要是因为人们对物质财富消费的实质缺乏伦理认识。从财富伦理的角度来看，人们适度地消费物质财富是一种权利，也是一种合乎伦理的行为，但一旦物质财富消费被严重符号化，则人们消费物质财富应有的伦理性就很容易被消解掉。人类之所以要消费物质财富，是因为它是人类社会生活的物质基础。由于人类对物质财富的实际需要总是有限的，人类对物质财富的消费也总是存在一个合理的限度。一个众所周知的事实是，人类对物质财富的消费并不是数量越多越好。例如，只有适度消费的食物才有利于人类的身体健康，如果人类过度消费食物，他们的身体健康完全可能遭到致命性的危害。要知道，绝大多数"富贵病"都是人们过多地大吃大喝导致的。当人们对物质财富的消费严重符号化，则人们消费物质财富的行为不可避免地会被赋予过多的符号意义，消费者则会为了实现这些符号意义而在消费物质财富的现实活动中疯狂地追求消费量的最大化，因为只有最大化的消费量才能最直观也最有效地反映他们作为物质财富消费者特有的金钱、身份、地位、权力等符号意义。

由于越来越多的人把追求和实现符号意义当成物质财富消费的价值目标，当今中国社会对物质财富的消费越来越偏离人们对物质财富的实际需要，也越来越偏离合理的限度，其最终后果则是把当今中国社会变成了许多西方学者所说的"高消费社会"。所谓高消费社会，就是高消费主义价值观念成为主导性消费价值观的社会，就是物质财富消费高度符号化的社会，就是人们普遍用物质财富的消费量来衡量生活质量的社会。在这样的社会里，追求物质财富的高消费被当成一种时尚和美德，消费物质财富被视为显示身份、地位、权力、影响力、个人幸福等等的象征性符号，物质财富消费量则被当成一种公认的生活质量衡量标准。进入改革开放时代之后，我国在物质财富积累方面达到空前丰富的程度，人们推崇物质财富高消费的风气日渐强盛，我国社会步入高消费社会的事实也日渐明朗。

步入高消费社会对于当代中国人来说绝对不是一种"福音"。首先，高消费主义价值观念的盛行给当今中国社会带来的伦理危害是严重的。由于追求物质财富的高消费被当成一种时尚和美德，炫耀性消费和浪费性消费在当今中国社会泛滥成灾。其次，物质财富消费的高度符号化极大地消解了物质财富消费本身的伦理意义。由于消费物质财富被视为显示身份、地位、权力、影响力、个人幸福等等的符号性象征，越来越多的人沦为了物质财富的奴隶。他们不是出于真正追求个人幸福或社会价值的目的而消费物质财富，而是仅仅为了消费物质财富而消费物质财富。他们在高消费中失去了人之为人的本质，变成了物质财富的奴隶。最后，用物质财富的消费量来衡量人的生活质量不仅过分夸大了物质财富的价值，而且使人之为人应有的伦理精神遭到了不应有的忽略和贬低。一个显而易见的事实是，人类不是一种仅仅为了消费物质财富而存在的动物，他们在地球上生存和发展的根本意义在于他们能够彰显其他低等动物无法彰显的伦理精神。这种伦理精神在人身上的表现是，他们知道人类对物质财富的消费存在一个合理的"度"，这个"度"使他们消费物质财富的行为不仅能够得到财富伦理的辩护，而且能够有利于人类社会的可持续发展。

人类不应该仅仅为了消费物质财富的目的而去消费物质财富，而是应该将其消费物质财富的行为纳入财富伦理的制约之下。财富伦理告诉我们，一个人绝对不会因为消费物质财富的数量大就可以获得人生幸福，也绝对不会在追求物质财富高消费的游戏中促进社会的发展；只有那些懂得如何合理消费物质财富的人才能拥有健康、快乐、幸福等人生必不可少的价值，只有那些懂得如何合理消费物质财富的人才能借助于节俭、适度、文明的消费方式体现人之为人应有的消费理念和消费行为，也只有那些懂得如何合理消费物质财富的人才能借助于他们的消费活动或行为为人类社会的健康发展、可持续发展作出贡献。

四、物质财富分配的公正性问题

物质财富分配的公正性问题属于分配正义问题的范围。广义的分配正义问题追问的是如何保证物质财富、政治权利、发展机会等所有社会资源的分配最大限度地体现公正性的问题。狭义的分配正义问题仅仅追问如何保证"物质财富"这一种社会资源的分配最大限度地体现公正性的问题。什么是物质财富分配的公正性？要回答这一问题，关键是要找到一个进入该问题的合理视角。一个不容置疑的事实是，当某一个人对物质财富分配的公正性表达某种具体的诉求时，他的诉求既可能得到他人的认可，也可能无法得到他人的认可。如果是前一种情况，这说明他对物质财富分配的公正性诉求与他人的同类诉求是吻合的或一致的。如果是后一种情况，这说明他对物质财富分配的公正性诉求与他人的同类诉求不是吻合的或一致的，甚至是相互冲突的。这两种情况都可能在人类社会中出现，这一事实告诉我们：物质财富分配的公正性与个人的公正性诉求直接相关，但它并不是由个人的公正性诉求决定的。之所以如此，是因为任何一个人对物质财富分配所表达的公正性诉求不可避免地会被打上个体性、自私性和特殊性的烙印，它们很容易与他人对物质财富分配的公正性诉求相冲突。正因为如此，任何一个社会都不可能让其成员仅仅从个人的角度就物质财富分配表达公正性诉求，而是必然要找到一个能够代表所有人的视角来就物质财富分配提出具有普遍代表性的公正性诉求。这种视角只能出自"社会集体"——它在人类社会中的主要表现形式是"政府"。

当个人就物质财富分配表达的公正性诉求难以吻合或难以达到一致时，政府就会以"社会集体"的名义就物质财富分配的公正性提出一种旨在体现集体性、公共性和普遍性的诉求，以避免个人在参与物质财富分配过程中可能陷入难以化解的分配利益矛盾。当然，政府以"社会集体"的名义就物质财富分配表达的公正性诉求也不应该建立在不合理地侵害个人物质利益的基础之上。它必须充分关心和尊重个人对物质财富分配的公正性诉求；否则，它以"社会集体"的名义就物质财富分配表达的公正性诉求不可能真正具有集体性、公共性和普遍性特征。显而易见，在如何保证物质财富分配最大限度地体现公正性的问题上，不同的个人之间存在激烈的博弈，个人和社会集体之间也存在激烈的博弈。总体来看，物质财富分配的公正性既不是个人参与物质财富分配所表达的个体性、自私性和特殊性分配利益诉求得到单方面满足的状况，也不是社会集体（政府）参与物质财富分配所表达的集体性、公共性和普遍性分配利益诉求得到单方面满足的状况，而只能是这两种分配利益诉求达到吻合或一致的产物。

　　财富伦理强调和追求物质财富分配的公正性——即分配正义，但它把这种公正性的实现同时寄希望于"个人"和"社会集体"（主要是政府）。在财富伦理的框架内，最大限度地体现公正性是"个人"和"社会集体"在物质财富分配领域共享的一个价值目标，但这一价值目标的实现是"个人"和"社会集体"相互博弈又相互妥协的结果。以一个社会如何确定最低工资标准的问题为例。从个人的角度来看，最低工资标准当然是越高越好，但从政府的角度来看，最低工资标准必须依据整个国家的财政状况来确定，并且应该有利于所有人。这样一来，个人和政府之间就不可避免地会在如何确定最低工资标准的问题上展开激烈的博弈，双方你来我往的讨价还价必定十分复杂。如果这种博弈无休无止，则最低工资标准永远都不可能产生。通常的情况是，当最低工资标准问题被提出来之后，个人和政府之间在进行激烈的博弈之余还会进行某种妥协。只有出现这样的妥协，一个社会才能最终确定某种最低工资标准。这一最低工资标准一定在某种程度上兼顾了个人和政府对最低工资标准（它也是人类社会分配物质财富的一种方式）的公正性诉求，因而它是公正合理的，也是可以让个人和政府同时接受的标准。

　　物质财富分配的公正性问题是一个复杂问题，其复杂性就在于物质财富分配的公正性必须兼顾"个人"和"社会集体"的公正性诉求。要知道，个人对物质财富分配的公正性诉求五花八门，社会集体对物质财富分配的公正性诉求也不一定具有不容置疑的合理性。虽然最大限度地体现公正性是个人和社会集体在物质财富分配领域共享的一个价值目标，但是这种价值目标上的一致性并不意味着个人和社会集体对物质财富分配的公正性诉求就很容易吻合或达到一致。人类社会现实通常是这样的：物质财富分配的公正性只是"大体上"兼顾了"个人"和"社会集体"对物质财富分配的公正性诉求；或者说，它只是"大体上"兼顾了"个人"和"社会集体"的分配利益需要；因此，人类社会在分配物质财富方面所达到的公正性不可能是一种绝对的公正。人类在分配物质财富过程中实现的分配正义只能是一种相对的社会正义。

五、财富伦理的慈善维度

财富伦理的慈善维度是指财富伦理具有要求人们积极参与慈善事业的价值取向和价值导向。做慈善是一种难能可贵的美德，因为并非每一个人都有经济实力做慈善，也并非每一个人都愿意做慈善。一个人是否热心于慈善事业，这与他的经济实力有关，更与他的财富伦理观有关。一个经济实力强大而缺乏财富伦理观的人不可能真正热心于帮助人的慈善事业，而一个经济实力不足但具有财富伦理观的人完全可能力所能及地参与慈善事业。财富伦理倡导慈善的原因主要有四个方面：

第一，人类社会难以彻底消除贫富差距问题，这客观上使慈善事业的产生和发展成为必要。在任何一个社会里，人总是可以区分为富人和穷人。富人之所以被称为富人，是因为他们占有的富余物质财富较多。一个人占有的富余物质财富越多，他就越富有。穷人之所以被称为穷人，是因为他们占有的物质财富非常有限，甚至不足以使其维持基本的生计。一个人占有的物质财富越是不足，他就越贫穷。在富人和穷人同时并存的人类社会中，贫富差距问题总是现实地存在着，富人是否应该帮助穷人的问题历来是一个引人注目的财富伦理问题，这为财富伦理要求慈善事业的产生和发展提供了现实基础。慈善事业的主要内容就是富人如何用其富余的物质财富帮助需要帮助的穷人。

第二，人类的仁爱美德是推动慈善事业得以产生和发展的一种强大道德动力。绝大多数人都具有仁爱的美德。孟子认为人天生具有"恻隐之心"，因此人必定能够爱己及人。大卫·休谟和亚当·斯密相信人生来具有同情心，认为人能够将心比心地看待和关心他人的苦难。现实中的许多人就是出于仁爱之心去帮助那些需要帮助的人。有些人在看到他人生活在水深火热之中的时候，他们的仁爱之心便会自然而然地萌动起来，并成为推动他们向那些需要帮助的人伸出援助之手的行为动机。具有仁爱美德的人往往更容易关心和参与慈善事业。仁者爱人，仁爱美德可以使人以助人为乐。

第三，慈善事业发达是分配正义在人类社会得到维护和实现的一个重要表现。在人类社会，物质财富往往需要经过一定的分配途径才能为人们所拥有。在市场经济体制下，物质财富首先是通过市场的自由分配进入人们之手的，但由于市场对物质财富的自由分配不可避免地会有利于那些智慧较多、能力较强或资本较雄厚的人，物质财富按照市场法则进行的初次分配很容易导致贫富差距的问题。正因为如此，政府必须对市场分配物质财富的不公正性进行适当的纠正，其主要做法包括实行严格的个人所得税制度、增加公共财政支出、建立社会保障机制等。政府对物质财富的第二次分配有利于缩小人与人之间的贫富差距，但政府所能做的事情也是有限的。通常的情况是，在政府强有力的干预下，富人和穷人之间的贫富差距仍然严重地存在着。在这种情况下，要在更大程度上实现分配正义，人类社会必须进一步诉诸慈善事业。慈善事业从根本上来说是依靠个人的道德自觉来发挥作用的，但它增进分配正义的功能不容低估。在一个慈善事业发达的社会里，由于个人（特别是那些富裕的个人）能够充分认识到慈善事业的社会意义和道德价值，慈善在缩小人与人之间的贫富差距方面发挥着不容忽视的作用。

第四，慈善事业的发达程度是衡量一个社会文明程度和发展水平高低的一个重要标准。一个社会发展到了什么水平？这从根本上来说并不取决于该社会中的富人生活得怎么样，而是取决于其中的穷人生活得怎么样。如果一个社会的穷人很多，他们与富人之间的贫富差距总是非常严重地存在，该社会无论如何也称不上文明社会和公正社会，更算不上一个发展水平高的社会。在一个文明程度和发展水平高的社会里，穷人与富人之间的贫富差距被控制在一个合理的限度内，并且绝大多数富人愿意用他们的富余物质财富帮助那些需要帮助的穷人。

倡导慈善是财富伦理的内在要求。现实中的不少富人对穷人的生活状况漠不关心。他们中的一些人会借助于西方进化论思想来为自己辩护：人类社会是自然状态的延续，人类社会生活同样遵循"优胜劣汰"的自然法则，因此，富人和穷人都是社会竞争的产物；他们之所以具有迥然不同的物质生活状况，是因为他们获取和占有物质财富的智慧和能力存在根本区别。持有这种思想的人往往对他们身边的穷人漠不关心，甚至麻木不仁。

用西方进化论思想来为自己不帮助穷人的行为进行辩护是站不住脚的。19世纪和20世纪流行于西方国家的进化论思想和理论并不是千篇一律的。例如，英国的进化论者赫伯特·斯宾塞就认为，人是从动物界进化而来的，因此，人在社会生活中不可避免地会表现出利己心，但人进入社会之后也会养成"利他"和"公正"的美德；所谓"利他"，即为他人着想，并帮助他人；所谓"公正"，就是追求利己和利他的统一。另一位进化论者克鲁泡特金更是在他的《互助论》一书中明确指出，人类是动物进化的产物，但人类也是一种社会性动物，"互助"是包括人类在内的所有生物的本能。在克鲁泡特金看来，"互助"既是人类讲道德的一个重要原因和表现形式，也是推动人类社会不断向前发展的一个重要原因。

财富伦理可以借助于人类慈善事业得到张扬。人类可以通过积极参与慈善事业彰显其财富伦理思想、财富伦理观念和财富伦理精神。

六、财富利己主义的危害性

财富利己主义是利己主义的一种特殊表现形式。说它特殊，是指它仅仅局限于财富分配领域，是指它是人类在分配和占有财富的过程中才会表现出来的一种道德价值观念。具体地说，它是指一种以自私自利地占有财富为核心价值取向的道德价值观念。

任何事物的出现都有其因果性。财富利己主义也是基于一定的因果关系产生的。人们普遍认为它产生的最主要原因是财富的稀缺性。物质财富是人类社会生活必不可少的物质基础，但它的供给与人类的实际需要总是存在这样或那样的差距，因此，物质财富相对于人类试图占有它的欲望来说总是稀缺的。财富的稀缺性无疑是导致财富利己主义的一个重要原因，但它并不是具有决定意义的根本原因。在如何占有物质财富这一问题上，最重要的是人们的道德价值观念。我们不难想象，一个具有利他主义道德价值观念的人完全可能不把无限占有物质财富作为一种美德来看待，他完全可能因为用自己的物质财富帮助需要帮助的人而感到无比幸福。

马克思主义认为经济基础决定上层建筑。财富利己主义的产生与生产力和生产关系的辩证运动规律不无关系。人类发展史发展到今天，生产力尽管已经得到空前的发展，但是从财富的人均占有量和地域占有量来看仍然处于相对不均的状态。资源的分布不均使人们的安全感得不到保障，只能靠最大限度地获取占有财富来填补内心对于社会安全感的缺失。一方面，人们从生产力极其低下的历史中走来，养成了"屯粮防灾"的文化心理，对财富的占有已经成为获取安全感的一部分。改革开放40多年来，中国的经济得到了前所未有的发展，但人们心里对于贫穷的记忆与认知仍然埋藏在他们的记忆世界的深处，尽可能多地占有财富仍然作为生存内容的一部分深植于人们的文化观念中。另一方面，生产力还没有发展到应有尽有的程度。生产总量上升，但由于人口众多以及其他因素，人均占有量仍然不足，人们仍然有患得患失的不安。中国目前的基尼系数较高财富占有量呈"金字塔"形，财富集中在少数人手里，贫穷和低收入者占人口的大多数，社会矛盾日益尖锐。"仇富"和"拜金"现象层出不穷，这一方面说明人们对分配不公的意见之大，另一方面也说明人们对财富的渴求已经到了不言自明的程度。

如果说安全感的缺失是财富利己主义产生的心理因素，那么竞争的激烈则是其产生的社会因素。人们因财富的有限而进行竞争，社会则在人们的生存角逐中不断向前。人人都有想要过好生活的诉求，但由于发展的不平衡，当今社会在各个方面都存在一定的不平等，这就使得人们必须付诸努力通过竞争去获得尽可能多的财富来满足自己的需求，社会的财富则在这种竞争中不断增加。人的欲望是无穷尽的。在追逐物质财富的过程中，人们很难把握正当需要和过当占有之间的边界问题，很容易陷入极端财富利己主义的深渊。

人的道德价值观念是财富利己主义产生的根源。在长期的发展中，人们对财富的占有欲成为一种固有的观念，欲望会驱使人们尽一切手段占有财富，贪婪会无限扩大人对财富数量的占有上限。于是，人的贪欲和权力欲成了历史发展的杠杆，它驱使着人们对整个世界和文化进行否定。① 历史中有太多因利而聚、利尽而散的例子。人们在尝到见利忘义而带来的甜头之后便会变本加厉，一切道德在现实的利益面前往往很难发声，人们的价值观念也因此而很难扭转。

为了生存而占有、消费一定数量的财富是人之为人的基本权利，但超过一定的限度便可能对他人权利构成侵犯。奢侈是挥霍浪费钱财，

---

① 　参见朱贻庭：《中国传统伦理思想史》，华东师范大学出版社 2003 年版，第 32 页。

是追求过分的享受，这显然与满足个体基本需求的"自我保全"是有本质区别的。

首先，要考察个体对财富合理追求的伦理限度，我们可以从主体对财富的占有量来把握。过分的占有财富是对财富的浪费，也是对社会资源的自私掠夺。财富从来都不是单独的个体能够创造出来的，也从来不应该为某个个体所独占。无论是西方还是中国文化中的自我利益都不等同于自私自利，而是一个比自我利益更为宽泛的概念。人们在自我利益之外也应该追求和维护他人利益和社会集体利益，因为自我利益与他人利益和集体利益具有一致性。个体在满足合理的个人利益需要之外，应将多余的财富投入社会，并致力于创造出更多的社会财富，以让个人日益增长的物质财富需要在社会财富的增长中得到满足，形成一个讲道德、可循环的伦理生态圈。在这种回馈社会的行为中，社会财富才能进行再次分配，并惠及那些低收入、无保障的弱势群体。不仅如此，道德主体自身生存的道德意义也会因此而得到彰显，因为他的行为会对社会产生正能量，能够推动公益事业的发展。

其次，人们应该考虑获取财富的手段是否合乎道德。非法、违背道德原则而获取的财富是有违伦理的。在追逐财富成为社会热潮的当下，人们各显神通，其中不乏"走捷径"的投机分子，他们的行为无论如何都是法律和道德所不能容忍的。

再次，人们可以从财富占有的主体来考虑问题。一个社会的财富不能集中在少数人的手中，因为金字塔形的财富状况是极其不合理，并且不利于社会稳定的。它会使处于塔底的人无法满足个人生活所需，得不到基本的生存保障，而这有违财富伦理。这一考虑涉及社会收入分配的正义问题。我们要意识到，财富的价值在于它的公有性，在于它能够让人们生活得更好，而不是作为一个符号成为成功的唯一标识。我们要努力建立健全合理的分配制度，保障人们正当合理的基本生存需要，使多余的财富得到有效的运用，让财富的应有之义得到体现。

需要特别指出，我们对财富伦理的理解有时需要在国际层面来展开。财富伦理问题不仅是某一个国家或社会可能遭遇的问题，而且可能在国际层面发生。一个国家是否应该觊觎另外一个国家的物质财富（如自然资源）？一个国家是否可以为了占有另外一个国家的物质财富而对后者发动侵略战争？……当我们把诸如此类的问题提出来的时候，我们就是在国际层面追问和思索财富伦理问题。

从法理上来说，世界物质财富在国与国之间的分配是清晰的，因为国家主权的确立使每一个独立自主的国家都具有支配其主权管辖范围内的物质财富的合法权利。然而，事情并不是如此简单。由于国家有强弱之分，物质财富在不同国家的分布并不均衡，不同国家在发展过程中对物质财富的需求量也不尽相同，一个国家觊觎另外一个国家物质财富的事情时有发生，有些国家甚至为了掠夺和占有其他国家的物质财富而不惜对后者发动侵略战争。众所周知的两次世界大战从本质上来说是发达资本主义国家为了在世界范围内掠夺物质财富而发动的战争。日本之所以在第二次世界大战中入侵亚洲各国，其根本目的就是为了掠夺这些国家的丰富物质财富（主要是自然资源）。20 世纪末期以来，一些国家打着推翻暴政、消除大规模杀伤性武器、维护人权等旗号发动了一系列局部战争，其实际目的也是为了掠夺和占有其他国家的物质财富。在当今世界，一些国家奉行财富利己主义的伦理原则，千方百计，甚至不择手段地掠夺和占有其他国家的物质财富，对国际社会应有的正常秩序造成了巨大破坏。

财富利己主义是导致当今国际矛盾不断加剧的一个重要原因。我国近些年所出现的领海争端就与日本、菲律宾、越南等邻国图谋掠夺和占有我国海洋资源的财富利己主义行径有关。这些邻国不满足于本土的资源现状，觊觎我国丰富的海洋资源，特别是觊觎我国东海、南海海域蕴藏的丰富石油、天然气资源，并寻找各种借口蚕食我国海洋权益。为了维护国家主权，也为了保护主权范围内的自然资源，我国与这些国家进行了有理有节的坚决斗争。这种斗争目前仍然在激烈地进行，它不仅反映了我国与上述国家的财富利己主义行径进行坚决斗争的现实，而且在一定程度上反映了国际物质财富争夺战的复杂性和尖锐性。

世界是由许多国家和许多民族组成的一个国际社会。它的正常运转不仅仅需要世界各国深刻认识和充分尊重各自的差异性，更需要借助于国际法、国际伦理等手段有效协调国与国之间的关系。在国际伦理中，以财富伦理反对和抵制财富利己主义是必要的。对那些信奉财富利己主义信条的国家和民族进行伦理批判不仅能够揭露它们图谋掠夺和占有他国物质财富的邪恶目的，而且能够暴露它们破坏国际秩序的不合道德性。

在当今世界，还有很多因素在加剧着财富利己主义，其中最重要的因素是日益严重的资源短缺问题。资源短缺是当今世界各国，特别是西方发达资本主义国家普遍面对的一个现实难题。这一难题对物质财富的国际分配有着深刻影响。为了解决这一难题，有些国家的做法是诉诸财富利己主义信条，并重蹈以侵略战争掠夺和占有他国物质财富的覆辙。

当今世界已经处于经济全球化时代。经济全球化进程日益深化的事实正在深刻地影响并改变着当今世界，但这并不意味着今天的国际社会已经变成一个"大同世界"。事实上，经济全球化不可能从根本上消除国与国之间、民族与民族之间的文化差异，更不可能从根本上消解来自不同文化共同体的人在道德价值观念上的差异性。经济全球化极大地促进了国与国之间的经济合作，但它不可能彻底消除文化的多元性和差异性。在这种现实背景下，世界各国唯有走包容性发展的道路才能和平共处和同生共荣。

包容性发展与财富利己主义是格格不入的。一个国家不能为了一己之私置国际法于不顾，不能为了一己之私不尊重其他国家的主权，不能为了一己之私贪图和掠夺其他国家的物质财富，不能为了一己之私无所顾忌地破坏国际秩序。两次世界大战留给世界各国的教训是惨痛的。它们演绎了人类自相残杀的空前悲剧，几乎将整个人类拖入毁灭的深渊。特别是在那些充当战场的欧洲国家，两次世界大战给人们带来的悲剧体验更是无比深刻，它们甚至催生了以强调人类存在的荒谬性为主题的存在主义哲学。

包容性发展模式是一种包含深刻伦理意蕴的发展模式。它是一种民主的发展模式，因为它要求一个国家在谋求本国发展空间的同时应该充分尊重其他国家的发展权利。它是一种包容共存的发展模式，因为它强调一个国家寻求自强的过程不应该以否定和排斥其他国家的发展为前提。它是一种共赢互利的发展模式，因为它主张一个国家的繁荣应该有利于整个世界的繁荣。它是一种公正合理的发展模式，因为它注重在国际层面维护分配正义，要求世界物质财富在国与国之间的分配充分体现公正性。

七、财富伦理：关于财富的自在之理

"财富"这一概念在人类话语系统中有广义和狭义之分。"广义的财富"指人类所能拥有的一切，它包括人的身体、人的内在精神和外在于人的物质财富。"狭义的财富"则仅仅指人类能够拥有的物质财富。

存在两类物质财富：一类是自然的物质财富，另一类是社会的物质财富。自然的物质财富是"自然之手"的产物，是为全人类共有的一种物质财富。正如洛克所说："大地和大地上的一切东西，都是给人们用来维持他们的生存和舒适生活的。土地上所有天然生产的果实和它所养育的兽类，是自然的自发之手生产出来的，都属于人类所共有。这些东西都处于自然状态中，最初没有人对其中的任何部分拥有排斥其余人类的私人控制权。"① 社会的物质财富是那种通过人类劳动创造出来的物质财富。在现代工业社会，社会的物质财富是通过异常复杂的社会化大生产和再生产过程来创造的。自然的物质财富是原始的、自然的，但它一旦被人类开发利用，也就变成了社会的物质财富。不过，无论是自然的物质财富，还是社会的物质财富，它们都只是一种"物"，"物"性是它们共有的本质规定性。虽然社会的物质财富中往往凝结着人的劳动思想、劳动观念和劳动精神，但是它也无法摆脱"物"的内在规定性。由于在本质上是一种物，物质财富不可能创造自己，也不可能对自己的存在价值作出判断。物质财富的命运只能是任凭人类创造、分配和消费的命运，其价值也只能是任凭人类创造、分配和消费的价值；因此，物质财富永远只能作为人类生存和发展所依赖的一种工具或手段而存在。物质财富的"物"性不仅决定了它本身的工具性，而且使得它永远只能处于被人类利用和控制的地位。既然物质财富只能作为人类生存和发展所依赖的一种手段或工具而存在，那么它的价值就集中表现为一种工具价值或手段价值。换言之，物质财富之所以有价值，是因为它作为一种物具有能够满足人类生存和发展需要的属性。一种物质财富到底有多少工具价值，这不取决于物质财富本身，而是取决于创造、分配和消费物质财富的人。人根据他们的价值需要来创造、分配和消费物质财富，物质财富才具有了工具价值。如果人对他们创造的某种物质财富弃之不用，那么这种物质财富也就没有什么价值。它们会被冠之以"废物"的名称。因此，物质财富到底有没有价值？如果物质财富有价值，那么它的

---

① ［英］约翰·洛克：《政府论两篇》，赵伯英译，陕西人民出版社 2004 年版，第144 页。

价值在哪里？对这些问题的回答从根本上来说都取决于人的价值需要，而不是取决于物质财富本身。

人类常常不得不面对财富伦理问题此起彼伏的局面。这种局面的具体表现五花八门：有些人"一夜之间暴富"，在"突如其来"的巨大物质财富或巨额金钱面前不知所措，"如何消费财富"或"如何花钱"成为他们的人生难题；有些人把物质财富简单地等同于金钱，并以金钱的数量来衡量物质财富的多少和价值；有些人把物质财富当作人生最重要的东西，以占有物质财富的多少来衡量人生价值，陷入了物欲横流的深渊而不能自拔；有些人甘当高消费主义者，花天酒地，铺张浪费，既损害自身的身体健康，又危害社会的可持续发展；有些人占据巨大物质财富，却对社会公益事业漠不关心；有些人以占有父辈的物质财富为荣，不思进取，甚至做出"为富不仁"的事情；有些人因为贫穷而产生"仇富心理"，甚至走上用暴力手段对待富人的不归之路；有些人因为无法忍受贫困的生活而自杀；如此等等。在人类社会历史中，有关贫富悬殊、分配正义、"国富民穷"、"富二代"、"仇富心理"等财富伦理问题的争论历来十分激烈。

人类为什么会遭遇上述财富伦理问题？其原因至少有三个方面：

一是人类对财富的片面或错误认识使财富伦理常常处于一种被遮蔽状态。在如何认知和解读财富这一问题上，人类最容易犯的错误是将"财富"简单地等同于"物质财富"，这不仅容易导致人类片面强调和追求物质财富的问题，而且容易造成财富伦理被遮蔽的问题。在财富伦理被遮蔽的情况下，人类不仅很容易把物质财富看成是对人类生存和发展具有决定意义的东西，而且倾向于不择手段地占有物质财富，这为财富伦理问题的出现提供了无限广阔的可能性空间。

二是占有物质财富的贪欲常常将人类推上不顾财富伦理的轨道。人类的生存和发展是以占有物质财富为前提的。为了保证自身的生存和发展，每一个人类个体都有试图无限占有物质财富的欲望。人类之所以如此，是因为"财富产生快乐和骄傲"，而"贫穷引起不快和谦卑"。① 人类行为往往具有利己主义的根源，因为"个人充满维护个人生命以及使之避免包括一切匮乏与贫穷在内的一切痛苦之无限欲望。他想过极尽可能愉悦的生活，想得到他所能意识到的一切满足，确实，如果可能，他企图演化出崭新的享乐能力"②。如果人类占有物质财富的欲望被控制在合理的限度之内，那么它就具有道德合理性，但如果人类任凭其占有物质财富的欲望无限膨胀，那么他们的欲望就会变成一种难以满足的贪欲和一种会不断挑战和突破财富伦理防线的力量。财富伦理常常会在人类占有物质财富的贪欲面前"土崩瓦解"，这进一步拓展了财富伦理问题滋生的空间。

三是物质财富的匮乏也为财富伦理问题的出现提供了条件。人类具有创造物质财富的强大能力，但他们所创造的物质财富并不能充分满足人类本身的物质生活需要。人类不得不面对的一个残酷现实是，绝大多数人不得不通过不断的劳动创造物质财富才能满足其物质生活需要。如果停止创造物质财富的活动，绝大多数人会陷入物质财富的匮乏状态，这一客观现实既可能使许多人把劳动和创造物质财富当成人类社会生活的一个基本内容，也可能促使许多人产生通过非法占有物质财富的方式谋求舒适生活的思想观念。在现实生活中，许多人就是为了贪图和确保个人物质生活的安逸或舒适才不择手段地谋求和占有物质财富的。

财富伦理问题的出现与人类对财富和财富伦理的认知、理解和解读有关，也与人类的本性、人类的物质生活状况等因素有关。一个财富

---

① [英] 休谟:《人性论》，关之运译，商务印书馆 1997 年版，第 351 页。

② [德] 叔本华:《伦理学的两个基本问题》，任立、孟庆时译，商务印书馆 2007 年版，第 221 页。

伦理问题可能是由上述某个原因导致的，也可能是上述原因综合作用的结果。另外，上述三个原因并不是互不相关的，它们之间存在一种相互联系、相互作用、相互影响的关系。例如，财富伦理的被遮蔽状态和物质财富的匮乏都可能强化人类占有物质财富的贪欲；同样，贪欲的无限膨胀也完全可能遮蔽财富伦理，并加剧物质财富的匮乏。不管怎么说，上述原因使人类常常遭到财富伦理问题的困扰。在遭到这种困扰的情况下，人类要么会因为无法对财富形成正确的认识而忽略财富伦理，要么会因为过分强调物质财富的价值而陷入物欲横流的旋涡之中，要么会因为物质财富的相对匮乏而不择手段地占有物质财富，其结果则是人与财富之间的关系无法被理顺，财富伦理无法得到正常的张扬，财富伦理问题则成为人类不得不经常面对的难题。

要认识和感悟财富伦理的存在，我们需要区分三对概念："伦理"和"道德"、"财富伦理"和"财富道德"以及"广义的财富伦理"和"狭义的财富伦理"。

"伦理"和"道德"是伦理学研究内容的两个方面。伦理学既是关于伦理的学问，也是关于道德的学问，但它研究的"伦理"在逻辑上先于或高于"道德"。"伦理"是自然界和人类社会按照其自身存在和发展的规律所具有的结构特征、关系构成、秩序排列等，因此，它是客观的，不以任何个人的意志为转移。"伦理"告诉我们，自然界和人类社会按照其自身的规律存在和发展是一种自在的道理或客观真理。自然界有自然界的伦理，人类社会有人类社会的伦理。自然界的伦理显示的主要是包括人类在内的所有自然存在物之间相互联系、相互依赖、相互作用、相互影响、相辅相成的关系，以及在这种关系基础上所形成的自然秩序。人类社会的伦理显示的主要是个人与他人、个人与社会之间相互联系、相互依赖、相互作用、相互影响、相辅相成的关系以及在这种关系基础上形成的社会秩序。自然界的伦理和人类社会的伦理所显示的"关系"和"秩序"都是客观存在的，因此，它们是关于自然界和人类社会的自在之理。"道德"则是人类个体领悟和遵循"伦理"的产物。深刻领悟自然界和人类社会中的伦理，并将其转化为个人的思想、意识、观念、态度、精神、行为等，这就是"道德"。伦理是道德之源，人之道德思想、道德意识、道德观念、道德精神和道德行为都是人深入理解和遵循客观伦理的结果，但道德对伦理具有强大的反作用——合理的道德有利于维持和巩固客观存在的伦理，不合理的道德会破坏客观存在的伦理。自然界和人类社会的结构、规律和秩序非常复杂，隐藏于其中的伦理也具有复杂性和多元性，与之相适应的道德也丰富多彩。对"伦理"和"道德"作出这种区分为我们进一步区分"财富伦理"和"财富道德"以及更深入地认识和理解财富伦理的精义和内涵是有启示的。

"财富伦理"在逻辑上也先于或高于"财富道德"。财富伦理是隐藏于财富背后、反映财富的实质和价值、说明人与财富之真实关系的自在之理或客观真理。与其他的任何一种伦理一样，财富伦理的根本特征在于它的客观性——财富伦理的存在不以任何个人的意志为转移。作为一种关于财富的自在之理，财富伦理是一种自立、自满、自足的善，它的善性是通过它自身的客观本质和存在价值来确立的。财富伦理的成立不仅意味着财富的本质和价值、人与财富之间的合理关系能够得到最真实的展现，而且意味着人对待财富和人与财富之间的关系的"应然"态度能够得到最深刻的体现。财富道德则是财富伦理在人类个体的道德修养、道德意识、道德精神、道德态度、道德情操中的体现。财富伦理告诉人类财富的实质是什么、财富的价值是什么、人与财富之间的关系是怎样的等内容，财富道德则说明人类能够合理地认识财富、能够合法地创造财富、能够公正地分配财富、能够节俭地使用财富等内容。财富伦理与财富道德之间的关系是客观与主观的关系。客观的财富伦理是一种具有普遍性的"应然"道理，主观的财富道德则表现为个人面对和对待这种"应然"道理的主观态度。"财富伦理"具有目的价值或内在价值，财富道德具有手段价值或外在价值，它不仅只能在财富伦理成立的前提下形成和展开，而且只能作为一种手段来反映财富伦理的本质和价值。不过，财富伦理与财富道德之间还存在一种相辅相成的关系。客观的财富伦理需要通过人的财富道德意识、财富道德思想、财富道德观念、财富道德精神和财富道德行为来显示其存在，主观的财富道德也需要依托客观的财富伦理才能形成。人能够形成财富道德，但他的财富道德只是反映和遵循财富伦理的结果。财富道德是对财富伦理的一种主观反映，但它是人进入或领悟财富伦理的必经之地。只有那些具备充分的财富道德意识、财富道德思想、财富道德观念和财富道德精神的人才能真正领悟财富伦理的真谛。

财富伦理是隐藏于财富背后的东西，因此，它也是需要人类付出道德努力才能认识或领悟的东西。正因为如此，一个人可以一生下来就拥有自己的身体、内在精神以及空气、水、食品等外在的物质财富，但由于没有天赋的财富道德，他们不可能一生下来就懂得财富伦理的真义，更不用说懂得如何按照财富伦理的引导正确地对待自己的身体、精神和外在的物质财富。有些人甚至一辈子都没有培养出正确的财富道德，他们的一生都是在财富伦理的盲区中度过的：由于不知道财富伦理为何物，他们不具备起码的财富道德，因此，他们要么对自己的身体健康漠不关心，要么对自己的精神生活全然不顾，要么对空气、水、食品等外在的物质财富毫不珍惜，要么甘愿做物质财富的奴隶。财富伦理不仅仅向人类揭示人的身体、内在精神和外在的物质财富之间的真实关系，更重要的是它能够向人类揭示人与物质财富之间的真实关系。人类离不开物质财富，但人类更需要凭借财富道德去接近、认识和领悟财富伦理。对人类来说，物质财富很重要，但财富道德和财富伦理更重要。

如果仅仅满足于拥有物质财富，人类与低等动物并没有根本区别，但如果拥有了财富道德和财富伦理，人类就与其他动物严格地区分了开来，因为拥有财富道德和财富伦理的人类不仅知道物质财富是其生存和发展的物质基础，而且知道应该如何用合乎道德和伦理的方式更好地利用这一物质基础。

由于财富可以区分为"广义的财富"和"狭义的财富"，隐藏于财富背后的财富伦理也可以分为"广义的财富伦理"和"狭义的财富伦理"。说明人的身体健康、内在精神和外在的物质财富之间的真实关系的财富伦理可以被称为"广义的财富伦理"。说明人与物质财富之间的真实关系的财富伦理可以被称为"狭义的财富伦理"。"广义的财富伦理"告诉我们，身体健康、内在精神和外在的物质财富都是值得人类珍惜的珍贵财富，人类的福祉不在于仅仅拥有物质财富，而在于人的身体健康、内在精神和物质财富需要的满足之间能够达到一种协调。"狭义的财富伦理"告诉我们，物质财富是人类生存和发展所必须依赖的物质基础，但它不是人类所能拥有的财富的全部内容，人不仅应该借助于物质财富来满足其物质生活需要，而且应该超越其物质生活需要，从而全面享受身体健康、精神追求和外在的物质财富。"广义的财富伦理"和"狭义的财富伦理"都强调，物质财富之所以能够成为财富，并不仅仅是因为它是人类必不可少的生活资料，更重要的是因为人类对它的创造、分配和消费能够折射出人类对财富伦理的道德领悟。只有作为物质财富的认识者、创造者、分配者和消费者存在的人将其对财富伦理的认识和领悟植入了物质财富之中，物质财富才获得了一种道德价值，也才成为了人类愿意追求、值得追求的东西。财富伦理要求人类珍惜物质财富，但也要求人类不受物质财富的羁绊和奴役。通过培养财富道德的方式，人类能够亲近和领悟财富伦理，并用合乎财富伦理的方式拥有财富。

客观的伦理需要向人类敞开，主观的道德是人类感悟伦理的结果。伦理通过普遍有效的伦理原则展现它对人类道德生活的影响，道德则通过普遍有效的道德原则显示它对人类行为的规范作用。伦理原则是关于伦理的定理或定律，是道德原则得以成立的基础。中国封建社会的"三纲五常"、康德的"绝对命令"等就是典型的伦理原则。"三纲五常"说明中国封建社会的人伦关系应该如何，"绝对命令"则说明所有道德原则都应该建立在普遍有效的伦理原则基础之上。

财富伦理向人类敞开的一个重要途径也是将某些普遍有效的财富伦理原则展现在人类面前。由于财富伦理可以区分为"广义的财富伦理"和"狭义的财富伦理"，与之相应的财富伦理原则也不相同。

"广义的财富伦理"是关于人的身体健康、内在精神和外在的物质财富之间的关系的客观真理或"应然"道理，它的真谛在于：人是财富的主人，人与财富之间的关系是一种控制者与被控制者的关系；人能够拥有的财富包括身体健康、内在精神和外在的物质财富三个部分，人不应该片面地将财富归结为身体健康、内在精神或外在的物质财富，尤其是不应该将财富简单地等同于物质财富；人的幸福应该建立在身体健康、内在精神和追求物质财富的欲望之间所达到的协调和平衡基础之上。"广义的财富伦理"向人类敞开的客观真理或"应然"道理是关于财富的普遍真理，它的核心内容是人的身体健康、内在精神和外在的物质财富之间的关系问题。在"广义的财富伦理"中，居于根本地位的伦理原则是"身体健康、内在精神和外在的物质财富相协调"的原则。

"狭义的财富伦理"是关于物质财富的客观真理或"应然"道理，它告诉我们，既然物质财富只能作为人类生存和发展所依赖的一种工具或手段而存在，那么人与物质财富之间的关系只能是一种创造者和被创造者、控制者和被控制者、支配者和被支配者之间的关系。人是物质财富的创造者、分配者和消费者，也应该是物质财富的控制者、支配者和统治者。在"狭义的财富伦理"中，人是物质财富的主人，人是物质财富之存在价值的赋予者和解释者，人不应该成为物质财富（或物）的奴隶。当然，这仅仅意味着人与物质财富之间的关系不容颠倒，而不意味着人可以不尊重物质财富的工具价值。事实上，人应该对一切有价值的事物表示应有的尊重，因为这种尊重从根本上来说是对人本身的尊重。所谓的价值世界或价值王国总是人创造的，它的构成基础只能是人自身的价值需要。人类从来都是用一种强调人的价值需要的人类中心主义价值观来建构世界的秩序和意义的。人类中心主义根深蒂固，无法改变。人类所能做的仅仅是让他们的人类中心主义价值观具有一定的开明性。这是指，人类可以在人类中心主义价值观的框架之内对非人的自然存在物的工具价值以及人本身创造的物质财富的工具价值给予应有的尊重。如果人类不尊重其他自然存在物和物质财富的工具价值，他们就会削弱甚至丧失其生存和发展必须依赖的物质基础。在人与物质财富的关系问题上，人类既不能因为颠倒人与物的关系而沦为物质财富的奴隶，也不能因为不尊重物质财富的工具价值而损害其自身的生存基础。要做到这两点，人类应该在创造、分配和消费物质财富的过程中遵循一定的财富伦理原则，这既反映了财富伦理对人与物质财富之间的关系的内在规定，也反映了财富伦理对人类提出的财富道德要求。

物质财富的"创造""分配"和"消费"是三个相互关联、相互影响的环节，但也是三个在内容和形式上存在显著差异的环节。如果说这三个环节都具有伦理意蕴的话，那么物质财富的创造主要是一个人类应该如何对待自然和人本身的伦理问题；物质财富的分配主要是一个分配正义问题，即物质财富的分配是否公正的问题；物质财富的消费则主要是一个如何将物质财富的使用限制在合理限度之内的伦理问题。

创造物质财富的环节是人类通过开发、利用和改造自然的物质财富的方式来满足人类物质生活需要的环节，它既涉及人类如何开发利用自然资源的问题，也涉及人类创造的物质财富是否真正能够满足其自身的物质生活需要的问题。在"如何开发利用自然资源"这一问题上，人类不仅应该考虑如何保证其自身开发利用自然资源的过程不致造成众所周知的生态危机，而且应该考虑如何保证其自身创造的物质财富能够真正满足人类的物质生活需要。为了避免生态危机的发生，人类在创造物质财富的过程中应该坚持"可持续性"的伦理原则，其伦理意蕴在于——人类开发、利用和改造自然的物质财富的过程应该有利于促进人类社会和自然环境之间的和平相处和同生共荣，而不是用算计、盘剥和掠夺自然的方式削弱和破坏人类生存和发展的自然生态基础。为了保证人类创造的物质财富能够真正满足其自身的物质生活需要，人类在创造物质财富的过程中应该坚持"无害性"的伦理原则，其伦理意蕴在于——人类创造的物质财富应该真正有利于而不是有害于人类自身的生存和发展。"可持续性"的伦理原则要求人类在创造物质财富的过程中热爱、尊重和保护自然，特别是要自觉保护自然生态系统的完整性；"无害性"的伦理原则要求人类在创造物质财富的过程中热爱、尊重和保护人类自身，特别是要避免用"假冒伪劣"的物质财富危害人类自身。

物质财富的分配是指被创造出来的物质财富在人与人之间的分配。物质财富分配的理想状态是"公正"，其总体要求是分配物质财富的天平应该在社会成员之间达到合理的平衡。能否实现物质财富的公正分配，即能否实现分配正义的问题。"分配正义"是一种社会正义，它不仅要求保证创造物质财富的人享有物质财富的权利，而且要求物质财富分配的天平向社会弱势群体倾斜。"分配正义"是一个支配物质财富分配的伦理原则，它体现的是关于物质财富分配应有的价值取向和价值导向。作为一种价值取向，它强调一个社会的公民应该把追求物质财富的公正分配当成一种美德；作为一种价值导向，它强调一个社会的执政党和政府应该通过有效的方针、政策和制度保证财富的公正分配。"分配正义"并不倡导平均主义的物质财富分配模式，但它认为人与人之间的贫富差距应该被控制在合理的限度内，人类社会应该避免贫富差距越拉越大的现象。物质财富分配的过程实际上是一个社会对物质财富或经济利益进行人际调整和再调整的过程，其实质是需要占有富余或较多物质财富的人与物质财富不足或较少的人分享其物质财富，这不仅考验人们的物质财富观，更重要的是考验人们的财富伦理观。正确的财富伦理观不仅能够促使人们对物质财富的性质和价值作出正确的判断，而且能够引导人们形成正确的物质财富分配价值观念。"分配正义"既重视个人经济利益需要的满足，也重视经济利益在人与人之间的合理调配，其价值目标是要让社会成员普遍地享受社会经济发展带来的物质性成果，化解人与人之间可能因为贫富悬殊的原因而出现的严重矛盾和冲突，从而使人类社会朝着团结互助、和谐共荣的方向发展。

物质财富的消费是指人们对通过分配途径得到的物质财富的消费或使用。物质财富分配的结果是人们不仅会占有一定数量的物质财富，而且会消费或使用他们占有的物质财富。人们在消费物质财富的环节中通常会遭遇这样的问题：一个人是否应该将他在分配过程中得到的所有物质财富消费殆尽？衡量一个人的物质财富消费水平的价值标准是消费的数量，还是消费的质量呢？如果一个人因为过度消费物质财富而导致他的健康遭到了危害，他应该怎样解决这一问题？如果一个人用富余的物质财富去帮助那些需要帮助的人，他的行为是否更加有意义？……物质财富的消费能够引出很多问题，但它所引起的问题归根到底都是围绕一个问题展开的，即人们对物质财富的消费或使用是否应该有一个限度？财富伦理告诉我们，与任何事物一样，人们对物质财富的消费应该被控制在一个合理的限度之内；也就是说，人们对物质财富的消费应该"适度"。"适度"即亚里士多德所说的"中道"，它既反对物质财富消费的"不足"，也反对物质财富消费的"过度"。"适度"的物质财富消费建立在人们对物质财富的本质和价值进行正确认识的基础之上，它强调物质财富的消费既应该有利于促进消费者本身的生存和发展，也应该有利于促进整个人类的生存和发展。支配物质财富消费的核心伦理原则是"适度"。

财富伦理涉及财富与伦理的关系问题，其要义在于：人类不仅仅应该用合乎伦理的眼光看待财富问题，更重要的是应该使其创造、分配和消费物质财富的过程受到伦理的全面引导和强力制约。广义的财富包括人所能拥有的身体健康、内在精神和外在的物质财富，因此，在考虑财富与伦理的关系问题时，我们应该全面思考伦理的在场对人的身体健康观念、精神观念和物质财富观念的引导作用。纵然我们从狭义的角度来理解财富，即把财富理解为物质财富，我们也应该用一种合乎财富伦理的眼光来看待物质财富的本质和价值。人类社会需要广义的财富伦理，也需要狭义的财富伦理。

财富伦理是关于财富的自在之理或客观真理，但它并不是无遮蔽的道理或真理。我们需要借助于财富道德的途径来接近、认识和感悟它的存在。财富伦理往往会因为被人类忽略而处于被遮蔽的状态。财富伦理的缺席或不在场不仅会导致财富伦理无法得到张扬的后果，更重要的是它很容易把人类推进一个无伦理制约的物质财富世界。在无伦理制约的物质财富世界里，人类审视财富的眼光和对待财富的思想观念、情感态度和行为方式会因为缺乏伦理的引导而不具有伦理合理性和道德合理性。

如果我们积极主动地去亲近、认识和感悟财富伦理的真谛，我们就能够形成正确的财富伦理观。正确的财富伦理观是人们深刻认识和领悟财富伦理的思想结晶和理论成果，它不仅能够引导人们形成合理的财富道德观，而且能够推动人们在现实生活中自觉抵御物欲横流，还能够激励人们与拜金主义、利己主义、高消费主义等不合乎财富伦理要求的价值观念作斗争。在正确财富伦理观的引导下，人们对财富问题、财富伦理问题、财富伦理等的认识才不致陷入误区。

第九章　共享伦理之分配正义维度

"分配正义"在当今世界是一个热门话题。在当今中国，它受到社会各界的普遍关注。之所以如此，一方面是因为40多年改革开放带来了非常丰硕的社会发展成果，尤其是造就了空前丰富的物质财富，如何实现社会发展成果的公正分配因此而变得特别重要；另一方面是因为贫富差距、发展机会欠均等、社会保障机制不健全等现实问题日渐突出，分配正义话题在我国社会各界激发了诸多反思和议论。分配正义是共享伦理的核心要义，体现共享伦理的核心价值取向。共享伦理倡导的"共享"绝对不是没有价值边界的"分享"，而是必须体现分配正义的"享有"。

一、分配正义的内涵

要理解什么是分配正义，需要首先解答三个相关问题：（1）什么是分配？（2）什么是正义？（3）分配和正义有何相关性？

什么是分配？狭义的分配是指"经济分配"，即经济利益或物质财富在社会成员中间的分配。马克思和恩格斯把这种意义上的分配表述为人类经济活动中的分配环节，并将其视为一个由"生产"决定的环节：

"分配的结构完全决定于生产的结构。分配本身是生产的产物，不仅就对象说是如此，而且就形式说也是如此。就对象说，能分配的只是生产的成果，就形式说，参与生产的一定方式决定分配的特殊形式，决定参与分配的形式。"① 广义的分配是指"社会分配"，即所有社会发展成果、社会资源或社会价值在社会成员中间的分配。约翰·罗尔斯、迈克尔·桑德尔、罗纳德·德沃金等许多当代西方哲学家倾向于从广义的角度来使用"分配"概念。例如，桑德尔认为："要看一个社会是否公正，就要看它如何分配我们所看重的物品——收入与财富、义务与权利、权力与机会、公共职务与荣誉，等等。一个公正的社会以正当的方式分配这些物品，它给予每个人应得的东西。"② 桑德尔所说的"物品"或"东西"显然不仅仅指物质性的"物品"或"东西"，而是指包括物质性物品或东西在内的所有社会发展成果。一个社会所取得的发展成果、所积累的社会资源或所实现的社会价值包括物质性内容（物质财富）和精神性内容（自由、平等、民主、尊严、幸福等精神性价值），因此，"广义的分配"同时涵盖人类物质生活和精神生活。

什么是正义？正义即公正。在 19 世纪中期以前，正义在西方主要被当成一种个人德性（美德）来看待，它指个人做公正之事所体现的品德。正如古希腊哲学家亚里士多德所说："所谓公正，是一种所有人由之而做出公正的事情来的品质，使他们成为做公正事情的人。由于这种品质人们行为公正和想要做公正的事情。"③ 作为个人德性的"正义"是古希腊人崇尚的"四德"之一。④ 进入 19 世纪中期以后，由于

---

① 《马克思恩格斯文集》第 8 卷，人民出版社 2009 年版，第 19 页。
② ［美］迈克尔·桑德尔：《公正：该如何做是好？》，朱慧玲译，中信出版社 2011 年版，第 20 页。
③ ［古希腊］亚里士多德：《尼各马科伦理学》，苗力田译，中国社会科学出版社 199 年版，第 95 页。
④ 古希腊人崇尚的"四德"是智慧、勇敢、节制和正义。

无产阶级与资产阶级之间的阶级矛盾在西方资本主义国家日益尖锐化，社会制度的正义性问题开始受到西方人的重视。在这一点上，马克思和恩格斯作出了具有划时代意义的贡献。他们在肯定资本主义制度取代封建制度之历史进步性的同时，对资本主义制度的非正义性进行了无情抨击和揭露，并对社会主义社会，甚至未来共产主义社会的制度设计和安排提供了设想，从而把社会制度的正义性问题提到了一个前所未有的历史高度。当代英国哲学家布莱恩·巴利指出："现代社会正义的概念脱胎于19世纪40年代法国和英国早期工业化的阵痛期。隐含在社会正义概念之中的潜在的革命观念是，社会制度的正义性所遇到的挑战不仅体现在边缘地带，而且呈现在核心地带。这意味着，在实践中，挑战可以威胁到资本所有者拥有的权力，以及资本主义植根其中的整个市场体系的统治地位。雇佣者以及被雇佣者之间不平等关系的正义性可以受到质疑，同样，来自资本主义制度运转的收入和财富的分配以及货币在人们生活中发挥的作用也受到了质疑。"[①] 在人类话语系统中，"正义"这一概念兼有个人德性和社会制度德性的双重含义。

分配和正义有何相关性？分配与正义的相关性问题是指，分配之为分配的合理性是否在于它的正义性？如果答案是肯定的，那么与分配相关的正义性应该是何种意义上的正义性？由于分配（无论是狭义的经济分配还是广义的社会分配）总是同时涉及个人的特殊利益需要和社会的普遍利益需要，那么分配应有的正义性应该以个人利益需要的特殊性作为判断标准，还是应该以社会利益需要的普遍性作为判断标准呢？如果仅仅以个人利益需要的特殊性作为分配之正义性的判断标准，这是否

[①]　[英] 布莱恩·巴利：《社会正义论》，曹海军译，凤凰出版传媒集团、江苏人民出版社2007年版，第5页。

会导致社会利益需要的普遍性难以得到张扬的后果？如果仅仅以社会利益需要的普遍性作为分配之正义性的判断标准，这是否又会引起个人利益需要的特殊性遭到忽略，甚至被抑制的问题？"分配"与"正义"的相关性在于：人类分配活动与人类关于分配的价值认识、价值判断和价值选择紧密相关；人类分配活动的合理性边界或价值边界是由分配本身的正义性来确立的；分配的正义性与个人利益需要的特殊性有关，也与社会利益需要的普遍性有关；分配正义是人类分配活动的价值目标，它的判断标准需要兼顾个人的特殊利益需要和社会的普遍利益需要。

追问和回答上述三个问题能够推动我们至少沿着三个方向来思考和把握分配正义的内涵：

方向之一：我们所说的分配正义是狭义的，还是广义的？既然分配可以区分为"狭义的分配"和"广义的分配"，那么分配正义也可以相应地区分为"狭义的分配正义"和"广义的分配正义"。前者指社会经济利益或物质财富在社会成员中间的分配是公正的；后者指包括经济利益在内的所有社会资源在社会成员中间的分配是公正的。当代美国哲学家诺齐克的分配正义理论论及的是狭义的分配正义，因为他关心的主要是与物质财富分配紧密相关的私有财产权如何在普遍分配正义原则的支配下得到确立的问题。① 罗尔斯的正义理论论及的是广义的分配正义，它强调："所有社会价值——自由和机会、收入和物质财富以及自尊的基础——均必须平等分配，除非一种社会价值或所有社会价值的不平等

---

① 诺齐克在《无政府状、国家与乌托邦》(*Anarchy，State，and Utopia*) 一书中提出了三个分配正义原则，即"关于财物获取的正义原则"(the principle of acquisition of holdings)、"关于财物转让的正义原则"(the principle of transfer of holdings) 和"对违背前两个正义原则的行为进行矫正的正义原则"(the principle of rectification of violations of the first two principles)，并将它们视为一切私有财产权得到确立的普遍原则。参阅该书英文原著的第 7 章。

分配有利于每一个人。"① 马克思和恩格斯对分配正义的理解则显然兼顾了"狭义的分配正义"和"广义的分配正义"。他们主张通过彻底废除资本主义私有制的途径来消除资本主义社会广泛存在的政治不平等和经济剥削，并在此基础上建立一个分配正义得到全面实现的理想社会："由于社会将剥夺私人资本家对一切生产力和交换手段的支配权以及他们对产品的交换和分配权，由于社会将按照根据实有资源和整个社会需要而制定的计划来管理这一切，所以同现在的大工业管理制度相联系的一切有害的后果，将首先被消除。"②

　　方向之二：我们所说的分配正义是一种个人德性，还是一种社会制度德性？既然人类话语系统中的正义兼有个人德性和社会制度德性的双重含义，那么分配正义也应该是个人和社会制度共有的一种德性。作为一种个人德性，分配正义显示的是个人能够用公正的观念、态度和行为对待和处理分配问题，它说明个人在参与分配的过程中能够对包括其自身在内的所有人采取不偏不倚的正直或公正态度。作为一种社会制度德性，分配正义显示的是一个社会对分配进行的制度设计和安排能够反映其社会成员的普遍公正要求，说明该社会在借助于制度实施分配时能够一视同仁地、公平地或公正地对待所有社会成员。德沃金认为一个政治社会达到成熟的标志在于拥有能够充分体现"平等的关切"的社会制度，并借助于物质财富分配受平等性法律制度支配的事实来强调这一点："财富的分配是法律制度的产物：公民的财富大大取决于其社会颁行的法律——不仅包括管理产权、盗窃、契约及民事侵权行为的法律，还有它的福利法、税法、劳动法、民事权利法和环境管理法，以及有关任何事情的其他法律。当政府执行或维护这样一套法律而不是那样

---

① Rawls, John. *A Theory of Justice*. The Belknap Press of Harvard University Press, Cambridge, Massachusetts. 1971, p.62.

② 《马克思恩格斯选集》第 1 卷，人民出版社 1995 年版，第 241—242 页。

一套法律时，我们不仅可以预见到一些公民的生活将因它的选择而恶化，而且可以在相当程度上预见到哪些公民将会受到影响。在繁荣的民主国家可以预见，当政府削减福利计划或放慢其扩大的速度时，它的决策将使穷人的生活前景暗淡。"①把分配正义同时理解为一种个人德性和社会制度德性，这说明分配正义是一种"双向性"的道德要求：一方面，它要求个人具有良好的道德修养，尤其是应该具有合理的分配正义观念和分配正义感，在参与分配的过程中追求"得所当得"的公正分配结果；另一方面，它要求社会在借助于制度设计和安排实施分配时应该充分体现普遍公正或普遍仁爱的道德原则，避免造成社会成员之间贫富差距悬殊的问题。一个实现了分配正义的社会应该是个人的分配正义德性和社会制度的分配正义德性并举、相辅相成、相得益彰的社会。

方向之三：我们所说的分配正义是在何种意义上体现了"分配"和"正义"的相关性？或者说，分配正义的精义是在何种意义上得到体现的？

马克思和恩格斯在很多时候用"平等"来解释"分配"和"正义"的相关性或分配正义的精义：第一，他们认为一切阶级社会都是不平等的社会："在过去的各个历史时代，我们几乎到处都可以看到社会完全划分为各个不同的等级，看到社会地位分成多种多样的层次。"②第二，他们认为与阶级社会历史相关联的平等观念都不是绝对的永恒真理："平等的观念，无论以资产阶级的形式出现，还是以无产阶级的形式出现，本身都是一种历史的产物，这一观念的形成，需要一定的历史条件，而这种历史条件本身又以长期的以往的历史为前提。所以，这样的

---

① ［美］罗纳德·德沃金：《至上的美德：平等的理论与实践》，冯克利译，江苏人民出版社2007年版，"导论"第1—2页。

② 《马克思恩格斯选集》第1卷，人民出版社1995年版，第272页。

平等观念说它是什么都行，就不能说是永恒的真理。"① 第三，他们认为经济上的平等与政治上的平等并不一定并驾齐驱："在经济关系要求自由和平等权利的地方，政治制度却每一步都以行会束缚和各种特权同它对抗。"② 第四，他们认为只有用社会主义制度取代资本主义制度，并最终实现共产主义，人类社会的平等状况才会越来越好："资产阶级摧毁了封建制度，并且在它的废墟上建立了资产阶级的社会制度，建立了自由竞争、自由迁徙、商品所有者平等的王国，以及其他一切资产阶级的美妙东西"③，但资产阶级统治所导致的经济不平等和政治不平等是资本主义制度无法彻底消除的，因此，只有进入社会主义社会之后，人才能真正获得平等——"人终于成为自己的社会结合的主人，从而也就成为自然界的主人，成为自身的主人——自由的人"④。在马克思和恩格斯看来，只有在"平等"基础上进行的分配才能体现分配正义。

许多当代西方哲学家也对"分配"和"正义"的相关性或分配正义的精义进行了解读。德沃金用"平等"来解释分配正义的含义，将分配正义的要义解释为"平等的关切"，并称之为一切"政治社会至上的美德"⑤。在他看来，"平等的关切"重在体现社会资源分配的平等："一个分配方案在人们中间分配或转移资源，直到再也无法使他们在总体资源份额上更加平等，这时这个方案就做到了平等待人。"⑥ 罗尔斯主张用"公平"来说明分配正义的含义，并且把分配正义称为"作为公平的正

---

①　《马克思恩格斯选集》第 3 卷，人民出版社 1995 年版，第 448 页。

②　《马克思恩格斯选集》第 3 卷，人民出版社 1995 年版，第 446—447 页。

③　《马克思恩格斯选集》第 3 卷，人民出版社 1995 年版，第 741 页。

④　《马克思恩格斯选集》第 3 卷，人民出版社 1995 年版，第 760 页。

⑤　[美] 罗纳德·德沃金：《至上的美德：平等的理论与实践》，冯克利译，江苏人民出版社 2007 年版，第 1 页。

⑥　[美] 罗纳德·德沃金：《至上的美德：平等的理论与实践》，冯克利译，江苏人民出版社 2007 年版，第 4 页。

义"。他在坚持西方社会契约论的基础上假设：处于"原初状态"（"自然状态"）中的人类个体都是自由的、理性的和平等的，他们能够通过缔结"契约"的方式选择及确立普遍有效的分配正义原则，从而为人类社会生活必不可少的社会合作和政府管理机制的选择和确立提供一种标准，并保证人的基本权利和义务以及其他社会利益能够在社会状态下得到公平合理的分配。① 罗尔斯试图强调，人类对分配正义原则的选择和确立是在"公平"基础上进行的，因而那些分配正义原则应该被视为普遍有效的原则。英国哲学家巴利则提倡一种"作为公道的正义"观，主张用"公道"来解释分配正义："作为公道的正义认为，服从公道规则要求的动机是公道行事的意愿"——"公道的规则是基于处于平等地位的人们自由地认可的规则"②。巴利旨在说明，分配正义的含义是通过人人认可、人人服从的分配正义原则的普遍公道性来集中体现的。

　　上述分析一方面说明分配正义的内涵丰富而复杂，人们对分配正义之内涵的理解和解读并不是千篇一律的，另一方面也说明分配正义的内涵毕竟能够得到某种程度的确定。我们可以强调：（1）分配正义是人类分配活动在个人道德修养、社会制度等因素相互联系、相互作用、相互影响的复杂语境中彰显出来的正义性或公正性，因此，理解分配正义的首要前提是必须理解"分配"，从狭义或广义的角度来解读"分配"将直接影响我们对分配正义的界定。（2）分配正义既是一种个人德性，也是一种社会制度德性，因此，考察和分析这两种分配正义德性的差异性、相通性和关联性必然是我们理解和界定分配正义的关键所在。

① See Rawls, John. *A Theory of Justice*. The Belknap Press of Harvard University Press, Cambridge, Massachusetts. 1971, p.11.

② ［英］布莱恩·巴利：《作为公道的正义》，曹海军、允乃喜译，凤凰出版传媒集团、江苏人民出版社 2007 年版，第 59 页。

（3）无论是用"平等"来解释分配正义的精义，还是用"公平"来解读分配正义的要义，或者是用"公道"来阐述分配正义的含义，其要旨都在于用"分配"和"正义"的相关性来诠释分配正义的内涵；"分配"只有得到"正义"的保证才具有合理性，"正义"是确定"分配"之合理性或价值边界的标准；分配正义不仅贯通人们对分配所做的事实判断和价值判断，而且使分配应有的正义性或公正性得到充分凸显；分配正义在同时张扬个人的分配正义德性和社会制度的分配正义德性过程中兼顾个人利益需要的特殊性和社会利益需要的普遍性。

二、分配正义的实质

分配正义问题往往是由三个因素综合作用引起的：一是社会资源的稀缺性。人类生存和发展所依赖的社会资源总是相对稀缺的，它们并不能充分满足每一个社会成员生存和发展的资源需要，如何实现有限社会资源的公正分配是人类在社会生活中不得不时刻面对的一个重大现实问题。二是个人的道德修养状况。社会资源的稀缺性必然导致社会成员之间争夺资源的竞争性，个人能否用合理的道德价值观念对待其自身在社会资源分配过程中得到的分配份额会直接影响有关分配正义的价值判断。三是社会制度的设计和安排状况。稀缺社会资源的分配往往需要在一定的社会制度支配下来进行，社会制度的设计和安排是否合理的事实能够在很大程度上决定分配正义的产生状况。在这三个因素中，社会资源的稀缺性总是客观地存在，但它只会影响资源分配的数量，并不能从根本上决定资源的分配是否公正；能够决定社会资源分配是否公正的是后两个因素，即个人的道德修养状况以及社会制度的设计和安排状况；在社会资源分配过程中，个人是以利己主义的道德价值观来参与分配，还是以利他主义的道德价值观来参与分配，或者是以别的道德价值观来参与分配，这些不仅会直接影响有关分配之公正性的判定，而且会影响个人对分配的价值认同。社会制度的设计和安排是否合理的现实性则能够在相当大的程度上决定社会资源得到分配的程序、结果等能否体现分配正义的事实。分配正义的实质从根本上取决于个人的道德修养状况以及社会制度的设计和安排状况。

分配正义既是个人的价值诉求，也是社会的价值诉求。前者主要是通过个人的道德修养或道德价值观念来展现的，后者则主要是通过社会制度的设计和安排来表现的。这两种分配正义诉求既可能是吻合的，也可能不是吻合的。如果两者是吻合的，这说明个人对分配正义的追求和社会对分配正义的追求是一致的；如果两者不是吻合的，这说明个人对分配正义的期待与社会对分配正义的期待不一致，甚至可能是相互冲突的。在现实中，这两种分配正义诉求往往不能完全吻合，个人以各种方式侵害社会制度旨在体现的普遍分配正义和社会以普遍分配正义之名侵害个人正当利益的事情均时有发生，因此，人类至今还没有进入一个分配正义得到完全实现的理想社会。

当代美国哲学家托马斯·纳格尔把个人的分配正义诉求与社会的分配正义诉求之间的张力归结为两种视角的对立，即个人视角（the personal standpoint）和非个人视角（the impersonal standpoint）之间的对立。在他看来，生活在社会中的每一个人都不得不面对这种对立，因为所有人的微观心理世界都存在两种视角——他们既有从个人或主观角度看问题的心理倾向，也有从社会或客观的角度看问题的心理倾向。利己主义价值观和利他主义价值观有时同时出现在同一个人身上的事实就证明了这一点。这种对立是哲学中一个悬而未决的难题，它在政治哲学中的表现是，个人看待分配正义的视角往往难以与社会或集体看待分配正义的视角统一起来；个人根据自己的主观需要、兴趣和偏好提出分配正义的要求，其价值取向往往有利于自身，社会或集体则往往从普遍的正义原则出发将分配正义作为一种普遍的仁爱或公正要求提出来，其价值取向是为了突出分配的社会意义；通常的情况是，这两种视角会在个人的微观心理世界形成一种难以克服的张力，它使个人经常性地陷入不得不在个人的分配正义诉求和社会的分配正义诉求之间进行艰难选择的两难处境；人类社会解决分配正义问题的努力往往会因为这一难题无法得到真正解决而受挫。[①]

纳格尔并没有就如何化解个人的分配正义诉求与社会的分配正义诉求之间的张力问题提出行之有效的方法，但他确实揭示了分配正义与个人、社会制度的紧密相关性；因此，他的观点对我们认识分配正义的实质有借鉴价值。作为个人和社会制度共有的一种德性，分配正义显然是个人和社会共同追求的一个价值目标，但这种价值目标上的一致性并不意味着个人和社会对分配正义的诉求在形式和内容上完全一致。个人的分配正义诉求不可避免地会受到个人欲望、需要、偏好、价值观念等因素的影响，往往具有私人性、主观性和特殊性，而社会的分配正义诉求通常基于社会整体利益、公共利益和长远利益的考虑，往往具有公共性、客观性和普遍性。由于人在本质上总是个体性和社会性的统一，个人的分配正义诉求和社会的分配正义诉求常常会同时出现在人们的价值观念世界，并要求人们在它们之间进行必要的选择。如果个人的分配正义诉求和社会的分配正义诉求完全吻合，那么人们的选择就比较容易，但如果它们不是吻合的，甚至是相互冲突的，那么人们的选择就会困难重重。例如，一个人可能要求社会物质财富的分配有利于满足他本人的现实需要，因为他认为分配正义应该体现差别原则（他目前正处于严重经济困难之中），而他所生活的社会则可能要求社会物质财富必须在所

---

① See Nagel, Thomas, "Equality and Partiality", in *Classics of Political and Moral Philosophy*, Ed. by Steven M. Cahn. New York: Oxford University Press. 2002, pp.1080-1083.

有社会成员中间实现平等分配，因为该社会强调分配正义应该体现普遍仁爱的原则。在这种情况下，这个人就会听到两个呼唤分配正义的声音：一个声音是他自己的，另一个声音则是社会的。他应该服从哪个声音的要求？这显然是一种艰难的抉择：服从个人的分配正义要求，他的做法可能遭到社会的质疑，甚至否定；服从社会的分配正义要求，则意味着他不得不牺牲个人利益。类似的情况常见于人类生活现实之中，它说明分配正义既不是个人对分配正义的诉求得到单方面满足的状况，也不是社会对分配正义的诉求得到单方面满足的状况。

真正的分配正义是个人的分配正义诉求和社会的分配正义诉求所达到的一种吻合和协调，其现实表现是：个人不可能毫无根据地或仅仅被动地接受社会的分配正义要求，必然会对社会之分配正义要求的合理性进行判断；社会也不可能毫无根据地或仅仅被动地采纳个人的分配正义要求，必然会对个人之分配正义要求的合理性进行判断；分配正义只能是这两种"判断"实现良性互动、达到有效吻合和体现理想协调的结果。如果说分配正义具有合理性基础，那么这是指它能够同时反映个人和社会对分配正义的期待和要求。黑格尔曾经说过，"合理"就是"合乎普遍性与特殊性的统一、主观性与客观性的统一，而合理性就是要使思想和行动都符合客观的、普遍的规律"[①]。分配正义的合理性在于个人之分配正义诉求的私人性、主观性和特殊性与社会之分配正义诉求的公共性、客观性和普遍性所达到的一种吻合和协调。这里所说的"吻合"和"协调"反映了分配正义必须同时诉诸个人的分配正义德性和社会制度的分配正义德性才能产生和拓展的客观规律和普遍规律，说明分配正义得到张扬的过程实质上是个人占有社会资源或社会价值的私人需要、

---

① ［德］黑格尔:《法哲学原理》，杨东柱、尹建军、王哲编译，北京出版社 2007 年版，第 113 页。

主观需要和特殊需要与社会要求社会资源或社会价值在社会成员中间实现公正分配的公共需要、客观需要和普遍需要得到有效协调和平衡的过程。

分配问题的复杂性主要在于，它既涉及个人的道德修养是否有利于实现分配正义的问题，也涉及社会制度的设计和安排是否有利于实现分配正义的问题。一方面，只有良好的个人道德修养才有利于实现分配正义。具有良好道德修养的个人不仅能够培养和具有合理的分配正义观念和分配正义感，而且能够把自觉协调个人的分配正义诉求与社会的分配正义诉求当成一种个人德性或美德来加以追求。良好的个人道德修养是个人分配正义德性的源泉。单从物质财富的分配来说，个人的分配正义德性往往是占有富余或较多财富的人凭借其良好道德修养与财富不足或较少的人分享其财富的结果。另一方面，只有合理的社会制度设计和安排才有利于实现分配正义。与分配相关的社会制度设计和安排的合理性在于它们能够体现分配应有的正义性或公正性。具体地说，只有那些合乎分配正义要求的政治制度、经济制度等才能充分反映受其支配的所有社会成员对分配正义的期待和需要，并保证他们能够平等地分享思想自由、言论自由、宗教信仰自由、选举权、尊严、幸福、物质财富等社会资源或社会价值。个人的良好道德修养和社会制度的合理设计和安排是分配正义得以产生的两个必要条件。拥有良好道德修养的个人对分配正义的特殊要求不会（或至少不容易）与社会制度对分配正义的普遍要求相冲突，具有合理性的社会制度设计和安排也不会（或至少不容易）与个人对分配正义的特殊要求相冲突。分配正义是拥有良好道德修养的个人和具有合理性的社会制度共享的一个价值目标和价值尺度。

霍布斯、洛克、卢梭等西方启蒙思想家借助于"社会契约论"强调，人类只有从"自然状态"过渡到"社会状态"才能真正拥有属人的生活方式和福祉，其寓意是：社会就像一块现成的蛋糕，进入社会状态的所有人都会有可口的蛋糕吃。然而，实际的情况却是：进入社会状态的人类迄今为止还无法平等地享有用社会价值或社会资源做成的社会蛋糕，有些人得到的蛋糕份额甚至无法满足其谋生的基本需要。在资本主义社会，不断扩大的社会生产和再生产甚至"引起生产过剩，并且是产生贫困的极重要的原因"①。显然，"社会"这一蛋糕的做成并不意味着蛋糕本身必然能够在社会成员中间得到公正的分配。奴隶社会、封建社会和资本主义社会都无法保证社会价值的公正分配。虽然社会主义社会在社会价值分配方面克服了其他社会形态的诸多缺陷，但是它也无法保证社会价值能够在所有社会成员之间得到公正分配。列宁曾指出，社会主义社会能够消除"人剥削人"的现象，但"还不能做到公平和平等，因为富裕的程度还会不同，而不同就是不公平"，"按劳动"（而不是按需要）分配消费品也会导致事实上的不平等和不公平。② 无论在什么样的社会里，分配正义的实现都同时依赖个人的良好道德修养和社会制度的合理设计和安排。个人的良好道德修养可以使生活在一个社会中的个人具有有利于实现分配正义的分配正义观念和分配正义感，合理的社会制度设计和安排则可以使一个社会的政治制度和经济制度具有有利于弘扬分配正义的合理性，这两者的有机结合是分配正义得以产生必不可少的条件。

三、分配正义的实现途径

个人的分配正义诉求与社会的分配正义诉求通常难以吻合的事实

---

① 《马克思恩格斯选集》第 1 卷，人民出版社 1995 年版，第 222 页。
② 参见《列宁专题文集·论社会主义》，人民出版社 2009 年版，第 33 页。

并不意味着现实社会中没有分配正义，而是仅仅意味着分配正义的实现没有达到圆满或理想的程度。分配正义的实现是一项复杂的社会工程，它既需要把所有社会成员参与分配的观念和行为统一到合乎分配正义要求的价值标准上，又需要设计和安排合乎分配正义要求的社会制度体系。既然分配正义不是个人的分配正义德性得到单方面张扬的状况，也不是社会制度的分配正义德性得到单方面张扬的状况，那么它的实现只能诉诸个人的良好道德修养与社会制度的合理设计及安排同时并举的途径。

分配正义的实现需要诉诸个人的良好道德修养，其要求是：个人应该充分张扬其道德理性，形成合理的分配正义观念和分配正义感，在参与分配的过程中展现其追求分配正义的道德品质。个人的道德理性既是一种私人（或个人）理性——它说明个人有能力对基于其主观兴趣、偏好等基础之上的个人利益需要做出合乎道德要求的价值认识、价值判断和价值选择，也是一种公共（或社会）理性——它说明个人具有充分理解和严格遵守社会合作原则和社会制度的理智能力，这种理智能力有时在个人身上甚至表现为一种自愿牺牲自我利益的道德价值认识能力、判断能力和选择能力。合理的个人分配正义观念是作为社会成员的个人在张扬其道德理性的基础上对分配的正义性或公正性形成的一种道德价值观念，它是一种能够被所有社会成员分享或能够在社会成员中间普遍化的道德价值观念，其表现是：作为社会成员的每一个人不仅接受并相信其他人接受关于分配正义的普遍原则，而且愿意并相信其他人也愿意把那些普遍原则作为其追求分配正义的共同价值观念和价值标准。罗尔斯干脆将个人的合理分配正义观念称为公共正义观念，并将其视为公正社会（良序社会）的一个重要标志："如果一个社会不仅致力于增进社会成员的利益，而且得到了一种公共正义观念的有效管理，那么它就是一个秩序良好的社会。"① 具有合理分配正义观念的个人能够形成合理的分配正义感——它是作为社会成员的个人在拥有合理分配正义观念的基础上对分配的正义性或公正性所表现的一种道德心理敏感性，是一种可以被所有社会成员分享或能够在社会成员中间普遍化的分配正义感。拥有合理分配正义感的个人能够在参与分配的过程中敏感地、充分地认识、尊重和维护他人和社会的正当利益需要。分配正义的实现需要依靠具有合理分配正义观念和分配正义感的社会成员，因为只有他们才能够在个人道德理性的引导下合理地追求个人基本权利和利益的实现，也只有他们才能够充分认识到实现自由、民主、尊严、幸福、物质财富等社会价值的公正分配以及倡导社会合作、互利互惠、社会和谐等形式的价值取向对所有社会成员的同等重要性。

分配正义的实现也需要诉诸社会制度的合理设计和安排，其要求是：一个社会对分配进行的制度设计和安排应该是合理的，其合理性在于合理的社会制度能够体现普遍公正性。社会制度是人类社会生产、分配、交换、消费等发展到一定历史阶段的必然产物，② 它是人类对其自身的社会生活或社会关系所做的一种体制设计和规范限定，是人类生存方式的社会性和人类社会的基本结构得到集中体现的一种方式，是人类在社会状态下谋求生存和发展的最基本现实背景和条件，是能够对所有社会成员的生活状况产生深刻影响的一种规范性力量。罗尔斯认为，一个社会的基本结构或主要社会制度是指"借助于主要社会制度分配基本权利和义务以及决定如何对基于社会合作基础上的利益进行分配的方式"，它由两个部分组成：一是支配公民基本权利和义务分配的社会制度；二是支配基于社会合作基础之上的利益分配的社会制度。前者

---

① Rawls, John. *A Theory of Justice*. The Belknap Press of Harvard University Press, Cambridge, Massachusetts. 1971, pp.4-5.

② 参见《马克思恩格斯选集》第 4 卷，人民出版社 1995 年版，第 532 页。

构成一个社会的政治制度，后者构成一个社会的经济制度和其他社会制度。① 社会制度的设计和安排主要涉及如何保证社会发展成果、社会资源或社会价值在社会成员中间得到公正分配的问题。罗尔斯曾经指出："正如真理是思想体系的首要德性一样，正义是社会制度的首要德性。"② 这是指，"正义"是社会制度的根本特征或最重要价值，是社会制度获得合理性的源泉。如果说一种社会制度的设计和安排是合理的，那么这主要是指它具有普遍公正性。"普遍公正性"不仅使社会制度能够为社会成员公正地享受思想自由、言论自由、宗教信仰自由、尊严、幸福、物质财富等社会价值提供可靠的制度保证，而且将社会制度的合理性建立在坚实的道德合理性基础之上。社会制度的合理性在于它通过普遍公正性体现出来的道德合理性。

推动个人的良好道德修养与社会制度的合理设计和安排同时并举的一个办法是选择和确立能够同时张扬个人的分配正义德性和社会制度的分配正义德性，或能够同时反映个人和社会之分配正义需要的普遍分配正义原则。罗尔斯提出的两个分配正义原则就兼顾了这两种分配正义德性或两种分配正义需要："原则一：每一个人都有平等地享有不与他人相冲突的最广泛的基本自由的权利。原则二：社会的和经济的不平等被安排的原因在于：(1) 它们被合理地认为有利于每一个人；(2) 它们被合理地认为依附于向所有人开放的职位和岗位之上。"③ 虽然罗尔斯提出的分配正义原则主要旨在彰显社会制度的分配正义德性，但是它们同时也突出了个人分配正义德性的重要性。一方面，个人的分配正义德性

---

① See Rawls, John. *A Theory of Justice*. The Belknap Press of Harvard University Press, Cambridge, Massachusetts. 1971, p.7.

② Rawls, John. *A Theory of Justice*. The Belknap Press of Harvard University Press, Cambridge, Massachusetts. 1971, p.3.

③ Rawls, John. *A Theory of Justice*. The Belknap Press of Harvard University Press, Cambridge, Massachusetts. 1971, p.60.

是这两个分配正义原则被提出的主体条件。罗尔斯强调，普遍的分配正义原则只能由称得上"道德人"的社会公民来确立，因为他们生活在一个秩序良好的公正社会里，具有合理的正义观念和正义感，能够明辨是非、区分善恶和甄别对错，只有他们才会在选择分配正义原则时保持不偏不倚的公正态度。罗尔斯的两个分配正义原则实际上是两个说明社会成员之善观念、社会成员之道德理性、社会成员之分配正义德性或社会成员之行为正当性的普遍道德原则。另一方面，罗尔斯的两个分配正义原则之所以具有普遍性，是因为它们反映了所有社会成员对分配正义的价值诉求。罗尔斯将他提出的两个分配正义原则论证为两个普遍有效的原则，认为它们是具有善观念、道德理性或正义德性的社会公民自由自主选择的两个道德原则，强调它们内含的平等性或公平性已经深深地进入所有社会公民追求分配正义的道德价值观念和具体行为之中。在罗尔斯的分配正义理论中，个人的分配正义德性（和分配正义需要）与社会制度的分配正义德性（和分配正义需要）是在两个普遍正义原则的支配下达到融合和统一的。

德沃金的两个分配正义原则更加明显地强调个人的分配正义德性（和分配正义需要）和社会制度的分配正义德性（和分配正义需要）的同等重要性。他认为，得到"平等的关切"是每一个社会公民的权利，它体现了"具体责任原则"："它坚持认为，就一个人选择过什么样的生活而言，在资源和文化所允许的无论什么样的选择范围内，他本人要对他做出那样的选择负起责任。该原则不对任何伦理价值的选择表示认可。它不谴责传统而平淡的生活，也不否定新奇而怪异的生活，只要这种生活不是因为别人断定这是某人自己要过的正确生活而强加于他的。"① 这

---

① ［美］罗纳德·德沃金：《至上的美德：平等的理论与实践》，冯克利译，江苏人民出版社 2007 年版，"导论"第 7 页。

种"平等的关切"是对个人提出的一种道德要求，它不仅要求社会公民能够自觉地将其自身的命运与他们的人生选择紧密联系起来，而且要求社会公民在社会资源分配和道德允许的实际条件下张扬他们的生活或生存权利。而对于政府来说，给予"平等的关切"是一种美德，它体现了"重要性平等原则"："以平等的关切对待处在某种景况下的一些群体。一个统治着其公民并要求他们忠诚和守法的政治社会，必须对其全体公民一视同仁，每个公民都必须投票，它的官员也必须在制定法律、确定施政方针时牢记那项责任。"① 这种"平等的关切"是对政府或施政者提出的一种道德要求，它要求政府制定和推行的法律、政策等能够使社会公民的命运不受经济背景差异、性别差异、种族差异、技能差异等因素的影响，从而保证每一个社会公民的人生价值被置于同等重要的位置上受到重视。

确立普遍有效的分配正义原则能够同时张扬个人的分配正义德性和社会制度的分配正义德性，或者说，能够兼顾个人的特殊性分配正义需要和社会的普遍性分配正义需要，但这种做法得到的仅仅是一种"形式分配正义"。所谓形式分配正义，是因为符合一定的普遍正义原则而产生的分配正义，它显示的是对分配正义进行理想的理论建构的状况。形式分配正义的主要特征就在于它的形式性和理想性。这种分配正义并不是一定的普遍分配正义原则得到具体实现的状况，但它是实质分配正义得以产生的前提。实质分配正义是形式分配正义的现实体现。形式分配正义通常是一系列关于分配正义的普遍原则或观念，实质分配正义则是形式分配正义得到实际应用的结果。由于个人的分配正义德性和社会制度的分配正义德性都可能存在缺陷和不足，形式分配正义和实质分配

---

① ［美］罗纳德·德沃金：《至上的美德：平等的理论与实践》，冯克利译，江苏人民出版社 2007 年版，"导论"第 6 页。

正义之间总是存在差距，这种差距有时甚至是非常巨大的。这种情况并不意味着现实中没有分配正义，而是仅仅意指：人类对分配正义的形式主义或理想主义追求往往不可能完全变成现实；或者说，分配正义的实现总是一种让人难以完全满意的状况。

四、分配正义：共享伦理的最高价值目标

分配正义是社会资源或社会发展成果在社会成员中间得到公正分配所体现的公正性。它聚焦于社会资源或社会发展成果分配的公正性问题，其实质则是关于人类社会能否允许其成员平等地享有社会资源或社会发展成果的问题。共享伦理应该以体现分配正义作为最高价值目标。

分配正义是共享伦理的核心理念。共享伦理要求社会资源或社会发展成果能够在社会成员中间得到公正分配。所谓"公正分配"，本质上是指"合理共享"。"合理共享"既不是建立在个人的主观偏好之上，也不是建立在社会集体的单方面价值诉求之上。它要求社会资源或社会发展成果能够在社会成员中间得到最大限度的分享，同时要求这种分享必须是公正或公平的。分配正义是共享伦理的核心价值取向。

第十章　共享伦理与推动构建人类命运共同体的中国方案

改革开放 40 多年，近代以来历经磨难而始终保持自强不息、厚德载物精神的中华民族，将中国特色社会主义建设事业推进新时代，同时以更加积极、更加富有建设性的态度参与全球治理，从而在谋求自身发展和促进世界发展两个维度作出卓越贡献。基于对当今世界格局、国际社会现状和人类文明发展规律的深刻认识、理解和把握，我国提出了"构建人类命运共同体"的方案。这不仅体现了当代中华民族追求世界整合和全人类同生共荣的良好愿望和伦理智慧，而且彰显了当代中华民族胸怀世界大局、心系国际道义、谋求人类共同利益、着眼长远理想、积极参与全球治理、倡导走共享发展之路的道德态度和伦理思想境界。提出"构建人类命运共同体"的中国方案，不仅说明当代中华民族具有在国际社会大力倡导共享伦理的良好愿望，而且说明我们愿意在国际层面践行共享伦理方面以身作则。对此，我们需要从国际伦理的角度展开深入系统的解析。

一、人类命运共同体的伦理特质

我国倡议推动构建的人类命运共同体究竟是何种性质的共同体？这既是我们宣传和传播推动构建人类命运共同体这一中国方案需要解答的首要问题，也是人们了解和认知该方案时必然会追问的首要问题。

习近平总书记在党的十九大报告中呼吁："各国人民同心协力，构建人类命运共同体，建设持久和平、普遍安全、共同繁荣、开放包容、清洁美丽的世界。"① 这段重要论述描绘了"人类命运共同体"的宏伟蓝图，但并没有对它的性质作出明确说明。我们认为，中国方案中的"人类命运共同体"在构建内容上涉及军事、政治、经济、文化、外交、自然环境、伦理等多个领域，其内涵丰富而复杂，但它本质上是一个伦理共同体，主要是对中华民族和马克思主义经典作家探求"共同体"的伦理思想传统进行创造性转化和创新性发展的产物。

中华民族探求"共同体"的伦理思想传统源远流长，为当今中国提出推动构建人类命运共同体的方案提供了历史合法性思想资源。例如，传统儒家伦理思想对内强调民族共同体意识，倡导整体主义价值观，弘扬以国为家、天下为公的伦理精神，致力于建构以追求"大同"为核心伦理价值取向的社会共同体。"大同社会"，就是天下一家、道德秩序良好、分配正义得到充分实现的社会共同体和伦理共同体。对外，传统儒家强调亲仁善邻、讲信修睦、和平相处的国际伦理精神。《左传》指出："亲仁善邻，国之宝也。"② 其意指，仁爱、友好地对待邻居和邻

---

① 习近平：《决胜全面建成小康社会　夺取新时代中国特色社会主义伟大胜利——在中国共产党第十九次全国代表大会上的报告》，人民出版社 2017 年版，第 58—59 页。

② 李索：《左传正宗》，华夏出版社 2011 年版，第 16 页。

邦是一个国家最应该做的事情。由于中华民族历来重视国际文化交流，并坚持用"亲仁善邻""讲信修睦""睦邻友好"等国际伦理原则处理国际关系，我国才创造了丝绸之路联结欧亚、郑和七次下西洋联通亚非、鉴真东渡扶桑传经等历史典故，也才有了中华文化深刻影响世界尤其是亚洲国家和民族的光荣历史。

中华民族历来具有以史为鉴的优良传统。老子说："执古之道，以御今之有。能知古始，是谓道纪。"① 其意为，把握古有之道，可以用于处理当今的事物；了解事情发生的历史，才算是懂得"道"的纲纪。习近平总书记更是强调："坚定文化自信，离不开对中华民族历史的认知和运用。历史是一面镜子，从历史中，我们能够更好地看清世界、参透生活、认识自己；历史也是一位智者，同历史对话，我们能够更好认识过去、把握当下、面向未来。"② 我们认为，推动"构建人类命运共同体"的中国方案首先是当代中华民族对中国历史上形成的各种共同体思想进行传承发展的产物。

另外，马克思主义哲学中的共同体思想不仅高度系统化，而且具有深厚国际伦理意蕴，为当今中国提出推动构建人类命运共同体的方案提供了科学理论依据和指导思想。马克思主义经典作家都是胸怀共同体理想的哲学家。在领导英国、法国、德国等国工人运动的过程中，马克思恩格斯呼吁全世界无产者联合起来、结成工人阶级国际联盟或工人阶级共同体："全世界无产者，联合起来！"③ 列宁也指出："工人阶级需要统一"，因为"一盘散沙的工人一事无成，联合起来的工人无所不能"。另外，马克思恩格斯还强调，无产阶级旨在通过革命手段建立的社会主义社会不仅应该遵循两个国际原则，即"和平"和"团结"，而且应该

---

① 　老子：《道德经》，饶尚宽译注，中华书局 2006 年版，第 34 页。
② 　《习近平关于社会主义文化建设论述摘编》，中央文献出版社 2017 年版，第 17 页。
③ 　《马克思恩格斯选集》第 1 卷，人民出版社 1995 年版，第 307 页。

"维护真正的国际主义精神，这种精神不容许产生任何爱国沙文主义，这种精神欢迎无产阶级运动中任何民族的新进展"①。马克思主义经典作家所倡导的"真正的国际主义"是"无产阶级的国际主义"。②它与狭隘的民族主义或爱国主义具有根本区别。尤其重要的是，他们主张建立人人平等、人人自由、人人有尊严的共产主义社会，并称之为"自由人的联合体"——在这样一个联合体里，"每个人的自由发展是一切人的自由发展的条件。"③

马克思主义理论是我国夺取社会主义革命胜利和推进社会主义建设事业的法宝，当然也是当代中华民族提出推动"构建人类命运共同体"方案的科学理论依据和指导思想。在中国特色社会主义进入新时代的背景下，我们可以在中国特色社会主义思想和理论的框架内发展马克思主义，但绝对不能丢失其中的真理。正如习近平总书记所说："马克思列宁主义、毛泽东思想一定不能丢，丢了就丧失根本。"④推动构建人类命运共同体的中国方案是当代中华民族对马克思主义共同体思想进行继承和发展而取得的一项重要成果。2012 年，党的十八大报告中提出"倡导人类命运共同体意识"，党的十八大以来，习近平总书记在他的系列重要讲话中先后 100 多次论及它。在党中央和中国政府领导人的积极努力下，"构建人类命运共同体"的理念在 2017 年被写进了联合国社会发展委员会、人权理事会等国际机构的会议决议，这一事实说明"构建人类命运共同体"的理念与当代人类对世界发展的普遍道德价值认识、道德价值判断和道德价值选择高度契合，具有强大生命力、影响力和感

---

① 《马克思恩格斯选集》第 3 卷，人民出版社 2012 年版，第 38 页。

② 韦冬、王小锡主编：《马克思主义经典作家论道德》，中国人民大学出版社 2017 年版，第 419 页。

③ 《马克思恩格斯文集》第 2 卷，人民出版社 2009 年版，第 53 页。

④ 中共中央文献研究室编：《习近平关于社会主义文化建设摘编》，中央文献出版社 2017 年版，第 59 页。

召力。虽然构建人类命运共同体目前还是一个道德理想，但是它从根本上反映了当代人类对世界发展前景的国际道德价值判断和诉求，因而在国际社会得到了越来越多的道义支持和价值认同。我们认为，中国倡议推动构建人类命运共同体的方案蕴含能够被世界各国或世界人民普遍接受的国际伦理精神。它以强调"世界各国或人类命运与共"作为国际伦理精神的核心，同时倡导五种国际伦理意识：

一是同舟共济的生存意识。"在这个太空中，只有一个地球在独自养育着全部生命体系。"① 地球是搭载全人类和世界各国的一艘船，人类和世界各国都是它的乘客。加拿大传播学家麦克卢汉称这艘船为"地球村"②，它在浩瀚宇宙中显得非常渺小，但只有它才能承载人类生命之重。人类和世界各国共乘一艘地球之舟，唯有同舟共济才能并存和发展。树立同舟共济的生存意识是人类认知人类命运共同体的内涵和要义的首要环节，也是人类树立命运共同体意识的首要环节。要构建人类命运共同体，当代人类应该成为"世界主义者"："一个世界主义者应该是一个能够认为世界是我们共享的家乡，会产生出某种像'地球村'这样的自我意识的人。"③

二是同甘共苦的忧乐意识。共处一个地球，彼此的命运息息相关，世界各国的甘苦是相连相通的，一国的甘苦同时也是其他国家的甘苦；因此，要构建人类命运共同体，世界人民应该培养同甘共苦的忧乐意识，即能够乐他国之乐、忧他国之苦，而不是对他国的甘苦采取漠不关心、幸灾乐祸或落井下石的邪恶态度。

---

① [美] 芭芭拉·沃德、勒内·杜博斯：《只有一个地球——对一个小小行星的关怀和维护》，"国外公害丛书"委员会译，吉林人民出版社 1997 年版，第 260 页。

② [加拿大] 马歇尔·麦克卢汉：《理解媒介——论人的延伸》，何道宽译，译林出版社 2011 年版，第 50 页。

③ [美] 夸梅·安东尼·阿皮亚：《认同伦理学》，张容南译，译林出版社 2013 年版，第 273 页。

三是同心同德的团结意识。人类命运共同体是以世界各国或人类作为成员的，因此，树立同心同德的团结意识十分必要。如果共同体成员不能心往一处想、力往一处使，共同体就会因为缺乏必要的向心力、凝聚力和团结力而如同一盘散沙，我行我素、自私自利、损人利己的行为就会在各个成员中间时有发生，人类命运共同体的存在也就名不副实。

四是同生共荣的荣辱意识。"荣辱之来，必象其德。"① 一切荣誉和耻辱的产生都与人的思想品德有关。人类命运共同体的每一个成员应该具有必要的荣辱意识，不断强化"一荣俱荣，一损俱损"的价值观念，并能够正确认识和处理义利关系问题。只有知荣辱、共荣辱，世界各国或世界人民才能同生共荣。一个国家自觉维护国际公平正义，世界各国光荣；一个国家置国际公平正义于不顾，世界各国羞耻。只有树立这种同生共荣的意识，人类命运共同体才能成为一个真正意义上的伦理共同体。

五是同进同退的合作意识。推动构建人类命运共同体需要落实到具体的行动。它不否定世界各国根据各自的国情选择发展道路、理论、制度和文化的自主权，但要求各国在面对世界经济动能不足、贫富分化日益严重、恐怖主义、网络安全、生态危机等共同问题和共同挑战的时候步调一致地行动，而不是各自为政、各行其是。只有在行动上同进同退，世界各国或世界人民才能形成人类命运共同体必不可少的合作精神。

当代中华民族倡议推动构建的人类命运共同体在本质上是一个国际伦理共同体。它由世界各国构成，但并不要求各国抛弃适合本国国情的发展理论、发展道路、发展制度和发展文化，而只是呼吁世界各国弘

---

① 安小兰译注：《荀子》，中华书局 2016 年版，第 6 页。

扬以"命运与共"为核心价值取向的国际伦理精神，培养同舟共济、同甘共苦、同心同德、同生共荣、同进同退的国际伦理意识，其目的是要将我们共同生活的世界建设成为一个持久和平、普遍安全、共同繁荣、开放包容、清洁美丽的世界。作为一个国际伦理共同体，人类命运共同体的灵魂是其自身内含的国际伦理精神。

需要强调的是，我国倡议构建的人类命运共同体与美国试图构建的"世界共同体"具有根本区别。冷战结束之后，美国企图"统一"世界的野心日益膨胀。它试图将世界各国纳入它的国家意志支配之下，并建构一种以美国担任世界领导、由美国说了算的国际秩序。这种国际秩序是以美国为世界绝对权威的单极统一性，具有霸权主义本质，它的道德合理性常常在国际社会遭到质疑和批评，美国的国家形象和国际道德影响力也常常因此而受损。与美国追求"单极统一性"不同，我国倡议推动构建的人类命运共同体具有截然不同的伦理特质。它以反对霸权主义作为伦理底色，强调国与国之间的平等国际地位，主张世界各国在"和而不同"的原则下结成命运与共的国际伦理共同体。这种共同体是多极的统一，旨在体现世界各国追求平等相处、协同进步、同生共荣等国际道德价值诉求。正因为如此，提出推动"构建人类命运共同体"的方案之后，我国的国家形象和国际道德影响力得到了大幅度提升。它不仅让世界人民看到了以推动构建人类命运共同体的方式与霸权主义相抗衡以及增进人类共同价值和共同利益的希望，而且让世界各国更多、更深地了解了社会主义中国的国家形象及其参与全球治理、推进世界发展的善良愿望和国际道德价值诉求。

二、推动构建人类命运共同体的现实合理性

世界总是在整合和分裂的张力中发展。一部世界发展史就是整合

和分裂两种力量此消彼长的历史。在当今世界，这两种力量的博弈依然很激烈，但总体来看，整合的力量显得更加强劲，这不仅为"和平"和"发展"成为世界的主题提供了现实基础，而且为我国提出推动"构建人类命运共同体"方案和世界各国共同构建人类命运共同体提供了现实依据。我们认为，当今世界存在两种有利于人类命运共同体构建的力量：一种是客观的力量；另一种是主观的力量。对此，我们需要从历史唯物论的角度展开分析。

根据历史唯物论观点，"思想、观念、意识的生产最初是直接与人们的物质活动，与人们的物质交往，与现实生活的语言交织在一起的。……表现在某一民族的政治、法律、道德、宗教、形而上学等的语言中的精神生产也是这样。"① 这意味着，每一种精神性产品的生产都是由人类的存在状况决定的。我国提出的推动构建人类命运共同体方案是一种国际伦理理念或国际道德价值观念，属于精神性产品的范围，因此，它也是由当今世界的存在状况决定的。

当今世界的存在状况错综复杂，但其中贯穿一条越来越清晰的主线，这就是世界的整合性呈现出日益增强的态势。这不仅意味着世界的分裂性在减弱，而且意味着人类的精神或意识目前在朝着有利于世界整合的方向汇聚。我们认为，推动构建人类命运共同体的中国方案集中体现了当代人类的世界精神或世界意识，它是适应当今世界趋向整合的客观趋势的。目前有四种客观力量在对世界发挥着强有力的伦理整合作用，它们形成的合力正将世界各国整合成一个命运与共的共同体，其强大之势不容忽视：一是自然界的力量；二是经济全球化的力量；三是新媒介的力量；四是现代交通工具的力量。

自然界的力量是能够整合世界的最原始、最持久、最强大的客观

---

① 《马克思恩格斯文集》第 1 卷，人民出版社 2009 年版，第 524 页。

力量。自然界先于人类而存在，它的存在和进化不以人的意志为转移，仅仅受自然规律的支配。作为自然界的灵长动物，人类在自然界中显得出类拔萃，但我们永远只能以"自然之子"的身份存在。我们可以开发利用自然，但不能控制、支配和统治自然。事实上，我们在自然界中的生存空间主要局限于以地球为中心的生物圈；地球生物圈为包括人类在内的所有生物提供栖息之地，因而是所有生物的家园；它庇护所有生物，同时也作为必不可少的客观条件对生物的存在进行制约和限制。正如康芒纳所说："任何希望在地球上生存的生物都必须适应这个生物圈，否则就会灭亡。"[1] 他还强调："为了在地球上幸存下来，人类要求一个稳定的、持续存在的、相宜的环境。"[2] 从这种意义上来说，自然界既是限制和制约人类生存的客观力量，也是保护人类和在生物圈将人类整合成命运共同体的客观力量。

经济全球化是对当今世界发挥整合作用的另一种客观力量。"全球化是一系列过程，它意味着相互依赖。对它最简单的定义就是：依赖性的增强。"[3] 在经济全球化条件下，人类的生产、交换、分配和消费活动高度国际化，整个世界实际上变成了一个庞大的市场；尤其重要的是，日益频繁的国际经济交往不仅推动世界各国形成了"你中有我，我中有你"的经济关系，而且极大地加强了人类彼此之间的交往和交流。经济全球化导致全球化市场和经济体制的出现，并且将整个世界变成一个庞大市场，这既意味着经济全球化时代的经济基础和生产关系与前经济全球化时代有着根本区别，也意味着全球化的经济基础对国际社会发挥着

---

① ［美］巴里·康芒纳：《封闭的循环——自然、人和技术》，侯文惠译，吉林人民出版社 1997 年版，第 7 页。

② ［美］巴里·康芒纳：《封闭的循环——自然、人和技术》，侯文惠译，吉林人民出版社 1997 年版，第 11 页。

③ 郭忠华编：《全球时代的民族国家——吉登斯演讲录》，江苏人民出版社 2012 年版，第 4 页。

强有力的整合作用。经济全球化是当代人类共享的一种生存条件。它由人类自身所创造，但它一旦被人类创造出来，就开始作为一种强大的客观力量推动着世界各国朝着"整合"的方向发展。在当今世界，经济全球化潮流将世界各国日益紧密地整合在一起，任何个人或国家都无法摆脱它的整合性影响而置身事外。因此，联邦德国前总理施密特强调："人类从未像今天这样紧紧地拥挤在一起。"①

　　"每一种文化，每一个时代都有它喜欢的感知模式和认知模式，所以它都倾向于为每个人、为每件事规定一些受宠的模式。"② 人类感知模式和认知模式的变化在媒介的变迁中得到最集中的体现，因为"媒介是我们的经验世界变革的动因，是我们互动关系的动因，也是我们如何使用感知的动因"③。媒介不仅包括报纸、广播、电视等被人们熟知的传播形式，而且涵盖一切能够延伸人类意识的技术产品。加拿大传播学家麦克卢汉早在 1967 年就指出："我们正在迅速逼近人类延伸的最后一个阶段——从技术上模拟意识的阶段。在这个阶段，创造性的认识过程将会在群体中和在总体上得到延伸，并进入人类社会的一切领域，正像我们的感觉器官和神经系统凭借各种媒介而得到延伸一样。"④ 这是指，各种电力技术产品的问世，不仅带来了媒介的更新，而且推动当代人类随着媒介的快速发展而不断缩小彼此之间的距离。QQ、微信等新媒介的发明让地球变得很小，人类则因此而变成了同住"地球村"的"村民"。

---

① ［德］赫尔穆特·施密特：《全球化与道德重建》，柴方国译，社会科学出版社 2001 年版，第 7 页。

② ［加拿大］马歇尔·麦克卢汉：《理解媒介——论人的延伸》，何道宽译，译林出版社 2011 年版，第 8 页。

③ ［加拿大］马歇尔·麦克卢汉：《理解媒介——论人的延伸》，何道宽译，译林出版社 2011 年版，第 5 页。

④ ［加拿大］马歇尔·麦克卢汉：《理解媒介——论人的延伸》，何道宽译，译林出版社 2011 年版，第 4 页。

现代交通工具的力量不容忽视。飞机、地铁、高铁等现代交通工具的出现，不仅让现代生活变得越来越便利，而且极大地拉近了人与人、民族与民族、国与国之间的距离。在当今世界，似乎没有我们无法到达的地方，也没有我们无法缩小的人际距离。作为一种客观的物质性力量而存在，现代交通工具向现代生活世界广泛渗透，对现代人的生活方式和内容产生深刻影响，同时对现代人类社会发挥着有力的整合作用。"无论什么事物，一旦和人的生命发生沾染或形成比较持久的关系，就会产生作为人的某种生存条件的特性。"① 现代交通工具作为现代人特别倚重的客观生存条件而存在，不仅让人类更强烈地体会到"世界变小"的感觉，而且推动人类不断增强"命运休戚相关"的存在意识。

强调存在对精神或意识的决定作用是历史唯物论的精髓。上述四种客观力量对当今世界的整合作用是客观的。自然界的力量推动当代人类结成生态共同体或生命共同体，并且将当代人类推上生态文明发展道路；经济全球化的力量使当代人类的经济联系空前加强，并且在一定程度上将世界各国推上了共同发展的轨道；新媒介的力量拓展了人类的意识和能力，并且拉近了人与人之间的距离；现代交通工具的力量让跨国交往、交流和合作变得更加便利，并且使地球在我们的视野中变小。这些力量都是客观的物质性力量。它们的存在和增长为当代中华民族提出推动构建人类命运共同体的方案和当代人类共同构建命运共同体提供了客观物质基础。

除了上述四种客观力量之外，我们还应该看到一种主观力量对当代人类共同构建命运共同体的巨大推动作用。这就是当代人类日益增强的命运共同体意识。

---

① ［美］汉娜·阿伦特：《人的条件》，竺乾威等译，上海人民出版社 1999 年版，第3 页。

冷战结束之后，社会主义阵营与资本主义阵营之间的战略平衡被打破，国际共产主义运动陷入低谷，资本主义似乎对社会主义形成了比较优势。在这种历史背景下，西方国家的一些人开始"庆祝"资本主义的"成功"和社会主义的"失败"。例如，当代美国政治哲学家托马斯·纳格尔1991年在《平等与不公》一书中用近乎"欣喜若狂"的口吻说："共产主义已经在欧洲失败。我们还可以在有生之年庆祝它在亚洲的崩溃。"①

应该承认，苏联解体和东欧剧变确实让社会主义阵营元气大伤。正因为如此，西方资本主义国家在冷战之后普遍笼罩着"欢庆胜利"的氛围。尤其明显的是，由于变成了世界上唯一的超级大国，美国不仅充当起资本主义国家的首领，而且试图充当"世界霸主"——开始在全球范围内大肆推行霸权主义。美国霸权主义通过强权政治、贸易保护主义、侵略战争、文化帝国主义、沙文主义外交等形式表现出来，其根源是隐藏于美国政治、经济、军事、文化和外交活动背后的民族利己主义国际伦理观。受到这种国际伦理观的驱动，美国在冷战之后的国际舞台上常常以唯我独尊、我行我素的方式行事，有时甚至对自己的私欲不做任何掩饰。它可以肆无忌惮地将它不喜欢的国家列入"邪恶国家名单"，拒绝签署任何不利于美国的国际公约，甚至不顾联合国的权威而公然对其他国家发动战争。在美国霸权主义面前，许多国家敢怒而不敢言。

世界并没有因为冷战的结束而变得和平、安定，美国一超独大更没有将世界变成统一的"共同体"；相反，在美国试图独霸天下、颐指气使、我行我素的国际格局中，当今世界变得更加动荡不安。惟其如此，国际社会对美国的不满和怨恨与日俱增，这在许多西方学者对美

---

① Steven M. Cahn. *Classics of Political and Moral Philosophy*，New York：Oxford University Press，2002，p.1082.

国的看法和态度中可见一斑。加拿大学者阿查亚说："美国治下的单极秩序已经终结。取而代之的是，我们拥有了一个新的秩序。"① 他呼吁以"复合的世界"取代美国主导的单极世界秩序："在复合世界中，秩序的建立和管理更为多样化和去中心化，守成大国和新兴大国、其他国家、全球和地区实体以及跨国非国家行为体都会参与其中。"② 另一位加拿大学者斯坦恩更是强调美国的衰落已经成为事实，因为"美国已经将其主导的单极世界变成了世界上最为昂贵的自杀性画面"③。美国是否真的已经衰落，这是一个有争议的问题，但我们可以肯定，这些西方学者的评判至少在一定程度上反映了国际社会对美国主导的单极世界秩序的不满。

　　"反者，道之动；弱者，道之用。"④ 循环往复是"道"的运动方式，物极必反更是事物存在的规律。当美国主导的单极世界秩序发展到极致的时候，也就是它达到由强转弱的"断裂界限"⑤ 的时候，同时也是当代人类转而追求世界整合的时候。我们认为，美国主导的单极世界秩序带给世界的不是整合性和统一性，而是分裂性和分散性。美国试图构建的"世界统一体"不具有道德合理性基础，因为它建立在强调美国优先、美国权威的国际伦理观基础上，它最终使越来越多的人看清了这样一个事实：分裂只会给世界带来动荡、冲突和不幸，唯有整合才能给世

---

① ［加］阿米塔·阿查亚：《美国世界秩序的终结》，袁正清、肖莹莹译，上海人民出版社 2017 年版，第 1 页。

② ［加］阿米塔·阿查亚：《美国世界秩序的终结》，袁正清、肖莹莹译，上海人民出版社 2017 年版，第 11 页。

③ ［加］马克·斯坦恩：《衰亡的美国——大国如何应对末日危局》，米拉译，金城出版社 2016 年版，第 14 页。

④ 饶尚宽译注：《老子》，中华书局 2006 年版，第 100 页。

⑤ 它是指一个系统突变为另一个系统的界限。参阅［加拿大］马歇尔·麦克卢汉：《理解媒介——论人的延伸》，何道宽译，译林出版社 2011 年版，第 4 页。

界带来和平、安全和福祉。

三、推动构建人类命运共同体需要
解决的重大国际伦理问题

世界是众多民族国家共同活动的舞台。由于没有权威的导演，很多国家是任性的演员，世界舞台常常是群国乱舞、众声喧哗、我行我素的状态。要在这样的世界里推动构建人类命运共同体，当代人类无疑会遭遇错综复杂的国际伦理问题。我国倡议推动"构建人类命运共同体"的根本目的是要推动全人类或世界各国形成命运与共的国际道德价值观念，并在它的引领下将世界建设成为持久和平、普遍安全、共同繁荣、开放包容、清洁美丽的人类命运共同体。为了达到这一目的，我们至少需要着力解决五个重大国际伦理问题。

第一，如何化解民族共同体意识与人类命运共同体意识之间的张力。中国倡议推动构建人类命运共同体不以消灭民族国家为前提，因此，在推进该方案的过程中，我们将遭遇民族共同体意识和人类命运共同体意识并存的局面。这一方面说明两种共同体意识都具有不容否定的道德合理性，另一方面也给我们提出了如何协调两者关系的问题。如果我们不能很好地协调两者的关系，它们之间的张力就会演变为尖锐矛盾。要化解这种张力，关键是要推动世界人民增强人类命运共同体意识，因为在当今世界，各国人民的民族共同体意识普遍强于其人类命运共同体意识。由于人类命运共同体意识偏弱，在认识和处理本国利益与他国利益、民族利益与人类共同利益、本国发展与世界发展的关系问题时，世界各国通常难以形成一致意见，更不用说采取一致行动，整个世界也因此而处于严重分裂状态。

要树立人类命运共同体意识，当代人类应该打破"有界存在"观念，树立"关系性存在"意识，① 因为"将人类视为独立或有界单元——无论是个体自我、共同体、政党、国家还是宗教——威胁着我们未来的命运。"② 如果我们将世界各国视为相互隔绝的"有界存在"者，不同民族和不同国家之间就不可避免地会存在难以弥合的心理距离，并且容易对彼此的存在持怀疑、否定的态度，这不仅会给国与国之间的交往、交流和合作造成障碍，而且很容易导致国际矛盾和冲突。只有树立"关系性存在"意识，世界各国才能看到彼此之间命运与共的事实，构建人类命运共同体的可能性空间也才会被打开。

人类命运共同体意识本质上是一种具有深厚国际伦理意蕴的"关系性存在"意识。它不仅将国与国之间的关系确立为一种伦理关系，而且要求当代人类正确认识和处理爱国主义情操与国际主义精神之间的关系。人类命运共同体要求我们命运与共，但我们属于不同民族国家的事实并不会改变。爱国主义情操表达我们对祖国的道德情感，国际主义精神则反映我们对世界或国际社会的道德情感。由于爱国主义情操和国际主义精神都具有道德合理性基础，我们不能仅仅执于一端而弃另一端于不顾。如果推动构建人类命运共同体的中国方案最终会成为一个被世界各国普遍接受的世界性方案，它必定会从国际伦理的角度要求当代人类自觉化解民族共同体意识与人类命运共同体意识之间的张力，做兼有爱国主义情操和国际主义精神的人。长期以来，人类更多地倾向于强调民族国家的伦理精神和存在价值，对国际社会或世界的伦理精神和存在价值缺少关注的问题非常突出，从而很容易形成狭隘的民族共同体意识和

---

① "有界存在"和"关系性存在"是美国心理学家洛根使用的两个概念，前者意指有些人认为存在者具有边界或存在者之间隔着空间的假设，后者意指世界万事万物彼此联系的事实。参阅［美］肯尼思·J. 洛根：《关系性存在：超越自我与共同体》，杨莉萍译，上海教育出版社 2017 年版，第 19、398 页。

② ［美］肯尼思·J. 洛根：《关系性存在：超越自我与共同体》，杨莉萍译，上海教育出版社 2017 年版，第 402 页。

爱国主义情感。在狭隘的民族共同体意识和爱国主义情感极端膨胀的情况下，许多人变成民族中心主义者，片面夸大民族国家的重要性，甚至犯以民族国家凌驾于国际社会或世界的错误。在"构建人类命运共同体"成为时代大势的今天，树立人类命运共同体意识是每一个国家的责任，也是每一个国家融入世界大家庭必须具备的资格证。倡导人类命运共同体意识，就是要推动世界各国超越民族共同体意识和爱国主义情感的狭隘性和局限性，形成以强调世界各国命运与共、和平相处、协同发展、共同繁荣等为主要内容的国际主义精神。

第二，如何以正确义利观引导国际交往的问题。"天之生人也，使之生义与利。"[①] 义利关系问题是人类在每个生活领域都会遭遇的基本伦理问题。人类命运共同体的构建需要建立在合乎伦理的国际交往基础上，但这种国际交往只有在正确义利观的价值引领下才能形成。如果没有正确义利观的引导，世界各国往往会用民族利己主义义利观认识和处理国际交往问题。受民族利己主义义利观驱动的国家在认识和处理民族利益和国际道义的关系问题时往往会采取重利轻义、先利后义的片面义利观，甚至采取见利忘义、唯利是图的错误义利观。克服民族利己主义义利观的根本途径是以正确利益观取而代之。我们认为，以正确义利观引导国际交往具有语境性特征，并且至少有四重伦理境界：

一是反对民族利己主义的底线伦理境界。墨子曾经说过："义，利；不义，害。"[②] 其意指，义利关系问题本质上是利害问题；义就是利，不义就是害。正确义利观反对任何国家为了本国的一己私利而置其他国家的利益或人类共同利益于不顾，坚决反对以损害其他国家的利益或人类共同利益的方式来谋取一国私利。要构建人类命运共同体，世界各国应

---

① 董仲舒著，张世亮、钟肇鹏、周桂钿译注：《春秋繁露》，中华书局 2012 年版，第330 页。

② 方勇译注：《墨子》，中华书局 2015 年版，第 376 页。

该旗帜鲜明地反对民族利己主义义利观，而不是千方百计维护它。

二是义利兼顾或见利思义的伦理境界。国际交往应该秉承"兼相爱、交相利"①的伦理原则，既重视建立友好关系，也注重体现互爱互利的伦理精神，而不是动不动就诉诸武力来解决国际矛盾。只有义利兼顾或见利思义，世界各国才能友好相待、和平相处，也才能推进人类命运共同体的建构。

三是重义轻利或先义后利的伦理境界。正确义利观应该着重维护广大发展中国家的利益诉求。当今世界发展的水平不是由发达国家决定的，而是取决于发展中国家。如果发达国家在与广大发展中国家交往的过程中采取重利轻义或先利后义的做法，后者对世界发展成果的获得感就难以得到保证，人类命运共同体的国际伦理意蕴也会被遮蔽。

四是舍利取义的伦理境界。要"构建人类命运共同体"，有时需要世界各国发扬舍利取义的仁爱精神。具体地说，有时为了维护人类共同利益，世界各国需要适当牺牲本国利益。例如，在解决贫困、环境保护、恐怖主义等全球性问题时，所有国家都应该积极承担国际道德责任，而不是讨价还价或推卸责任。舍利取义是人类命运共同体需要的一种国际主义仁爱精神。如果世界各国都能够在需要的时候发扬这种仁爱精神，人类命运共同体就会充满大仁大爱的国际伦理精神，当今世界就很容易变成一个真正意义上的伦理共同体。

中华民族具有维护天下大利和大义的伦理思想传统。墨子说："仁人之事者，必务求兴天下之利，除天下之害。"②正确看待和处理"义"与"利"的关系，注重突出国际道义与国际道德责任的重要性，既是我

---

① 这是墨子倡导的人际交往和国际交往伦理原则，其意在强调人与人之间、国与国之间相互友爱、不轻易采用武力手段解决矛盾的必要性和重要性。参阅方勇译注：《墨子》，中华书局 2015 年版，第 149 页。

② 方勇译注：《墨子》，中华书局 2015 年版，第 134 页。

国传统伦理思想的重要内容，也是新中国外交的一个鲜明特色。习近平总书记说："我们要在发展自身利益的同时，更多考虑和照顾其他国家利益。要坚持正确义利观，以义为先、义利并举，不急功近利……"①其意在强调，中国在维护国家利益的同时应该致力于推动人类共同利益的实现，始终做世界和平的建设者、全球发展的贡献者、国际秩序的维护者和人类共同利益的增进者。中国坚持的正确义利观能够为当代人类构建命运共同体提供伦理启示。

第三，如何以国际公平正义原则促进世界团结的问题。团结是人类命运共同体得以构建的一个重要标志。世界各国只有紧密地团结在一起，人类命运共同体才能形成；如果大国与小国、强国与弱国、富国与穷国不能团结在一起，构建人类命运共同体就只能是一种空想；因此，"团结"是人类命运共同体需要的一种基本美德。它要求世界各国同呼吸、共命运，同心同德，和平相处，相互扶持，相互促进。没有团结，就没有任何形式的人类命运共同体。

当今国际关系存在严重缺乏公平正义的问题，其具体表现是：大国与小国、强国与弱国、富国与穷国之间明显处于不平等状态；发达国家在国际关系中明显处于强势和有利地位，而发展中国家在国际关系中则明显处于弱势和不利地位；世界各国在国际事务中的代表性和发言权从根本上来说是由各自的硬实力决定的，现有国际关系格局具有显而易见的不公平性。这种国际关系状况非常不利于世界团结，是导致世界严重分裂的重要原因。它不仅导致了大国与小国、强国与弱国、富国与穷国的分野，而且常常是国际矛盾的导火索。

国际公平正义原则的核心内容是"平等"和"民主"，其要义是肯定世界各国在国际社会中的平等地位和权利，并倡导国际关系民主化。

---

① 习近平：《习近平谈治国理政》第二卷，外文出版社 2017 年版，第 501 页。

在人类命运共同体中，世界各国不仅应该被视为平等成员，而且应该在国际事务中拥有平等的代表性和发言权。作为人类命运共同体的基本伦理原则，国际公平正义原则本质上是一种平等主义原则，它的贯彻落实既有助于拉近大国与小国、强国与弱国、富国与穷国之间的距离，也有助于推动世界各国形成团结美德。

以国际公平正义原则促进世界团结，必须推进国际关系民主化进程。要做到这一点，在国际关系格局中处于弱势和不利地位的发展中国家首先应该联合起来，形成与固守冷战思维、强权政治、军事霸权主义等错误做法相抗衡的道德合力，以增进人类命运共同体的道德正能量。其次，应该在人类命运共同体中尊重和维护联合国的权威性，支持联合国在国际事务中发挥积极作用。最后，应该强化国际法对人类命运共同体各成员国的约束力。遵守国际法应该作为人类命运共同体对世界各国的美德要求而提倡。

第四，如何以共同发展模式创造美好世界的问题。美国学者沃德和杜博斯说："追求一个生活得较好的人类社会，这是自有人类以来就有的愿望，而这种愿望又来自人类生活经验的本身。人类深信他们能够得到幸福。"[1] 纳斯鲍姆强调："全世界的人民都在追求过上有尊严的生活。"[2] 世界人民具有向往和追求美好生活的共同愿望，也具有向往和追求美好世界的共同愿望。在当今世界，国与国之间的经济联系、交往和合作总体上呈现出日益强化之势，但"人类绝大多数的现实生活却并不幸福"[3]，因为世界并没有在经济全球化之下形成共同发展模式，世界各

---

[1]　[美] 芭芭拉·沃德、勒内·杜博斯：《只有一个地球——对一个小小行星的关怀和维护》，"国外公害丛书"委员会译，吉林人民出版社 1997 年版，第 3 页。

[2]　[美] 玛莎·C.纳斯鲍姆：《寻求有尊严的生活——正义的能力理论》，田雷译，中国人民大学出版社 2016 年版，第 1 页。

[3]　[美] 芭芭拉·沃德、勒内·杜博斯：《只有一个地球——对一个小小行星的关怀和维护》，"国外公害丛书"委员会译，吉林人民出版社 1997 年版，第 3 页。

国在发展问题上缺乏包容、协商和合作的问题还十分严重。正因为如此，在解决贫困、环境保护、恐怖主义等全球性问题时，世界各国往往各执一词、莫衷一是、各行其是，联合国的权威性也难以得到很好的维护。这种世界现实显然不利于人类命运共同体的构建。要"构建人类命运共同体"，一个重要任务就是必须改变现有的世界发展模式，转而采取中国倡导的共同发展模式。

共同发展模式不是以一个国家的繁荣作为最高伦理价值目标的发展模式，而是以世界各国的共同繁荣作为最高伦理价值目标的发展模式。它主张世界各国应该协同发展，并要求最大限度地缩小国与国之间的贫富差距。作为一种具有深厚伦理意蕴的世界发展模式，共同发展模式至少具有五个主要特征：和平性——共同发展模式是一种和平发展模式，它要求世界各国以和平的方式谋求自身的发展；包容性——共同发展模式是一种包容发展模式，它允许世界各国探索具有自身特色的发展理论、发展道路、发展制度和发展文化；普惠性——共同发展模式是一种普惠发展模式，它强调一个国家的发展应该惠及其他国家；平衡性——共同发展模式是一种平衡发展模式，它主张最大限度地缩小国与国之间在发展水平上的差距；共赢性——共同发展模式是一种共赢发展模式，它认为世界各国在参与和推进世界发展的过程中都应该具有强烈的获得感。

第五，如何以合理的全球治理体系明确世界各国参与全球治理的责任和权利。人类命运共同体必须基于合理的全球治理体系才能得以构建。现有全球治理体系是以美国为首的西方发达资本主义国家主导的，具有三个主要特征：(1) 协商性不够——世界各国在国际事务中的代表性和话语权不平等，国际事务的决定权主要被大国、强国、富国操控；(2) 共建性不够——世界各国对全球治理的关注度、参与度和投入度参差不齐，有些国家片面强调本国发展，对世界的整体发展漠不关心；

（3）共享性不够——世界发展成果分配不公，发达国家与发展中国家之间的贫富差距悬殊。这种全球治理体系是西方发达国家固守冷战思维和固守强权政治理念的产物，既不利于建立平等国际关系和增进国际社会的团结，也不利于明确世界各国参与全球治理的责任和权利，因此，不能适应人类构建命运共同体的新时代需要，需要进行深度改革。我国就是在这种背景下提出了改革现有全球治理体系的倡议，呼吁建构共商共建共享全球治理体系。

"共商""共建""共享"既是世界各国应该为全球治理承担的同等责任，也是世界各国在推进全球治理过程中应该享有的平等权利。"共商"意指世界各国为全球治理出谋划策的责任是同等的，同时应该在全球治理中享有平等代表权和发言权。"共建"意指世界各国建设美好世界的责任是同等的，同时应该享有为建设美好世界提供理念、思路、规划的平等权利。"共享"意指世界各国推进世界发展的责任是同等的，同时应该具有共享全球治理成果的平等权利。中国倡导的共商共建共享全球治理体系反对把全球治理看成是某个国家或少数国家的事情，而是世界各国的共同事业和共同责任。

共商共建共享全球治理体系与现有全球治理体系具有本质区别。前者是平等主义的，它主张将全球治理体系建立在世界各国共同协商、共同推进、共同担当的基础上，强调世界各国参与全球治理和分享全球治理成果的平等权利，维护所有国家在国际事务中的代表性和发言权；后者是等级主义的，它将全球治理体系建立在冷战思维和强权政治基础之上，强调大国、强国、富国参与全球治理的优先权，维护大国、强国、富国在国际事务中的代表性和发言权。共商共建共享全球治理体系和现有全球治理体系的本质区别集中体现在它们的国际伦理价值取向上。由于代表两种性质截然不同的国际伦理价值取向，它们的本质内涵也具有根本区别。

四、推动构建人类命运共同体的国际伦理价值

我们置身于其中的世界是抽象的，也是具体的。说它抽象，是因为它在很多时候是作为一个抽象的概念存在于我们的意识之中；说它具体，是因为它具有我们可以经验的现实性，而非可遇而不可求的幻象。我们可以借助自己的理论理性把握世界的抽象性，同时可以借助自己的实践理性把握世界的具体性。我们的实践理性一旦进入国际治理领域，它就会导致国际伦理的产生。国际治理必须涵盖国际道德治理的维度，因此，国际伦理必须是现实的善。要成为现实的善，国际伦理不仅需要依托"国际社会"或"世界"这一伦理实体来发挥作用，而且需要转化为人类的国际道德修养。从事国际伦理研究就是要探究国际伦理成为"现实的善"的必要性、重要性和现实性。

推动构建人类命运共同体的中国方案是一个具有深厚国际伦理意蕴的方案，它的国际影响迄今为止也主要是伦理性的。我国人民和世界人民对该方案的道德价值认识、道德价值判断和道德价值选择目前还处于建构阶段，因此，我们还不能对它的国际伦理影响力作出准确评价，但这并不意味着我们也不能对它的国际伦理价值进行理论分析。我们认为，解析构建人类命运共同体的国际伦理价值是我们进一步认知该方案的必要环节。

第一，推动构建人类命运共同体的中国方案为世界各国增添了一个可供选择的国际伦理价值目标。

世界发展需要正确国际伦理价值目标的导航。由于世界是由众多国家构成，每个国家对国际伦理价值目标的诉求不尽相同，甚至截然相反，要形成统一的国际伦理价值目标绝非易事，但这并不意味着世界就应该在没有正确国际伦理价值目标导航的状况下盲目发展。从历史唯物

论的角度看，国家是一定历史阶段的产物，它最终也会在一定的时间节点上消亡，会被没有国家的共产主义社会所取代。如果说共产主义社会最终会变成现实，构建人类命运共同体就是人类社会必然要经历的一个发展阶段。当代中华民族立足时代前沿，顺应人类社会发展的长远趋势和规律，提出推动"构建人类命运共同体"的倡议，其实质是要为人类社会确立一个阶段性国际伦理价值目标。

构建人类命运共同体有助于缓解当今世界因为缺乏正确国际伦理价值目标导航而导致的价值困惑和悲观主义情绪。自 20 世纪末开始，一些西方人在"欢庆"冷战的结束，但更多的人在为世界的现状和未来忧心忡忡。英国学者科克尔说："历史并没有表明我们正处于一个道德不断提高、进步越来越大的过程。几个世纪以来，国际关系的发展进程更像是一个在治世与乱世之间、在战争与和平之间不停摇晃的钟摆，而这个钟摆未来可能再次摆动。"[①] 另一位英国学者吉登斯说："我们生活在一个令人迷惑、变化无常、非理性而且脱离了人类控制的世界，生活在越来越难以理解，未来越来越难以预测的 21 世纪。"[②] 美国学者米尔斯海默则强调大国政治的悲剧不会因为冷战结束而终结。他明确反对一些人认为冷战结束之后世界变成了永久和平的"国际共同体"的看法。他说："许多证据表明，对大国间永久和平的许诺如同胎死腹中的婴儿。"[③] 事实上，他不仅作出了冷战结束之后"世界仍然危机四伏"的判断，而且宣称中国必定"要走强军路学美国统治西半球来称霸东

---

① [英] 克里斯托弗·科克尔：《大国冲突的逻辑——中美之间如何避免战争》，卿松竹译，新华出版社 2016 年版，"序言"第 12 页。

② 郭忠华编：《全球时代的民族国家——吉登斯演讲录》，江苏人民出版社 2012 年版，第 3 页。

③ [美] 约翰·米尔斯海默：《大国政治的悲剧》，王义桅、唐小松译，上海人民出版社 2014 年版，第 1 页。

亚"①。可见，冷战结束之后的世界或多或少弥漫着价值困惑的氛围和悲观主义情绪。表面上看，这种困惑和情绪源自人们对国际政治的不信任；深层地看，它的根源是当今世界缺乏正确国际伦理价值目标的导航，许多人因此而对世界的现状和前途感到困惑和失望。

缺乏正确国际伦理价值目标导航的世界必定陷入迷乱，生活于其中的人们也必定因此而迷茫。由于缺乏共同的国际伦理价值目标，当今世界犹如大洋中的一个大漩涡，它裹挟着世界各国，漫无目的地搅动，而世界各国仅仅在它的涡流中盲目地转动。这种世界格局不仅容易让世界人民产生随波逐流、生命无常、世事难料的感觉，而且容易滋生悲观主义情绪。在很多人对冷战结束之后的世界格局抱持悲观主义的背景下，当今中国旗帜鲜明地提出了推动构建人类命运共同体的方案，这一方面宣示了中国和平崛起的善良愿望和坚定决心，另一方面也表达了当代中华民族对世界的当前局势和发展前景的乐观主义道德态度。

"中国特色社会主义道路、理论、制度、文化不断发展，拓展了发展中国家走向现代化的途径，给世界上那些既希望加快发展又希望保持自身独立性的国家和民族提供了全新选择，为解决人类问题贡献了中国智慧和中国方案"②。推动构建人类命运共同体的中国方案彰显了当代中华民族的道德文化自信，同时也有助于在国际社会形成乐观主义道德态度。它至少向世界各国昭示了这样一个事实：世界风云变化，但人类向善、求善和行善的总体趋势不会变；推动构建人类命运共同体的中国方案旨在推动当代人类共同步入命运与共、平等相处、协同发展、同生共荣的发展轨道；虽然构建人类命运共同体目前还仅仅是一个道德理想，

---

① ［美］约翰·米尔斯海默：《大国政治的悲剧》，王义桅、唐小松译，上海人民出版社 2014 年版，"英文修订版前言"第 VI—VII 页。

② 习近平：《决胜全面建成小康社会 夺取新时代中国特色社会主义伟大胜利——在中国共产党第十九次全国代表大会上的报告》，人民出版社 2017 年版，第 10 页。

但是它的实现还是可以期待的。

第二，"构建人类命运共同体"有助于推动当代人类改变以民族国家为中心的道德思维方式，转而形成以人类或世界为中心的道德思维方式。

人类道德生活是以道德思维作为起点的。所谓道德思维，是指人类运用善、恶、正当、公正等伦理概念反映其道德价值认识、道德价值判断和道德价值选择的思维方式。在被运用到国际道德生活领域的时候，人类的道德思维就具体表现为国际道德思维，它反映人类对国际交往、国际关系、国际事务、国际治理等的道德价值认识、道德价值判断和道德价值选择。国际道德思维的核心问题是如何看待民族国家与世界的关系问题。

当今世界是个人中心主义和民族中心主义思维主导的世界。绝大多数人过多地关注个人的福祉，很少考虑他们所在国家和世界的总体发展和长远发展问题；绝大多数民族过多地重视本民族的利益，很少考虑世界或人类整体利益。在民族中心主义思维主导的世界里，一些国家或者不能很好地处理民族共同体意识与人类命运共同体意识之间的关系，或者不能用正确义利观对待国际交往，或者不能通过自觉维护国际公平正义的方式促进世界团结，或者不能走共同发展之路，或者不能以合理的理念参与全球治理。

推动构建人类命运共同体的中国方案具有国际伦理昭示作用。它有助于推动世界各国改变以民族国家为中心的道德思维方式，转而从人类或世界的中心来看待国际交往、国际关系、国际事务、国际治理等问题，形成世界性或全球性道德思维方式。拥有这种国际道德思维的民族国家不容易陷入狭隘的民族中心主义深渊，能够更多地关注、关心和维护世界利益和人类共同利益。

第三，构建人类命运共同体有助于当代人类抵制鼓吹国际无伦理的错误思想。

德国哲学家黑格尔认为,伦理"是现实的善或活的善"①,但它必须依托于家庭、市民社会和国家三种实体才能成为现实或活的善。在黑格尔的伦理思想中,家庭是一种以"爱"为基本规定性和核心伦理原则的直接的伦理精神;在市民社会,人的伦理精神通过"特殊性原则"和"普遍性原则"得到表现:前者是指"市民社会中每一个人都以自身需要的满足为目的,其他的一切对他来说都不存在"②,而后者是指市民社会中的每一个人都必须与其他人发生关系,并且都必须通过满足他们的需要来达到满足自身需要的目的;因此,人的特殊目的在市民社会必须具有普遍的形式;国家是"实现了的伦理理念和伦理精神"③,对个人具有最高权力,个人的所有欲望、思想和行动都必须以维护国家的伦理精神为出发点和归属点。黑格尔正确地将家庭、市民社会和国家界定为伦理实体,但他否认世界或国际社会成为伦理实体的可能性。他坚信:"福利是国家间关系的最高法律,也是国家间交往的最高原则。"④ 黑格尔所说的"福利"就是人们通常所说的"国家利益"。在他的道德信念中,国与国的关系不是伦理关系,纯粹是利益关系;世界精神能够通过国际法得到体现,但它并不是作为比国家伦理精神更高的伦理精神形态而存在。

黑格尔认为国际无伦理的思想只不过延续了西方社会主张用武力

---

① [德] 黑格尔:《法哲学原理》,杨东柱、尹建军、王哲编译,北京出版社 2007 年版,第 76 页。

② [德] 黑格尔:《法哲学原理》,杨东柱、尹建军、王哲编译,北京出版社 2007 年版,第 90 页。

③ [德] 黑格尔:《法哲学原理》,杨东柱、尹建军、王哲编译,北京出版社 2007 年版,第 113 页。

④ [德] 黑格尔:《法哲学原理》,杨东柱、尹建军、王哲编译,北京出版社 2007 年版,第 154 页。

解决国际争端的国际伦理思想传统。早在古希腊时期，赫拉克利特就提出了"战争是万物之父，也是万物之王"[①]的著名论断。该论断为西方社会形成崇尚武力和战争的伦理思想传统奠定了基础。进入近代以后，很多西方哲学家提出五花八门的人性自私理论，并且将它延伸到国家关系领域，从而形成了民族利己主义伦理思想传统。所谓民族利己主义，就是以自私人性来诠释国家本质的一种国际伦理观，其核心思想是将国家视为一种自私自利的实体。

作为一个发展中国家，中国的硬实力和软实力目前都呈现出日益增强的态势，其国际影响力也与日俱增，但它并不具备以一己之力改变世界格局的能力。在从"富起来"到"强起来"的转型过程中，中国的快速发展将产生不容忽视的国际影响，但还不足以改变贸易保护主义、强权政治和军事霸权主义猖獗的世界现实。当代中华民族目前所能做的主要是用正确的国际伦理观影响国际社会的发展进程。推动"构建人类命运共同体"方案的价值主要在于，它的出台打破了西方发达国家以崇尚武力和战争的国际伦理观主导世界的格局，同时为国际社会提供了另一种截然不同的新国际伦理观。这种新的国际伦理观通过构建人类命运共同体的理念体现出来，它的形成至少让世界人民看到了这样一个事实：诉诸武力和战争并不是解决国际问题的最有效手段。

习近平总书记说："我们生活的世界充满希望，也充满挑战。我们不能因现实复杂而放弃梦想，不能因理想遥远而放弃追求。没有哪个国家能够独自应对人类面临的各种挑战，也没有哪个国家能够退回到自我封闭的孤岛。"[②]这段话强调了推动"构建人类命运共同体"的必要

---

① 《西方哲学原著选读》上卷，北京大学哲学系外国哲学史教研室编译，商务印书馆2012年版，第27页。

② 习近平：《决胜全面建成小康社会　夺取新时代中国特色社会主义伟大胜利——在中国共产党第十九次全国代表大会上的报告》，人民出版社2017年版，第58页。

性、重要性，特别是强调了它对当代人类和当今世界的价值引领作用。国际道德是当代人类维护国际秩序最基本、最广泛的实践理性。在当今世界，国与国之间的联系、交往和交流越来越密切，但世界各国并没有因此而结成真正意义上的经济共同体、政治共同体和军事共同体。国际竞争和博弈主要围绕经济利益、政治利益和军事利益而展开，贸易保护主义、强权政治和军事霸权主义此起彼伏，联合国和国际法对国际关系仅仅具有非常有限的调节作用。在这种国际背景下，当代人类只能主要依靠"国际伦理"这种软性力量对国际关系的建构发挥基础性作用。推动构建人类命运共同体的中国方案有助于消解贸易保护主义、强权政治和军事霸权主义，但不可能根除它们。只要国家存在，国与国之间的利益之争就在所难免，世界各国诉诸武力解决国际争端的可能性就存在。从这种意义上来说，推动构建人类命运共同体的中国方案主要是一种伦理方案，其核心伦理价值取向是推动世界各国形成命运与共的国际道德价值观念，并在它的引导下以同舟共济、同甘共苦、同心同德、同生共荣、同进同退的方式追求发展、谋划发展和实现发展。

五、当代中华民族的共享伦理意识

推动构建人类命运共同体的方案由当今中国率先提出，它说明当代中华民族对国际社会的存在状况和共享伦理有着独到的认知、理解和诠释，说明当代中华民族具有强烈的共享伦理意识。在当今世界，民族中心主义和民族利己主义思潮仍然顽固地存在，但各国呼唤共享伦理、共享发展、共享文明的呼声日渐高涨，这为我国提出推动构建人类命运共同体的方案提供了现实动因。中国倡议推动构建的人类命运共同体本质上是一个以共享伦理为主导的国际伦理共同体。它强调人类命运与共的事实，并且呼吁世界各国增强共享伦理意识、走文明互鉴、互利共赢、同生共荣的共享发展道路。

推动构建人类命运共同体的中国方案并不否认国与国、民族与民族之间的差异性，但它更多地重视和强调人类命运与共的事实。在经济全球化时代，日益紧密的经济联系使世界各国的命运更加紧密地联系在一起，越来越多的人已经认识到人类一荣俱荣、一损俱损的道理，这种国际社会背景为共享伦理在当今世界的传承传播提供了有利条件。国际社会是共享伦理应该更多、更广泛地发挥作用的场域。共享伦理的在场，既有利于国与国、民族与民族之间化解利益矛盾，也有利于增进人类的团结和共同利益。

中国倡议构建的人类命运共同体是一种伦理共同体。它目前仅仅是一个道德理想，但它从根本上反映了当代人类对世界发展的国际道德价值判断和诉求，并彰显了当代人类增进共同价值和共同利益的希望。它以强调"世界各国或人类命运与共"作为国际道德价值观念或国际伦理精神的核心，同时倡导同舟共济、同甘共苦、同心同德、同生共荣、同进同退五种国际伦理意识。自然界、经济全球化、新媒介、现代交通工具四种客观力量和当代人类日益增强的命运共同体意识对当今世界发挥着强有力的伦理整合作用，为我国提出推动构建人类命运共同体的方案奠定了现实合理性基础。构建人类命运共同体至少需要解决五个重大国际伦理问题，即如何化解民族共同体意识与人类命运共同体意识之间的张力问题、如何以正确义利观引导国际交往的问题、如何以国际公平正义原则促进世界团结的问题、如何以共同发展模式创造美好世界的问题以及如何以合理的全球治理体系明确全球治理责任和权利的问题。推动构建人类命运共同体的中国方案为当今世界增添了一个可供选择的国际伦理价值目标或国际道德价值观念，既有助于推动世界各国形成以人类或世界为中心的道德思维方式，也有助于当代人类抵制鼓吹国际无伦理的错误思想。

第十一章　共享的伦理限度

人类自古以来就过着共享性生活方式。所有社会形态都必须保持一定的共享性，否则，它的社会性就会土崩瓦解。共享性是人类社会生活的主要支柱和根本特征，也是将人类引向共享伦理的指路明灯。人类对共享性生活方式孜孜以求，并在此基础上建构了源远流长的共享伦理传统。共享伦理是一个以"共享"作为价值轴心的伦理价值体系。它不仅推动人类相互关爱、相互帮助、相互扶持、相互促进，而且赋予人类不断增强的共享伦理精神。"共享"以合乎共享伦理的价值规约为旨归，并因此而确立自己的价值边界。共享的价值边界就是它的合伦理性边界，就是它的伦理限度。

一、共享的合伦理性问题

伦理争议是人类道德生活中的常态。它主要因为人与人之间的道德信念差异而产生。不同的人所抱持的道德信念不尽相同，这是伦理争议产生的主要原因。一个人相信的"道德真理"不能得到另一个人的认可，反之亦然——这是伦理争议的重要现实表现形式。伦理争议主要是关于道德真理问题的意见分歧。

作为人类普遍追求的一种理想生活方式，"共享"似乎具有不容争辩的真理性，但事实并非如此。人类围绕共享问题而展开的伦理争议历来十分激烈。常见的情况是这样的：

共享的一方（我们可以称之为共享主义者）坚信共享的伦理价值，并且愿意与他人共享自己所掌握的社会资源或所取得的社会发展成果，但出于维护自身财力、体现社会正义等原因，他并不愿意无限制地与他人共享自己所掌握的社会资源或所取得的社会发展成果，而共享的另一方（我们可以称之为共享的受益者）也坚信共享的伦理价值，并且知道共享主义者所掌握的社会资源或社会发展成果是有限的，但从自己窘迫的经济状况、事业发展的实际需要等原因来加以考虑，他很可能要求共享主义者与其共享一切。在现实中，这种情况时常会发生，但它往往会以伦理争议而告终。也就是说，共享主义者与共享的受益者之间往往会陷入伦理争议。

共享主义者与共享的受益者之间很容易陷入伦理争议的事实，不仅说明共享不是一个容易解决的伦理问题，而且说明它涉及深层的道德信念差异问题。由于共享主义者与共享的受益者在关于共享的道德信念上存在差异，他们之间很容易陷入伦理争议，甚至很可能陷入尖锐的伦理冲突。这里所涉及的伦理争议与共享本身的合伦理性问题有关。

"共享"是人类孜孜以求的善，但这并不意味着它具有不容置疑的绝对善性。具有绝对善性的东西是至善。它可能存在，但只能作为人类的道德理想而存在。在凡间俗世，我们处处可见的是残缺不全的善。共享是一种至关重要的善，但不是圆满无缺的善。它能够超越"利己"和"利他"的局限性，但这并不意味着它必定能够达到圆满的程度。

能够达到圆满的东西必须是自满自足的。它无须依赖他物来证明自己的存在，也无须依赖他物来充当自己存在的条件。凡是不能自满自足的东西都是有条件、不圆满的东西，也都是有限度的东西。所谓"限度"，就是有限性所形成的那个界限或范围。

人类的所思所想和所作所为都是有限度的。这主要是指，人类会对自己的所思所想和所作所为进行价值认识、价值判断和价值选择，并在此基础上形成各种各样的价值观念，而这些价值观念一旦形成，它们又会为人类的所思所想和所作所为设置价值边界。价值观念就是价值边界，它们将人类的所思所想和所作所为限制在一定的价值范围内。人类只能在其自身所确立的价值观念的方圆中间生活。

在人类所能拥有的诸种价值观念中间，居于基础性地位但又至关重要的是道德价值观念。道德价值观念是人类对"善"进行价值认识、价值判断和价值选择而形成的一种价值观念，因此，"善"的观念是它的核心和灵魂。它是引导人类向善、求善和行善的价值观念，合伦理性是它的根本特征。

"共享"是一种可以落实为实践活动的道德价值观念。与其他道德价值观念一样，它以合伦理性作为自己的根本特征。合伦理性不仅确立"共享"的伦理价值，而且规定它的伦理价值边界。也就是说，"共享"只有被限制在特定的范围内才是合乎伦理的。

"共享"合乎伦理的善性应该是活的或现实的。一方面，它必须依托人类的生活现实而存在，并在人类的生活现实中获得强大生命力；另一方面，它必须是人类可以感受和认知的一种现实性，并以此作为自身日益强大的重要养料。共享的合伦理性存在于人类道德生活的实际语境中。只有在道德生活的实际语境中，人类才会遭遇共享的合伦理性问题。

共享的合伦理性问题首先是指它是否具有合乎伦理的客观基础。

人类社会生活是以享有各种社会资源作为实际内容的。我们生存着，不断地享有各种社会资源，直至死亡。社会资源是我们的生存条件。它们可能是物质性的东西，也可能是精神性的东西。无论它们是什么，它们都是人类必不可少的生存条件。

作为人类社会生活之客观基础存在的社会资源都是稀缺的。具有稀缺性的社会资源在数量上是有限的，因此，人类对它们的享有也是有限的。在现实中，人们对社会资源的享有存在数量差异，但没有人能够无限地享有社会资源。社会资源的稀缺性是人类社会生活的客观背景。它不仅说明现实的社会资源难以满足人类的生存需要，而且说明人类只能以共享的方式享有社会资源。在任何一个社会，社会资源都不可能被某个人或少数人全部享有，因为这必然造成人类生活世界的崩溃。一个社会之所以能够被冠之以"社会"之名，是因为它的资源能够在某种程度上为所有人分享。保证所有社会成员能够分享一定数量的社会资源是人类社会存在的客观条件。

人类所能拥有的"伦理"在很大程度上是由客观事实决定的。具有客观性的事实能够向我们提出行为要求，而我们又无法拒绝，这就会推动我们养成尊重和服从客观性的道德价值观念。尊重和服从自然规律就是这样的道德价值观念。自然规律不以我们的主观意志为转移，因此，我们不仅只能以尊重和服从它们的方式生存，而且必须视之为人之为人应有的道德价值观念。社会既具有客观性，也内含规律性。社会资源的稀缺性和有限性既是客观存在的事实，也是制约人类生存的客观条件。在具有稀缺性和有限性的社会资源面前，个人或少数人试图独占社会资源的欲望是不可能得到满足的，这种客观事实为人类培养共享的道德价值观念提供了客观条件。

共享的道德价值观念具有客观基础。对于人类来说，走进社会状态就是走进共享生存方式，就是学习和培养共享道德价值观念的过程。无论人类是作为个人还是集体形式存在，我们都必须学习和培养共享的道德价值观念。我们必须能够与生活在同一个社会的人共同享有社会资源。如果我们独占了所有社会资源，我们在消灭他人的同时消灭了社会，也消灭了自身。共享的道德价值观念是在稀缺的、有限的社会资源之土壤上生长出来的一种道德价值观念。它反映人类社会的客观需要，折射人类对社会的客观依附性，体现人类存在的社会性特征。

人类社会总是在变化、发展，但它内含的一些客观性是不变的。我们有能力改造社会，但我们不可能从根本上改变社会。人类社会可以在形态上发生变化，但它的一些客观内容是不可能被我们彻底改变的。例如，我们可以用新的社会制度代替旧的社会制度，但我们并不能从根本上改变社会资源稀缺的客观事实。只要我们仍然生活在社会资源稀缺的社会状态中，我们就必须面对人类争夺社会资源的局面，"共享"这一道德价值观念的存在也就是必要的。

共享的合伦理性问题还涉及它是否具有合乎伦理的主观条件的事实。

人类普遍渴望合乎伦理的生活方式。合乎伦理的生活方式就是向善、求善和行善的生活方式，就是趋善避恶的生活方式。人类对"善"的追求首先体现在我们的行动目的中。我们总是带着一定的善的目的去行动。这就是伦理学所说的"目的善"。

在共享社会资源的时候，人类往往怀有善的目的。它既可能是助人为乐的目的，也可能是增进社会和谐的目的；既可能是维护社会正义的目的，也可能是追求自我实现的目的。在社会资源具有稀缺性的社会背景中生存，人类的共享行为都会受到善的目的的引导和支配；或者说，人类的共享行为通常是以一定的善目的作为动机的。

做慈善是共享的一种常见行为。无论是富人做慈善，还是穷人做慈善，他们的共同目的都是帮助需要帮助的人，而不是为了鼓励懒惰的行为。如果慈善不能将需要帮助的人引向自信、自强、自立的生活方式，而是将人带入懒惰、寄生、堕落的生活方式，它就不合乎伦理。

人类能够在多大程度上共享社会资源，这在很大程度上取决于人们的个人意愿。人们在走向共享的时候都怀有特定的善的目的。这种目的是推动他们共享的行为动机。毫无疑问，一个人只有在能够确认他的共享行为指向善的目的时，他才会心甘情愿地完成它。共享的行动与个人的意愿有关。它应该建立在我们自觉自愿的基础上，而我们能否自觉自愿的事实又取决于共享行为能否实现我们的善目的的事实。

上述分析说明，共享的合伦理性建立在一定的客观和主观条件上。客观的社会背景要求我们共享社会资源，以体现人类的社会性本质和社会的存在价值，但这必须同时与我们向善、求善和行善的目的指向相吻合；否则，我们完全可能拒绝共享。对于人类来说，共享既具有必然性，也具有偶然性。具有必然性的东西体现伦理的内在要求，而偶然性的在场则可能对伦理构成威胁和破坏。要使共享具有合伦理性特征，关键是应该使之合乎一定的善的目的。也就是说，共享应该体现引导人们向善、求善和行善的伦理价值取向。

二、共享的伦理原则

共享的合伦理性是可以通过人类道德语言表达的。人类借助道德语言表达共享之合伦理性的最常见、最有效方式是将它归结为普遍有效的伦理原则。我们称之为共享的伦理原则。

共享的伦理原则是共享伦理的核心要义，也是共享伦理获得现实性或活性的根本途径。没有被归结为伦理原则的共享伦理是抽象的，只有被归结为伦理原则的共享伦理才是具体的。一旦被归结为具体的伦理原则，共享伦理就变成了现实的或活的东西。

要理解什么是共享的伦理原则，我们需要具备道德形而上学思维能力。一方面，我们不能将它们归结为仅仅对个人的主观愿望有效的原则；另一方面，我们也不能将它们归结为仅仅对他人的主观愿望有效的原则。前者是纯粹利己的原则，后者是纯粹利他的原则。它们都不具备成为共享伦理原则的资格。

仅仅对个人的主观愿望有效的原则是以利己作为核心价值指向的。它是一个以"利己"作为核心价值指向的社会资源享有原则，建立在个人享有社会资源的私欲之上，不顾他人享有社会资源的主观愿望。这种社会资源享有原则缺乏共享的价值特质，因此，它很容易受到人们的否定。在任何一个社会，如果人们普遍信奉仅仅对个人的主观愿望有效的原则，人与人之间因为资源享有而产生的矛盾必定此起彼伏。这样的社会是利己主义者充斥的社会，它不可能是共享型社会。

仅仅对他人的主观愿望有效的原则是以利他作为核心价值指向的。它是一个以"利他"作为核心价值指向的社会资源享有原则，建立在他人享有社会资源的欲望之上，对个人自我享有社会资源的欲望采取忽略的态度。这种社会资源享有原则同样缺乏共享的价值特质。在任何一个社会，人们都不可能普遍信奉仅仅对他人的主观愿望有效的原则。仅仅对他人的主观愿望有效的原则旨在建构利他主义社会，但这种社会是不可能完全变成现实的。

共享的伦理原则既必须对个人的主观愿望有效，也必须对他人的主观愿望有效。也就是说，它必须是普遍有效的原则。共享伦理原则必须内含严格的普遍性和不可置疑的必然性。它们必须经得起时间的检验。时间的检验本质上是社会实践的检验，其实质是借助时间中的社会实践证明共享伦理原则是否内含普遍性和必然性的事实。

要成为普遍有效的东西，共享的伦理原则只能作为理念性的东西而存在。它们只能是以原则形式存在的理念或以理念形式存在的原则。它们或者通过自己的形式性来彰显自己的原则性，或者通过自己的原则性来体现自己的理念性。具体地说，它们只能表现为能够推动人类展开共享性行动的道德信念，即它们只能作为引导人类共享社会资源的原则依据和道德信念而存在。

　　共享的伦理原则是理念性的，但它们必须在人类社会发展的历史和现实中产生。它们不是先天的，也不是唯心的，而是历史的、现实的。一方面，它们必须由历史唯物论意义上的人来确立和论证；另一方面，它们必须通过历史和现实来检验自己的普遍有效性。

　　纵观人类社会发展史，能够充当共享伦理原则的东西只有孔子确立的两个"金规"：一是"己欲立而立人，己欲达而达人"①；二是"己所不欲，勿施于人"②。

　　第一条金规对人类共享社会资源的行为进行积极的原则规定，其要旨在于以"立己"达到"立人"的伦理价值目标。在共享社会资源的问题上，主体既应该具有自觉自愿的主观愿望，也应该具有推己及人的道德态度和道德行为能力。积极的社会资源共享行为应该以尊重和维护人的平等人格作为出发点，并且彰显成人之美的崇高道德境界。我之所爱，亦即他人之所爱。只有以这样的道德态度对待他人享有社会资源的主观愿望，我们才能实现立己和立人、达己和达人的统一。

　　第二条金规则对人类不能共享社会资源的行为进行消极的原则规定，其要旨在于以克制自己的方式达到克制他人的伦理价值目标。在共享社会资源的问题上，主体还应该具有克己、律己的道德操守。这是一种消极的共享行为准则。它要求我们不能与人共享自己不喜欢的社会资源。我之所不爱，亦即他人之所不爱。只有以这样的道德态度对待他人拒斥社会资源的主观愿望，我们才能实现克制自己和克制他人的统一。

　　上述两条金规都是人类在共享社会资源的过程中应该遵守的伦理原则。它们强调人格的平等性、意志自由的平等性和道德责任的相互

---

① 《论语·大学·中庸》，陈晓芬、徐儒宗译注，中华书局 2015 年版，第 72 页。

② 《论语·大学·中庸》，陈晓芬、徐儒宗译注，中华书局 2015 年版，第 191 页。

性，并且要求人类在共享社会资源的过程中做到有所为，也有所不为。

不尊重人格的平等性，社会资源的"共享"就会变成令人反感的"施舍"。在现实中，有些富人倾向于用施舍的态度救济穷人，其行为就不属于合乎伦理的共享行为，很容易受到被救济者的厌恶和拒绝。没有人愿意以接受施舍的方式与人共享社会资源。一个人之所以不愿意做乞丐，不是因为他不能通过行乞的方式获得社会资源，而是因为他会因此而失去与人平等的人格。

缺乏意志自由的平等性，社会资源的"共享"就会变成社会性强制行为。社会资源的共享应该是你情我愿的，而不能建立在缺乏意志自由的基础上。参与社会资源共享的所有主体都必须具有充分的意志自由。意志自由的平等性是共享伦理原则得以落实的重要主观条件。共享伦理原则内含深厚的契约伦理精神。

社会资源的共享还应该凸显道德责任的相互性。在人类社会，人与人之间命运相连，彼此承担着不可推卸的道德责任。共享之路即人类相互承担道德责任之路。既然人类只能以共享的方式生存，共享就是我们每一个人的道德责任。在共享的道路上，人类只能相向而行，不能背道而驰，因为我们中的某个人对共享伦理原则的背弃不仅会摧毁他自己，而且会摧毁整个人类社会。

上述两个共享伦理原则以原则的形式对共享的伦理限度作了明确规定。共享应该依据一定的伦理原则来进行。这样的伦理原则必须具有普遍有效性，而不是仅仅对个人或他人的主观愿望有效。只有遵循普遍有效的伦理原则，共享才能反映人类社会生活的共享性特征，也才能充分体现共享伦理的核心价值诉求。普遍有效的共享伦理原则是人类对其自身享有社会资源的行为进行伦理价值判断的根本标准。与之相符的行为是合乎共享伦理的行为，与之不相符的行为则是不合乎共享伦理的行为。普遍有效的共享伦理原则既是人类享有社会资源的道德行动指南，也是人类为自己享有社会资源的行为划定的伦理价值边界。

三、共享美德的有限性

"共享"是人类社会生活的理想模式。以"社会性"作为本质属性的人类从古至今过着群居生活，在群居生活中共享各种各样的社会资源，并且形成了源远流长的共享伦理传统。人类是追求共享伦理的存在者。我们不仅事实上过着共享性生活方式，而且以"共享"作为生活的最高伦理价值目标。在追求共享伦理的过程中，我们培养了人之为人应有的共享美德。

共享美德是人类所能拥有的最好美德。说它"最好"，是指它充分融合了"利己"和"利他"的伦理意涵，并最好地体现了人类的伦理价值诉求。

美德是指人类的良好道德修养或涵养。它是指人类受到称赞的德性和德行的统一；或者说，它是指人类内在具有正确道德思维方式、坚定道德信念、适当道德情感、坚强道德意志，同时外在具有合理的道德行为表现。也就是说，美德是人类所具有的良好的或受人称赞的道德修养。由于道德修养既是内在的，也是外在的，美德是道德主体内外兼修的结果。在内，它是道德主体的德性；在外，它是道德主体的道德行为。一个具有良好道德修养的人能够实现内在德性和外在德行的高度统一。

"美德"是美德伦理学研究的对象。美德伦理学将人类道德生活解读为道德主体在内在德性和外在德行两方面所达到的协调和统一，强调道德主体性自觉在人类道德生活中的主导作用，反对将人类道德生活归结为个人被动地服从外在道德规范的结果；因此，它与规范伦理学有着根本区别。规范伦理学强调道德规范对道德主体的规约作用，并且将道德规范视为人类道德生活的主导性力量。在美德伦理学中，人类是根据自己的德性而行动的，道德表现为道德主体从内在德性到外在德行达到和谐一致的良好状态。美德之所以是美的，是因为它是道德主体的心灵美和行为美达到统一而实现的伦理美。美德伦理学试图将道德生活建立在人类的良好道德修养基础之上。相比较而言，规范伦理学反对美德伦理学家对"美德"抱持的坚信态度，转而更多地信任道德规范的力量。与美德伦理学强调主体自觉性的理论志趣不同，规范伦理学更多地重视道德规范对道德主体的强制。

人类所能拥有的美德是多元的。由于美德是多元的，人类不可避免地会对美德进行层次划分。我们会将一些美德置于较高的位置，而将另一些美德置于较低的位置。不同的美德是有差异的，它们在人们心目中的地位也不尽相同。在人类所能拥有的各种美德中，共享是最重要的美德，堪称万德之源。它是人类基于自身生活于社会共同体的事实而致力于培养的一种美德，其本质内涵是由"共享"的伦理意涵决定的。"共享"本质上是一个伦理概念，具有深厚的伦理意蕴。对于人类来说，共享绝非易事，只有那些真正懂得共享的伦理价值并真心实意地愿意共享美好事物的人才能培养共享美德。

孔子认为，只有君子才能具有共享美德。他所说的君子是那种心胸坦荡、开阔的人，这种人心中无私，为人"坦坦荡荡"；君子的反面是"小人"，这种人怀揣私欲、贪念，因而经常处于局促、忧愁状态。所谓"君子坦荡荡，小人长戚戚"①，指的就是这种意思。另外，君子是能够成人之美的人，而不是成人之恶的人。

人类的共享美德是通过共享社会资源的方式得到具体体现的。作为社会性存在者，人类不仅共处于社会共同体之中，而且以共享社会资

---

① 《论语·大学·中庸》，陈晓芬、徐儒宗译注，中华书局 2015 年版，第 87 页。

源的方式生存。社会共同体是人类生存的客观背景，同时为人类形成共享美德提供了客观条件。生活于社会共同体中的人类必须培养共享美德，否则，我们就不具备参与社会生活的资格。可以说，共享美德是人类参与社会生活的入场券。每一个进入社会共同体的人都必须具有共享美德。共享美德使我们在享有社会资源方面能够很好地实现"利己"和"利他"的协调和平衡。

与所有其他美德一样，共享美德具有自身的价值边界。它具有明确的伦理合理性界限，只能在这个界限内存在和发挥作用。也就是说，它不具有不受任何限制的适用范围，它的外延性是有限的。或者说，共享美德是一种有条件的美德。它的价值边界是由它自身的条件性决定的。如果它需要的条件能够得到满足，它就作为一种美德而存在。如果它需要的条件不能得到满足，它就不能作为一种美德而存在。

一种美德之所以被称为美德，主要是因为它自身具有值得人类称赞的伦理价值。勇敢在任何时代都被视为一种美德，它的伦理价值主要在于勇气的适当体现。具体地说，一个人的勇敢美德是基于他对勇气的适当张扬而得到确立的；如果他的勇气过少或过多，他就不具有被人承认的勇敢美德，而是会被称为懦弱或鲁莽的人。节制的美德也是如此。它必须处于适当的程度，才能被称为美德。过度的节制是吝啬，过少的节制是奢侈。因此，亚里士多德指出："德性就是中道，是对中间的命中。"① 亚里士多德所说的德性就是我们所说的美德。

美德的伦理价值在于它的崇高性。只有崇高的伦理价值才会受到人类的称赞。合乎中道的勇敢和节制都具有崇高的伦理价值，因此它们从古至今都受到人类的赞美。懦弱、鲁莽、吝啬、奢侈等并不具有崇高

---

① 苗力田编：《亚里士多德选集·伦理学卷》，中国人民大学出版社 1999 年版，第 39 页。

的伦理价值，因此，它们不会得到人类的赞美。美德之美，既是因为它自身具有美的特质，也是因为人类的赞美之故。

作为人类所能拥有的最高美德，共享美德的伦理价值也是通过它自身的适当性和崇高性得到体现的。共享美德也应该合乎中道。它既不能不足，也不能过分。共享不足是自私，共享过分则是利他。共享美德不是一味地自私，也不是一味地利他，而是对利己和利他进行适当协调和平衡的结果。只有恰到好处的共享才具有伦理价值，也才具有值得人类称赞或赞美的特质。

作为美德的"共享"不会以鼓励"恶"或产生"恶"作为价值目标。例如，如果一个富人与穷人的物质财富共享导致后者养成了好逸恶劳的后果，那么，这种财富共享的伦理价值就会遭到人们的质疑甚至否定。因此，共享美德不是没有任何伦理原则的分享，更不是脱离伦理性的分享。共享必须合乎伦理。只有合乎伦理的共享才具有伦理价值，也只有合乎伦理的共享才会受到人类的赞美。

共享美德既可能通过人类个体来体现，也可能通过人类集体来体现。个人可以通过适当的方式与他人共享社会资源而成为具有共享美德的人。家庭、企业、民族、国家等人类集体也可以通过适当的方式与其他的家庭、企业、民族、国家共享社会资源而成为具有共享美德的集体。因此，共享美德可以区分为两种类型，即个体性共享美德和集体性共享美德。

人类是自然界最高级的共享性动物。我们不仅事实上过着共享性生活，而且追求共享伦理和拥有共享美德。共享的社会生活现实为我们拥有共享伦理和培养共享美德提供客观基础，共享伦理的建构和共享美德的形成又会对我们的社会生活起到强有力的价值提升作用。对于人类来说，走向共享是社会生活的内在要求，走向共享伦理和培养共享美德更是我们的道德使命。共享伦理为我们享有社会资源的行为规定价值边界，并推动我们以合乎伦理的方式共享社会资源。"共享"本身就是一个具有深厚伦理意蕴的概念。共享美德诞生并生长于人类共享行为的合伦理性土壤之上，它应该具有值得人类赞美或称赞的伦理特质。

共享是有伦理限度的。它的善性必须基于一定的条件才能得到确立。共享的伦理限度还可以通过共享伦理原则的普遍有效性和共享美德的有限性得以规定。共享伦理原则不能是仅仅对个人的主观愿望有效的原则，也不能是仅仅对他人的主观愿望有效的原则，只能是普遍有效的原则。与人类所能拥有的所有美德一样，共享美德应该合乎中道，必须恰如其分或恰到好处，既不能不足，也不能过分。

结语　以共享伦理促进共享发展

改革开放 40 多年，我国在经济、政治和文化建设方面均取得了丰硕成果，但也遭遇了发展机会欠均等、贫富差距越拉越大、公共权力监督不力等现实问题。当今中国不缺少社会发展成果，尤其是不缺少物质财富，缺少的是社会发展成果的共享性。以习近平同志为核心的党中央将"共享发展"作为五大发展理念之一提了出来，这说明新一届党中央领导集体对发展问题的理论认识达到了新水平、新高度和新境界，同时也契合了我国社会各界对共享发展的热切期盼和紧迫需要。对此，我们需要从共享伦理的高度来加以认识、理解和解读。

一、共享伦理是共享发展的伦理基础

"共享发展"是党中央倡导的五大发展理念中的最高理念，因为它反映中国特色社会主义的本质要求。

以"共享"来界定"发展"的本质内涵，这不仅意味着"共享发展"是一个具有深厚伦理意蕴的理念，而且意味着它的伦理基础是共享伦理。共享发展理念是依靠"共享伦理"这一伦理价值体系得到建构的。以共享伦理促进发展，以共享伦理统领发展，以共享伦理规定发展的合理性边界，是共享发展理念具有深厚伦理意蕴的根本原因。

共享伦理是以"共享"作为核心价值取向的伦理思想、伦理精神、伦理原则和伦理行为统一而成的一个伦理价值体系。它将"共享"视为一种美德，反对社会发展成果或社会资源在一个国家或社会被少数人支配或占有的状况，要求最大程度地实现社会发展成果或社会资源的共享性。所谓共享，就是社会发展成果或社会资源能够为国民或公民共同享有，就是让所有国民或公民能够具有强烈的获得感，就是让所有国民或公民能够从国家或社会发展中受益。

"发展"被世界各国视为第一要务，足见其重要性；然而，如果发展不能带来发展成果被人们共享的结果，则所取得的发展只能是没有道德价值的增长。共享伦理从道德上拒斥严重缺乏共享性的奴隶社会、封建社会和资本主义社会，要求人类社会在追求发展的过程中最大限度地维护发展成果的共享性。

当今世界是社会主义制度和资本主义制度并存和竞争的世界。社会主义制度与资本主义制度相比较的优势最终需要通过它的优越性来体现。要体现与资本主义制度相比较的优势，社会主义制度应该具有更高程度的共享性。中国特色社会主义的道德合理性基础主要是依靠它的共享性来夯实的。

"共享"是"发展"应该实现的伦理价值目标，更是中国特色社会主义建设事业向前推进的伦理价值目标，但它这一伦理价值目标的实现必须以我国社会各界乐于共享的伦理思想、伦理精神和伦理行为作为基础和前提。如果没有这一基础和前提，所谓的发展就只能是缺乏伦理性的发展。坚定不移地走中国特色社会主义道路是我国的既定选择，这要求我国作为一个社会主义国家应该致力于不断提高社会发展成果的共享性。走共享发展之路是中国特色社会主义的内在伦理要求，也是我国社会各界在推进中国特色社会主义建设事业的过程中应该践行的崇高伦理思想、伦理精神和伦理行为。

二、共享伦理的核心价值理念是"共享"

　　共享伦理的核心价值观念是"共享"。"共享"的基本含义是强调每一个国民或公民都具有共同享有社会发展成果的平等权利；或者说，它意指每一个国民或公民都应该从社会发展的成果中享有强烈的获得感。"共享"并不是国民以平均主义的方式分享社会发展成果或社会资源，更不是国民以利己主义的方式分享社会发展成果或社会资源，而是必须充分体现分配正义。

　　分配正义可以指人类对物质财富、政治权利、发展机会等社会发展成果或社会资源进行分配所彰显的公正合理性，也可以指人类以追求社会发展成果或社会资源分配的公正合理性为价值目标而形成的道德价值观念。人们通常用公正、公平、公道等概念来表达他们的分配正义诉求。

　　分配正义是人类孜孜以求的社会价值。人类社会生活实质上是以国民占有社会发展成果或社会资源为主要内容的。人类以国民或公民身份参与社会生活，这不仅意味着他们的身份和本性都会被打上"社会性"烙印，而且意味着他们的生产方式和生活方式也具有社会性特征。在受"国家"这一治理体制支配的社会状态中，人类参与社会生活所需要的绝大多数社会发展成果或社会资源必须通过"社会分配"的方式来获得。"社会分配"依据两个原则来进行：一是个人对社会的贡献；二是社会对个人的保护。前者要求每一个参与社会生活的国民或公民都必须具有乐于为社会进步贡献力量的奉献精神；后者要求社会必须借助于政府、企业、社会组织等集体形式为每一个参与社会生活的国民或公民提供社会性保护。这两个方面都是国民或公民展开社会生活必不可少的重要条件和依据，但它们都是基于"得所当得"的分配正义原则得到确立的。在人类社会中，要求平等地享有与个人的社会贡献相匹配的社会发展成果或社会资源量是每一个国民或公民的基本权利，而从社会的角度看，社会集体在给予国民或公民的社会发展成果或社会资源待遇时，除了必须首先考虑每个人的社会贡献之外，还必须考虑如何善待那些对社会发展没有能力作贡献或只能作出很有限贡献的社会弱势群体（如残疾人）的问题；确保社会发展有利于所有人，或确保每一个国民或公民都能够拥有基本的社会发展成果或社会生活资源，是所有社会都不可推卸的集体性责任。一个能够保证这两个方面的要求达到有机结合的社会就是分配正义得到充分实现的社会。

人类对分配正义的追求就是对社会发展成果或社会资源的共享性的追求。分配正义在人类社会的缺失就是社会发展成果或社会资源在国民或公民中间缺乏共享性的状态。

共享发展的实质是分配正义。分配正义的要义是强调人类社会在发展过程中所产生的社会发展成果或社会资源在国民或公民中间的分配应该最大限度地体现公正意义上的共享性。作为一种至关重要的道德价值观念，分配正义反对社会发展成果或社会资源在国民或公民中间缺乏共享性的事态，即反对少数人占有大量社会发展成果或社会资源而多数人占有少量社会发展成果或社会资源的不合理事态。在分配正义的框架内，缺乏共享性的社会发展成果或社会资源分配模式是不公正的，因而也是不合理的。因此，当今中国倡导共享发展就是倡导分配正义，就是要维护社会发展成果或社会资源分配的公正性。分配正义这一道德价值观念中的公正性诉求与共享发展理念中的共享性诉求具有高度的内在一致性和可贯通性，它能够表征共享发展理念的内在本质。

三、当今中国践行共享伦理的具体路径

要将共享伦理转化为行为，当今中国应该基于对共享伦理的深刻认知，至少实施九个方面的惠民工程，即公共服务工程、财富共享工程、教育工程、健康中国工程、慈善工程、扶贫工程、社会保障工程、环境保护工程和制度建设工程。

第一，要践行共享伦理，当今中国应该把公共服务当成一项社会系统工程来抓。提供优质公共服务是政府践行共享伦理的基本形式。它的主要内容包括政府行政管理工作的便利化、义务教育的普及化，修建高速公路、高铁等基础设施以及建设公共图书馆、公共体育场馆等公共设施，等等，其要旨是要将公共服务体系化，使之能够为广大社会民众提供广泛、优质的公共服务。当今中国实施公共服务工程的关键是必须推动政府增强公共服务意识。

第二，要践行共享伦理，当今中国应该实施财富共享工程。实施该工程不是要让广大社会民众随心所欲地分享我国社会发展的成果，也不是要让广大社会民众平均享有我国社会发展的成果，更不是要简单地推行"共产"的做法，而是要致力于实现社会发展成果的公正分配。具体地说，当今中国应该致力于推进物质财富的多次分配。第一次分配充分体现市场公平，第二次分配突出政府进行制度调控的公正性，第三次分配充分彰显慈善的价值。通过多次分配，将物质财富的分配控制在合理的限度内，以有效解决贫富差距越来越大的问题。当今中国实施财富共享工程的关键是必须保证物质财富的多次分配，以最大限度地保证物质财富能够在社会民众中间得到公正分配；或者说，它是为了在当今中国社会维护和实现物质财富分配正义。

第三，要践行共享伦理，当今中国应该致力于发展共享性教育。

发展共享性教育不是要无限制地扩大教育规模，而是要重点抓教育质量。教育质量是什么？衡量教育质量的根本标准是人才培养的效果。我国高考制度之所以经常受到人们的批评，主要是因为在我们的中学教育体制中，教育的目的、过程和结果都是围绕"高考"这一最高使命设置的，这必然会抑制青少年的自由、创造性和个人幸福。导致这种局面的原因是多方面的，其中的一个重要原因是教育资源分配不公所造成的不健康竞争状况。教育关系到个人幸福，也关系到国家发展，因此，要坚持共享发展理念，当今中国应该致力于通过教育体制改革实现教育公平。除了应该一如既往地实行义务教育之外，还应该下决心整改我国教育存在的一些弊端。我国目前在推进教育工程建设方面需要做的工作主要有加强师范教育的投入、进一步推进高考制度改革、更好地实行就近入学制度、加强职业技术教育、规范中小学教育管理等等。实施教育工程的关键是必须维护教育公平。

第四，要践行共享伦理，当今中国应该致力于推进医疗卫生事业的发展和健康中国建设。健康是每一个中国人的关切。医疗卫生关系人们的切身利益。要坚持共享发展理念，当今中国必须着力解决老百姓看病难、治病难的问题；必须深化医药卫生体制改革，实行医疗、医保、医药联动，推进医药分开，实行分级诊疗，建立覆盖城乡的基本医疗卫生制度和现代医院管理制度；应该让广大社会民众的健康切实得到保障。实施健康工程的关键是必须用制度化的方式建构医生和患者之间的关系，规范医院管理，完善医疗保险体系。

第五，要践行共享伦理，当今中国应该大力发展慈善事业。在当今中国，慈善的发展还处于起步阶段，个人和企业参与慈善的积极性并没有被充分调动起来。慈善事业的发展状况是衡量一个国家文明程度高低的一个重要指标。作为一个正在迅速崛起的大国，中国的富人越来越多，但贫富差距问题却呈现日益加剧的态势。这是一个让人忧患的事实。为了改变这种现状，当今中国应该大力倡导慈善，用规范化的慈善制度将其纳入制度化管理的轨道。慈善是实现社会发展成果尤其是物质财富达到共享的一个有效途径。正因为如此，西方发达国家普遍重视推进慈善事业的工作。当今中国应该向西方国家学习，充分认识慈善的重要性，并大力推进慈善事业的发展。在慈善伦理的引导下，慈善能够在提高我国社会发展成果的共享性方面发挥不容忽视的重要作用。当今中国实施慈善工程的一个重要工作是必须加强慈善伦理对慈善的价值引导。

第六，要践行共享伦理，当今中国应该致力于解决贫困问题。在GDP总量已经位居世界第二的情况下，我国仍然具有大量贫困人口，这与我国建设中国特色社会主义的目标方向相背离。要全面建成小康社会，我国必须在扶贫方面加大工作力度。2013年11月3日，习近平总书记到湘西土家族苗族自治州调研，在花垣县十八洞村发时代之先声，定精准扶贫之思想，谋全面建成小康社会之愿景，并就新时代扶贫工作提出"实事求是、因地制宜、分类指导、精准扶贫"十六字方针，要求在十八洞村扶贫工作中形成可复制、可推广的经验，十八洞村因此而成为习近平精准扶贫思想的首创地。2013年12月18日，中办、国办印发了《关于创新机制扎实推进农村扶贫开发工作的意见》，要求建立精准扶贫工作机制，这不仅意味着习近平精准扶贫思想进入我国新时代的国家发展战略和国策设计，而且意味着我国扶贫工作在党中央新的顶层设计引导下达到新阶段和新水平。2016年，习近平总书记在全国两会期间参加湖南代表团审议的时候明确指出，十八洞村就是"精准扶贫"正式提出的地方。党中央强调，我们必须实施精准扶贫、精准脱贫，因人因地施策，提高扶贫实效，在全面建成小康社会决胜阶段打赢扶贫脱贫攻坚战。我国当前实施扶贫工程的关键是国家治理者必须有帮助贫困人口脱贫的道德信念和道德意志。只要树立了帮助贫困人口脱贫的坚定道德信念和坚强道德意志，当今中国就一定能够找到解决贫困问题的具体办法。"精准扶贫"是我国在创新共享伦理践行模式方面作出的成功尝试。

第七，要践行共享伦理，当今中国应该进一步完善社会保障制度。实施社会保障工程就是要建立完善的社会保障制度。社会保障制度的核心内容是社会保险制度。要坚持共享发展，当今中国应该进一步完善社会保险制度，实施全面参保计划，基本实现法定人员全覆盖，完善社会保险体系，推进福利国家建设。

第八，要践行共享伦理，当今中国应该致力于推进生态文明建设。自然环境是人们参与社会生活必不可少的现实背景，环境质量的好坏事关他们的切身利益，也必定受到他们的普遍关注和关心。要保护自然生态环境，当今中国必须全面推进生态文明建设，使绿色发展观念深入人心，并使之成为我国社会各界推进经济社会发展的主导性理念。推进生态文明发展进程，让人们共享一个洁净、健康的自然环境，这是当今中国坚持共享发展理念必须高度重视的一个内容。

第九，要践行共享伦理，当今中国应该高度重视社会制度的设计和安排问题。合理设计和安排的社会制度是当今中国坚持共享发展的重要条件。实施制度建设工程就是要推进我国的制度化治理进程。当今中国正处于推进国家治理体系和治理能力现代化的关键时期，因此，应该从整体上进一步加强中国特色社会主义制度建设，完善中国特色社会主义政治制度、经济制度和文化制度，提高我国国家治理的制度化水平。我国当前实施制度建设工程的关键是必须推动我国社会各界形成依法治国的思维方式和思想观念。

四、共享伦理向国际社会延伸的空间

每一个国家或社会的发展都兼有国内意义和国际意义。如果说当今中国坚持的共享发展理念具有深厚伦理意蕴，那么它必定同时具有国内伦理维度和国际伦理维度。

坚持共享发展理念是当代中华民族在建构发展理念和道德价值观念方面取得的一个重大进步。对此，我们需要同时从国内伦理和国际伦理的角度来加以认识、理解和解读，因为它不仅涉及如何在我国国内提高社会发展成果或社会资源共享性的伦理问题，而且涉及如何增进我国社会发展成果或社会资源在国际社会的共享性的伦理问题。

当今中国在国际舞台上践行共享伦理应该主要遵循三个伦理原则：

一是共同发展原则。

人类有种族、肤色、国籍差异，但向往和追求美好生活和美好世界的愿望是普遍的、共同的。当今世界处于经济全球化时代，但这并不意味着人类已经进入一个"美好世界"。经济全球化在一定程度上强化了世界各国的人类命运共同体意识，但它并没有将世界变成一个完整意义上的人类命运共同体。由于世界各国不能齐心协力、同心同德，当世界的不稳定性不确定性突出、世界经济动能不足、贫富分化日益严重以及恐怖主义、网络安全、重大传染性疾病、气候变化等非传统安全威胁持续蔓延等全球性问题和共同挑战出现的时候，当代人类对这些问题的应对和解决总是难以达到应有成效。在这种国际社会背景下，当代人类对美好世界的向往和追求变得更加强烈，而不是被弱化。

世界是世界各国人民的世界，因此，美好世界只能由全人类共同创造。共同发展模式是与当代人类构建命运共同体的新时代需要相适应的世界发展模式，它与现有的世界发展模式具有根本区别。现有的世界发展模式是以民族国家为主导的模式，它将世界发展问题主要界定为国家问题或民族问题，而共同发展模式是一种以人类命运共同体或世界为主导的发展模式，它将世界发展问题同时视为国家问题和世界问题。两种发展模式不仅在看待世界发展问题的视角上存在根本区别，而且在解决世界发展问题的方式或手段上存在根本区别。现有世界发展模式主要从民族国家的角度来看待世界发展问题，同时将解决问题的希望主要寄托在具体国家或民族身上。相比较而言，共同发展模式主要从人类命运共同体或世界的角度来看待世界发展问题，同时将解决问题的希望主要寄托在人类命运共同体各成员国的一致行动或世界各国的共同努力上。如果说构建人类命运共同体是大势所趋，那么走共同发展之路就是当代人类的必然选择。

从国际发展伦理的角度看，共同发展模式是以实现共同繁荣作为核心伦理价值目标。所谓"共同繁荣"，就是同生共荣之意。这一伦理价值目标主张最大限度地缩小国与国之间在发展水平上的差距，要求消除国家与国家之间的贫富悬殊问题，呼吁世界各国齐心协力解决贫困问题，强调一个国家的发展应该同时造福本国人民和世界人民。当代中华民族就是基于"共同繁荣"的国际伦理价值目标来致力于实现中国梦的。正如习近平总书记所说："实现中国梦，必须坚持和平发展。我们将始终不渝走和平发展道路，始终不渝奉行互利共赢的开放战略，不仅致力于中国自身发展，也强调对世界的责任和贡献；不仅造福中国人民，而且造福世界人民。"①

推进共同发展是"构建人类命运共同体"的一个重要内容。中国不仅重视从理论上阐释"共同发展"的必要性和重要性，而且从实践上大力推进共同发展模式，因而在探索共同发展方面积累了一定的经验。

---

① 《习近平谈治国理政》，外文出版社 2014 年版，第 57 页。

"一带一路"倡议的实施可谓集中体现了这种经验。党的十九大报告指出："中国坚持对外开放的基本国策，坚持打开国门搞建设，积极促进'一带一路'国际合作，努力实现政策沟通、设施联通、贸易畅通、资金融通、民心相通，打造国际合作新平台，增添共同发展新动力。加大对发展中国家特别是最不发达国家援助力度，促进缩小南北发展差距。中国支持多边贸易体制，促进自由贸易区建设，推动建设开放型世界经济。"[1] 显然，推进共同发展的中国经验主要在于强调开放包容、平等协商、合作共赢，反对贸易保护主义和贫富悬殊，推进"一带一路"倡议，以同时造福中国人民和世界人民。中国推进共同发展的经验实质上是一种注重用国际道德价值观念引导世界经济发展的经验。它的国际伦理启示是，"共同发展"是一个具有深厚国际伦理意蕴的世界发展模式，它必须基于开放包容、平等协商、合作共赢等国际道德价值观念才能得以实现。

二是国际正义原则。

国际正义是人类维护国际秩序的伦理基础，它通过国际分配正义、国际矫正正义、国际环境正义等多种形式表现出来。维护国际正义是所有国家的国家治理者的共同道德使命。世界是所有国家的世界。国与国之间的竞争在所难免，但合作的空间也非常广阔。在任何一个社会，一个极端自私自利的人必定在社会生活中寸步难行。在国际舞台上，一个极端自私自利的国家也必定会遭到国际社会的唾弃。正因为如此，有国际伦理智慧的国家治理者在治理国家的时候，不会犯极端推崇民族利己主义的错误。他们会遵循儒家倡导的"己欲立而立人，己欲达而达人"的仁爱原则，既注重捍卫本国的发展权利和利益，也能够充分尊重其他

---

[1]　习近平：《决胜全面建成小康社会　夺取新时代中国特色社会主义伟大胜利——在中国共产党第十九次全国代表大会上的报告》，人民出版社 2017 年版，第 60 页。

国家的发展权利和利益。正是出于对这一伦理原则的深刻认识和服从，当今中国的国家治理者总是坚持走和平发展、同生共荣、互利共赢的民族复兴道路。

要克服狭隘的民族利己主义，国家治理者需要具备一种能够包容地对待其他国家和乐见世界和平发展的国际伦理观。这种国际伦理观反对国家治理者将国与国之间的关系归结为纯粹的利益关系，尤其反对他们为了本国的一己私利粗暴地干涉他国内政或侵略其他国家。它强调世界各国存在和发展的平等权利，认为国与国之间应该相互包容、和平相处、同生共荣、互利互惠。这种国际伦理观是以维护国际正义作为核心伦理价值取向的。

在多极化世界中，当今中国应该遵循协同共享、国际正义两个伦理原则，但这并不意味着我们对共享发展理念的坚持是没有伦理限度的。我们认为，当今中国一方面应该在国际舞台上坚持共享发展理念，另一方面也应该坚决维护本国正当利益。

在错综复杂的国际关系格局中，我国国家治理者无疑具有用国家公共权力捍卫本国利益的道德责任。特别是当国家治理涉及国家核心利益——即涉及国家生死存亡的利益时，他们更是应该义无反顾地捍卫这种利益；否则，他们就会成为民族、国家的罪人。维护领土主权的完整是所有国家的核心利益。如果一个国家的治理者不能确保国家领土主权的完整性，他们就没有尽到国家治理者的基本道德责任，他们治理国家的能力也是令人怀疑的。中国晚清政府之所以被称为软弱无能的政府，就是因为它没有能力确保中国领土主权的完整性。在近代，西方列强凭借坚船利炮的优势对我国进行了一次又一次侵略，我国的领土主权则因为遭到一轮又一轮侵害而变得残缺不全，整个中华民族也因为领土主权的残缺而饱受外族的欺凌。我国近代史是一段让整个中华民族深感屈辱的历史，当时的国家治理者对此负有不可推卸的道德责任。

维护本国利益是国家治理者不可推卸的道德责任，但这并不意味着他们应该成为民族利己主义者。民族利己主义者总是狭隘地将自己的国家视为世界的中心，并且片面地强调本国利益，而将其他国家仅仅当成可以利用的工具来对待，有时甚至为了本国的一己私利而不惜破坏应有的国际秩序。我们不难想象，如果每一个国家的国家治理者都是民族利己主义者，国与国之间就会陷入永久的战争，国际舞台就会永无宁日，国际秩序就无从谈起，整个人类就会生活在水深火热的世界之中。

三是共享共荣原则。

当今世界是一个多极化世界。虽然美国在苏联解体后成为当今世界的唯一超级大国，但是它无法创造一超独大的世界局面。欧盟的存在、中国的迅速崛起和俄罗斯的逐渐复苏使美国试图创造一超独大国际格局的野心无法实现，加上联合国等国际组织的存在也在一定程度上制约着美国的野心，当今世界已经形成多极化发展的明显态势。

当今世界的另外一个显著特征是经济全球化进程呈现日益深化的态势。当代人类处于经济全球化时代，但这并不意味着国与国之间的文化差异已经不复存在。经济全球化进程的不断深化无疑会促进国与国之间的文化交流，但它不可能带来文化一体化的局面。一个国家在融入经济全球化潮流的时候，它的民族文化不可避免地会受到全球化经济体制的深刻影响，但它的文化体制会表现出极强的自我保护能力。任何一个国家都不可能无限制地融入经济全球化进程。在经济全球化时代，一个国家的存在价值恰恰是通过它的民族文化特色来体现的。越是具有民族特色的东西，越是具有全球化意义的东西。经济全球化不可能造就一个文化上的大同世界。

以多极化方式存在的当今世界不可能形成统一的价值观念体系。当前的实际情况是，以美国为首的绝大多数西方发达国家对外坚持民族利己主义价值观。尤其是在美国人的眼里，他们的国家利益自始至终是最高的利益，它甚至是可以凌驾于国际正义之上的利益；为了维护它，美国人可以不顾其他国家的利益诉求，甚至弃国际公共利益于不顾。在这种时代背景下，中国该何去何从？应该无所作为，还是应该有所作为？我们认为，中国历来是一个勇于担当国际责任的大国。当今中国应该积极表达自己对国际治理的价值诉求，应该为建立和谐共赢的国际关系作出应有的贡献。

我们主张当今中国应该在国际舞台上大力倡导共享共荣的伦理原则，并以之作为我国在国际社会坚持共享发展理念的一个重要价值诉求。大力倡导这一伦理原则有助于促进有别于民族利己主义价值观的共享发展理念和共享伦理在国际层面的传播和践行。

需要指出的是，当今中国在对外传播共享发展理念和共享伦理的过程中应该至少注意五个主要伦理问题。

一是当今中国对外传播共享发展理念的道德合理性问题。

我国目前正致力于实现中华民族的伟大复兴。2014 年 5 月 4 日，习近平同志在北京大学发表重要讲话时指出："现在，我们比历史上任何时期都更接近实现中华民族伟大复兴的目标，比历史上任何时期都更有信心、更有能力实现这个目标。"然而，越是逼近奋斗目标，我们所面临的困难和干扰会越多，这一目标对中华民族的意志考验也更加严峻。因此，"距离实现中华民族伟大复兴的目标越近，我们越不能懈怠、越要加倍努力"[1]。

要实现民族复兴和大国崛起的目标，我国需要有一个和平友好的国际舆论环境。2013 年 8 月，习近平同志在全国宣传工作会议上指出，在全面对外开放的条件下做宣传思想工作，一项重要任务是宣传阐释

---

[1] 《习近平谈治国理政》，外文出版社 2014 年版，第 167 页。

中国特色，讲好中国故事，传播好中国声音；要实现这些目标，必须创新对外宣传方式，即必须采用能够融通中外的新概念、新范畴和新表述来开展我国对外宣传工作。2013 年 12 月，习近平同志在主持第十八届中央政治局第十二次集体学习时进一步强调，要提高国家文化软实力，必须努力传播当代中国价值观念。在我国坚定不移地朝着民族复兴和国家崛起的方向前进的历史关口，研究共享发展理念的国际传播策略是我国社会各界的重大责任，更是我国哲学社会科学界的重大责任。

在当今世界，国与国之间的文化软实力博弈和竞争日趋激烈。中华文化软实力在当代集中表现为当代中国价值观念的强大生命力、影响力和感召力。正因为如此，习近平总书记明确指出："提高国家文化软实力，要努力传播当代中国价值观念"①。从这种意义上来说，推进共享发展理念的国际理解和国际传播契合我国致力于提高国家文化软实力和实施文化强国战略的时代需要，具有道德合理性基础。

二是当今中国对外传播共享发展理念涉及中华民族的价值观自信问题。

当今中国对外传播共享发展理念必须建立在当代中华民族的价值观自信基础之上。拥有价值观自信是当代中华民族对外展现理论自信、制度自信、道路自信和文化自信的重要表现和必要条件，更是当代中华民族在当今国际舞台上宣示自己的价值诉求和维护国际正义的必要途径。中华民族不仅应该致力于实现本民族的复兴理想和大国崛起理想，而且应该为整个人类社会的进步和世界发展担当道德责任；因此，我们应该在当今国际舞台上充分展现自己的价值观自信。对于当代中华民族来说，拥有价值观自信意味着我们敢于在国际舞台上展现自己明辨善

---

① 《习近平谈治国理政》，外文出版社 2014 年版，第 161 页。

恶、是非和美丑的国家形象，意味着我们敢于增加国际社会的正能量，意味着我们敢于将自己的正确价值观念推向国际社会，意味着我们敢于为人类社会的整体进步和发展担当责任和贡献力量。

拥有价值观自信是当代中华民族走向成熟、勇于担当、维护正义和建设事业成功的重要标志，也是中国精神日趋强大的重要标志。要成为一个受到其他国家尊重的世界强国，当今中国应该首先成为一个精神强大的国家。追求精神强大，并不是要争夺国际话语霸权或争当价值观权威，而是要用正确的思想、合理的价值观念、崇高的精神去影响世界发展进程，而这必须建立在民族性价值观自信之上。中国是世界的一个重要组成部分，它的存在和发展离不开世界，世界也离不开它。唯其如此，中国应该为世界发展担当责任和贡献力量。展示价值观自信，将自己倡导的价值观贡献给世界，是当今中国应有的责任担当。

向国际社会传播共享发展理念是当今中国彰显价值观自信的重要表现。在当今世界，以美国为首的西方资本主义国家在国际舞台上大肆推行民族利己主义价值观。在此背景下，我国坚持对外传播共享发展理念既有利于彰显当代中华民族推进关于国际治理的正确价值观，也有利于推动国际社会形成正确价值观。我国倡导的共享发展理念将得到越来越多国家的认可和支持。

三是当今中国对外传播共享发展理念涉及中华民族的价值观话语权问题。

当今中国对外传播共享发展理念与当代中华民族的价值观话语权有关。要有效地对外传播共享发展理念，我国既需要有强大的经济实力、政治实力、军事实力和文化软实力作为支撑，也需要不断增强价值观话语权意识。随着我国综合国力的迅速提高，我国的国际影响力与日俱增，我国的价值观话语权也会受到其他国家更多的尊重。价值观话语权的博弈实质上是国与国之间在综合国力和价值观念方面的博弈。要获得更多的价值观话语权，我国既需要不断增强自身的综合国力，也需要不断加强维护自身价值观话语权的意识。

我们旗帜鲜明地反对谋求话语霸权的做法，但也反对话语自卑和满足于话语独白的行为表现。价值观话语权问题的实质是价值观的合理性问题。在国际价值观话语权问题上，国家的经济实力、政治实力和军事实力能够给一个国家带来暂时的价值观话语权，但不可能给它带来永久的价值观话语权。能够真正掌握国际价值观话语权的国家是那些能够顺应世界发展潮流、具有世界大局观念、愿意为世界的未来担当的国家。那些为了本民族的一己之私而置世界大局和人类利益于不顾的国家不可能是国际价值观话语权的最终掌握者。

共享发展理念是一个比较容易被其他国家和民族认可、接受的理念。它融合了中国传统伦理思想中强调国与国之间和平共处、互利合作、共生共赢的思想，体现了当今中国对国际治理的深刻认识、理解和把握。中国不能像西方资本主义国家那样对外搞价值观入侵和表现出咄咄逼人的文化沙文主义姿态，但它在国际舞台上不能不争取价值观话语权。我们可以通过对外传播共享发展理念在当今世界凝聚道德正能量，以促进世界的健康发展。

四是当今中国对外传播共享发展理念涉及中国的国家道德形象问题。

一个人倡导和坚持什么样的道德价值观念，这不仅事关他的道德价值观念状况，而且事关他的道德形象。同理，一个国家倡导和坚持什么样的道德价值观念，这既反映它的道德价值观念状况，也反映它的国际道德形象。一个没有道德形象的人难以在人类社会立足，一个没有道德形象的国家也难以在国际社会受到其他国家和民族的尊重。

道德形象是一种国家的文化软实力。一个国际道德形象好的国家在国际社会更容易彰显亲和力、凝聚力和吸引力。良好的国际道德形象需要有合理的民族价值观念作为支撑。一个国家的国际道德形象主要是通过它对内和对外传播的价值观念及其践行那些价值观念的情况来塑造的，因此，增进共享发展理念的国际理解和国际传播具有特别重要的伦理意义。通过对外宣示共享发展理念，我国可以让国际社会更多、更深地了解当代中华民族的价值诉求，并在此基础上树立良好的国家道德形象。当今中国应该通过在国际社会坚持共享发展理念的方式树立一种不同于西方资本主义国家的道德形象。当代中华民族将整个世界视为一个命运共同体，认为当今世界应该走多极并存和协同共享的发展道路，主张不断提高世界发展成果的共享性。这是一种与西方资本主义国家的民族利己主义形象迥然不同的道德形象。它的树立有利于扩大我国的国际影响力，也有利于增强国际社会的道德正能量。

第五，当今中国对外传播共享发展理念涉及如何尊重其他国家的利益关切的问题。

在对外传播共享发展理念的过程中，我国不能停留在空洞的宣传层面上，而是应该致力于让世界各国深切地感受到当代中华民族坚持共享发展理念的实践能力。正因为如此，除了对外强调我国坚持走和平发展道路、奉行共荣共赢原则等外交理念之外，党中央和我国政府近些年切实推出了一系列有利于在国际层面增进社会发展成果共享的举措。"一带一路"倡议的实施、亚洲基础设施投资银行的设立、亚洲安全观的提出等事实都说明我国确实具有在国际社会坚持共享发展理念的诚意和决心。

我国是一个负责任的大国。我们的责任不仅指向本国人民，而且指向世界人民。我们希望世界朝着和平、共赢、共享的方向发展，但如果我们在现实中不做和平、共赢、共享的促进者和贡献者，我们的理念就是虚假的。在对外传播共享发展理念的时候，我们应该对其他国家、民族的利益关切给予充分的尊重和维护。只有做到这一点，我们倡导的共享发展理念才会真正具有国际伦理意义，当今中国也才能在国际舞台上真正掌握越来越多的价值观话语权和展现越来广泛的道德影响力。

五、弘扬共享伦理是当今世界发展的希望

当今世界已经形成多极化发展的明显态势。以多极化方式存在的当今世界缺乏统一的价值观念体系。出于片面维护本民族利益的狭隘考虑，有些国家对外坚持民族利己主义价值观的现象时有发生，少数国家其至为了本民族的一己私利而不惜牺牲国际正义。在这种时代背景下，中国更应该积极参与国际治理，积极表达自己对国际治理的道德价值诉求，为建立和谐国际关系作出应有的贡献。正如习近平总书记所说："我们将高举和平、发展、合作、共赢的旗帜，始终不渝走和平发展道路，始终不渝奉行互利共赢的开放战略，致力于同世界各国发展友好合作，履行应尽的国际责任和义务，继续同各国人民一道推进人类和平与发展的崇高事业。"①

当代中华民族坚持共享发展的理念和实践均具有契合国际伦理的特质。在当代中华民族的发展理念中，世界各国的发展权利是平等的，应该受到充分尊重；国际社会发展所取得的积极成果也应该最大限度地体现共享性；国与国之间的贫富差距应该越来越小，而不是越拉越大。当代中华民族也致力于从实践上促进中国社会发展成果在国际社会的共享性。推进"一带一路"建设，推进同有关国家和地区多领域互利共赢的务实合作是我国在国际社会推进共享发展实践的重大举措。

当今世界正处于前所未有的重大转折期。这种转折不是社会主义

---

① 《习近平谈治国理政》，外文出版社 2014 年版，第 42 页。

制度彻底战胜资本主义制度的转折，也不是资本主义制度对社会主义制度获取绝对比较优势的转折，而是在社会主义制度和资本主义制度并存又激烈争鸣的大背景下，人类从强调自我发展的模式向追求共享发展模式的转折。

当今世界发展的希望在于弘扬共享伦理。我们相信，顽固坚持强调自我发展的模式不合潮流，只会将人类和世界引向冲突和毁灭；只有在共享伦理引导下走共享发展道路，整个人类社会和世界才会欣欣向荣、蓬勃发展。

强调自我优先的模式必然导致世界分裂。世界在短期内无法走向整合和统一，但从长远来看，它必将走向整合和统一。在强调自我发展的模式下，世界各国相互否定、相互排斥、相互压制，其结果必然是共同陷入毁灭的深渊。当代人类应该增强人类命运共同体意识，坚定地走出民族利己主义的泥沼，高举共享伦理的旗帜，选择共享发展之路，命运与共，同生共荣，方可迎来和谐相处、共同发展、协同进步、全面繁荣的光明前景。

弘扬共享伦理是当今世界发展的希望所在。它将"共享"作为"发展"的道德价值源泉；或者说，它将"发展"建立在"共享"这一伦理原则基础之上；因此，它是共享发展的内在价值支撑。这一价值支撑的存在价值在于，如果没有它的强有力支撑，共享发展的道德合理性大厦就会塌陷。从共享伦理的角度看，发展本身不是目的，它服务于一个终极性的目的善，即造福人类社会的目的；因此，人类不应该为了发展本身而谋求发展，而是应该为了让发展成果最大限度地造福人类社会的终极目的而追求发展。要实现发展的终极目的善，唯有大力弘扬共享发展理念，推动世界各国走共享发展之路。所谓共享发展之路，就是通过合乎伦理的发展方式使物质财富、政治权利、发展机会等社会资源达到能够满足人类物质和精神需要的程度，并保证所有国家和民族因为能够平等地享受这些社会资源而具有强烈获得感的发展模式。换言之，共享发展理念实质上是一个以彰显共享伦理思想、共享伦理精神和共享伦理原则为核心的发展理念，共享发展之路实质上是以共享伦理为核心价值观念的发展道路。它适用于当今中国，也适用于当今世界。

参 考 文 献

1. 中共中央马克思恩格斯列宁斯大林著作编译局编译：《马克思恩格斯文集》，人民出版社 2009 年版。

2.《习近平谈治国理政》，人民出版社 2014 年版。

3. 习近平：《决胜全面建成小康社会 夺取新时代中国特色社会主义伟大胜利——在中国共产党第十九次全国代表大会上的报告》，人民出版社 2017 年版。

4.《习近平关于社会主义文化建设论述摘编》，中央文献出版社 2017 年版。

5.《中共中央关于制定国民经济和社会发展第十三个五年规划的建议》，人民出版社 2015 年版。

6.《中国共产党第十八届中央委员会第五次全体会议公报》，人民出版社 2015 年版。

7.《中共中央关于全面推进依法治国若干重大问题的决定》，人民出版社 2014 年版。

8. 饶尚宽译注：《老子》，中华书局 2006 年版。

9.《论语》，中华书局 2006 年版。

10. 方勇译注：《墨子》，中华书局 2015 年版。

11. 万丽华、蓝旭译注：《孟子》，中华书局 2006 年版。

12. 安小兰译注：《荀子》，中华书局 2016 年版。

13. 张世亮、钟肇鹏、周桂钿译注：《春秋繁露》，中华书局 2012 年版。

14. 王文锦译解：《礼记译解》，中华书局 2016 年版。

15.《船山全书》，岳麓书社 1996 年版。

16. 南怀瑾：《中国佛教发展史略》，复旦大学出版社 2016 年版。

17. 李索：《左传正宗》，华夏出版社 2011 年版。

18. 北京大学哲学系外国哲学史教研室编译：《西方哲学原著选读》，商务印书馆 1981 年版。

19. 韦冬、王小锡主编：《马克思主义经典作家论道德》，中国人民大学出版社 2017 年版。

20. ［古希腊］柏拉图：《理想国》，郭斌和、张竹明译，商务印书馆 2012 年版。

21. 苗力田编：《亚里士多德选集·伦理学卷》，中国人民大学出版社 1999 年版。

22. ［古希腊］亚里士多德：《政治学》，颜一、秦典华译，中国人民大学出版社 2003 年版。

23. ［英］约翰·洛克：《政府论两篇》，赵伯英译，陕西人民出版社 2004 年版。

24. ［法］让－雅克·卢梭：《论人类不平等的起源和基础》，高煜译，广西师范大学出版社 2002 年版。

25. ［英］休谟：《人性论》，关之运译，商务印书馆 1997 年版。

26. ［德］伊曼努尔·康德：《道德形而上学基础》，孙少伟译，九州出版社 2007 年版。

27. ［德］康德：《法的形而上学原理——权利的科学》，沈叔平译，商务印书馆 2005 年版。

28. ［德］黑格尔:《法哲学原理》，杨东柱、尹建军、王哲编译，北京出版社 2007 年版。

29. ［德］叔本华:《伦理学的两个基本问题》，任立、孟庆时译，商务印书馆 2007 年版。

30. ［英］亚当·斯密:《道德情操论》，余涌译，中国社会科学出版社 2003 年版。

31. ［德］卡尔·雅斯贝斯:《时代的精神状况》，王德峰译，上海译文出版社 2008 年版。

32. ［德］马丁·海德格尔:《存在与时间》，陈嘉映、王庆节译，生活·读书·新知三联书店 2006 年版。

33. 车文博主编:《弗洛伊德文集》，九州出版社 2014 年版。

34. ［法］爱弥尔·涂尔干:《职业伦理与公民道德》，渠东、付德根译，上海人民出版社 2001 年版。

35. ［美］罗伯特·诺奇克:《无政府、国家和乌托邦》，姚大志译，中国社会科学出版社 2008 年版。

36. ［美］道格拉斯·C.诺思:《制度、制度变迁与经济绩效》，杭行译，上海人民出版社 2008 年版。

37. ［英］布莱恩·巴利:《社会正义论》，曹海军译，江苏人民出版社 2007 年版。

38. ［英］布莱恩·巴利:《作为公道的正义》，曹海军、允乃喜译，凤凰出版传媒集团、江苏人民出版社 2007 年版。

39. ［美］迈克尔·桑德尔:《公正:该如何做是好?》，朱慧玲译，中信出版社 2011 年版。

40. ［美］罗纳德·德沃金:《至上的美德:平等的理论与实践》，冯克利译，江苏人民出版社 2007 年版。

41. ［美］安·兰德等:《自私的德性》，焦晓菊译，华夏出版社 2007

年版。

42. [美] 芭芭拉·沃德、勒内·杜博斯：《只有一个地球——对一个小小行星的关怀和维护》，"国外公害丛书"委员会译，吉林人民出版社 1997 年版。

43. [加拿大] 马歇尔·麦克卢汉：《理解媒介——论人的延伸》，何道宽译，译林出版社 2011 年版。

44. [美] 夸梅·安东尼·阿皮亚：《认同伦理学》，张容南译，译林出版社 2013 年版。

45. [美] 巴里·康芒纳：《封闭的循环——自然、人和技术》，侯文惠译，吉林人民出版社 1997 年版。

46. [英] 安东尼·吉登斯：《全球时代的民族国家——吉登斯演讲录》，郭忠华编，江苏人民出版社 2012 年版。

47. [加拿大] 马歇尔·麦克卢汉：《理解媒介——论人的延伸》，何道宽译，译林出版社 2011 年版。

48. [美] 汉娜·阿伦特：《人的条件》，竺乾威等译，上海人民出版社 1999 年版。

49. [加] 阿米塔·阿查亚：《美国世界秩序的终结》，袁正清、肖莹莹译，上海人民出版社 2017 年版。

50. [加] 马克·斯坦恩：《衰亡的美国——大国如何应对末日危局》，米拉译，金城出版社 2016 年版。

51. [美] 肯尼思·J.洛根：《关系性存在：超越自我与共同体》，杨莉萍译，上海教育出版社 2017 年版。

52. [美] 玛莎·C.纳斯鲍姆：《寻求有尊严的生活——正义的能力理论》，田雷译，中国人民大学出版社 2016 年版。

53. [英] 克里斯托弗·科克尔：《大国冲突的逻辑——中美之间如何避免战争》，卿松竹译，新华出版社 2016 年版。

54. ［美］约翰·米尔斯海默:《大国政治的悲剧》，王义桅、唐小松译，上海人民出版社 2014 年版。

55. Rawls John. *A Theory of Justice*. Cambridge，Massachusetts：The Belknap Press of Harvard University Press，1971.

56. Christine M. Korsgaard，*The Sources of Normativity*，Cambridge：Cambridge University Press，1996.

57. Nagel，Thomas，"Equality and Partiality"，in *Classics of Political and Moral Philosophy*，Ed. by Steven M. Cahn. New York：Oxford University Press，2002.